U0830861

Virtual Reality

虚拟现实技术应用案例教程

中文全彩铂金版

汪振泽 肖名希 王雪苹 温凤惠 / 主编

中国青年出版社

图书在版编目（CIP）数据

Virtual Reality虚拟现实技术应用中文全彩铂金版案例教程 / 汪振泽等主编. — 北京：中国青年出版社，2020.7
ISBN 978-7-5153-5997-7

I.①V… II.①汪… III. ①虚拟现实-教材 IV. ①TP391.98

中国版本图书馆CIP数据核字（2020）第056911号

策划编辑 张 鹏
责任编辑 张 军
封面设计 乌 兰

Virtual Reality虚拟现实技术应用
中文全彩铂金版案例教程
汪振泽 肖名希 王雪苹 温凤惠 / 主编

出版发行：中国青年出版社
地 址：北京市东四十二条21号
邮政编码：100708
电 话：（010）59231565
传 真：（010）59231381
企 划：北京中青雄狮数码传媒科技有限公司
印 刷：北京瑞禾彩色印刷有限公司
开 本：787 x 1092 1/16
印 张：14.5
版 次：2020年7月北京第1版
印 次：2020年7月第1次印刷
书 号：ISBN 978-7-5153-5997-7
定 价：69.90元（附赠2DVD，含语音视频教学+案例素材文件+PPT电子课件+海量实用资源）

本书如有印装质量等问题，请与本社联系 电话：（010）59231565
读者来信：reader@cypmedia.com 投稿邮箱：author@cypmedia.com
如有其他问题请访问我们的网站：http://www.cypmedia.com

Preface 前言

首先，感谢您选择并阅读本书。

软件介绍

虚拟现实技术（Virtual Reality，简称VR）是20世纪发展起来的一项全新的实用技术。虚拟现实技术囊括计算机、电子信息、仿真技术于一体，其基本实现方式是通过计算机模拟虚拟环境从而给人以环境沉浸感。随着社会生产力和科学技术的不断发展，各行各业对VR技术的需求日益旺盛，VR技术也取得了巨大进步，并逐步成为一个新的科学技术领域。目前已广泛应用于娱乐游戏、科研教育、军事航空、医疗健康、城市规划、工业生产、能源仿真、应急推演，以及影音媒体等诸多领域。

内容提要

本书以理论知识结合实际案例操作的方式编写，分为基础知识和综合案例两个部分。

在基础知识篇，学习虚拟现实的基本概念、虚拟现实的软硬件支持、Unity 3d的基础应用、Unity基础概念讲解、角色控制及互动、Particle System粒子系统、UI基础应用、Unity与虚拟现实结合、Audio的基础应用，以及资源管理与项目打包等知识。在介绍各种理论知识的同时，会以具体案例的形式，拓展读者的实际操作能力。每章内容学习完成后，会以具体案例的形式对本章所学内容进行综合应用，使读者能够理论结合实践。通过课后练习内容的设计，使读者对所学知识进行巩固加深。

在综合案例篇，根据当前虚拟现实技术的应用热点，有针对性、代表性和侧重点，对城市漫游项目、3D全景视频播放器项目、人体观察项目和医院惊魂3游戏项目的设计过程进行详细讲解。通过对这些实用性案例的学习，使读者真正达到学以致用的目的。

赠送超值学习资料

为了帮助读者更加直观地学习本书，可以关注“未蓝文化”微信公众号，直接在对话窗口回复关键字“VR虚拟现实”，获取本书学习资料的下载地址。本书的学习资料包括：

- 全部实例的素材文件和最终效果文件；
- 书中案例实现过程的高清语音教学视频；
- 海量设计素材；
- 本书PPT电子教学课件。

使用读者群体

本书适合对VR应用程序感兴趣的人员，以及有志于从事VR软件开发工作的人员阅读，同时也适合院校及培训虚拟现实机构相关专业的师生参考。

本书在写作过程中力求谨慎，但因时间和精力有限，不足之处在所难免，敬请广大读者批评指正。

编者

Contents 目录

Part 01 基础知识篇

Chapter 01 虚拟现实的基本概念

Chapter 02 软硬件支持

Chapter 03 初识Unity 3d

Chapter 04 Unity基础概念讲解

Chapter 05 角色控制及互动

Chapter 06 粒子系统

Chapter 07 UI详解

Chapter 08 Unity与虚拟现实结合

Chapter 09 Audio（音效）

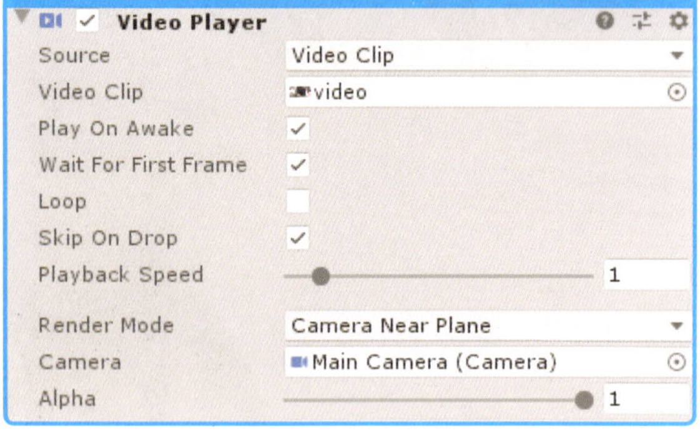

Chapter 10 资源管理及项目打包

Part 02 综合案例篇

Chapter 11 虚拟现实项目（一）城市漫游

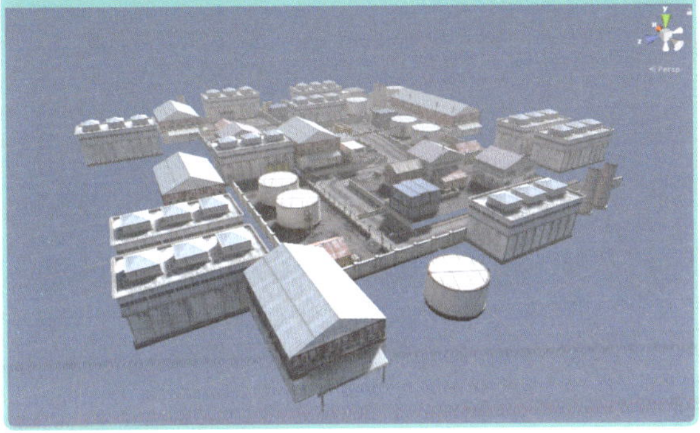

Chapter 12 虚拟现实项目（二）3D全景视频播放器

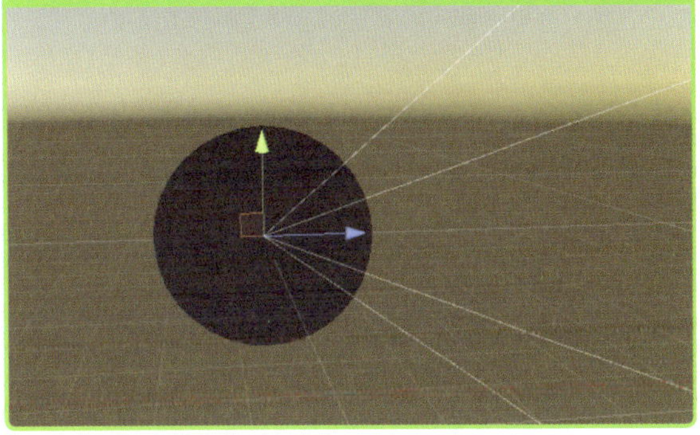

Chapter 13 虚拟现实项目（三）人体观察

Chapter 14 虚拟现实项目（四）医院惊魂

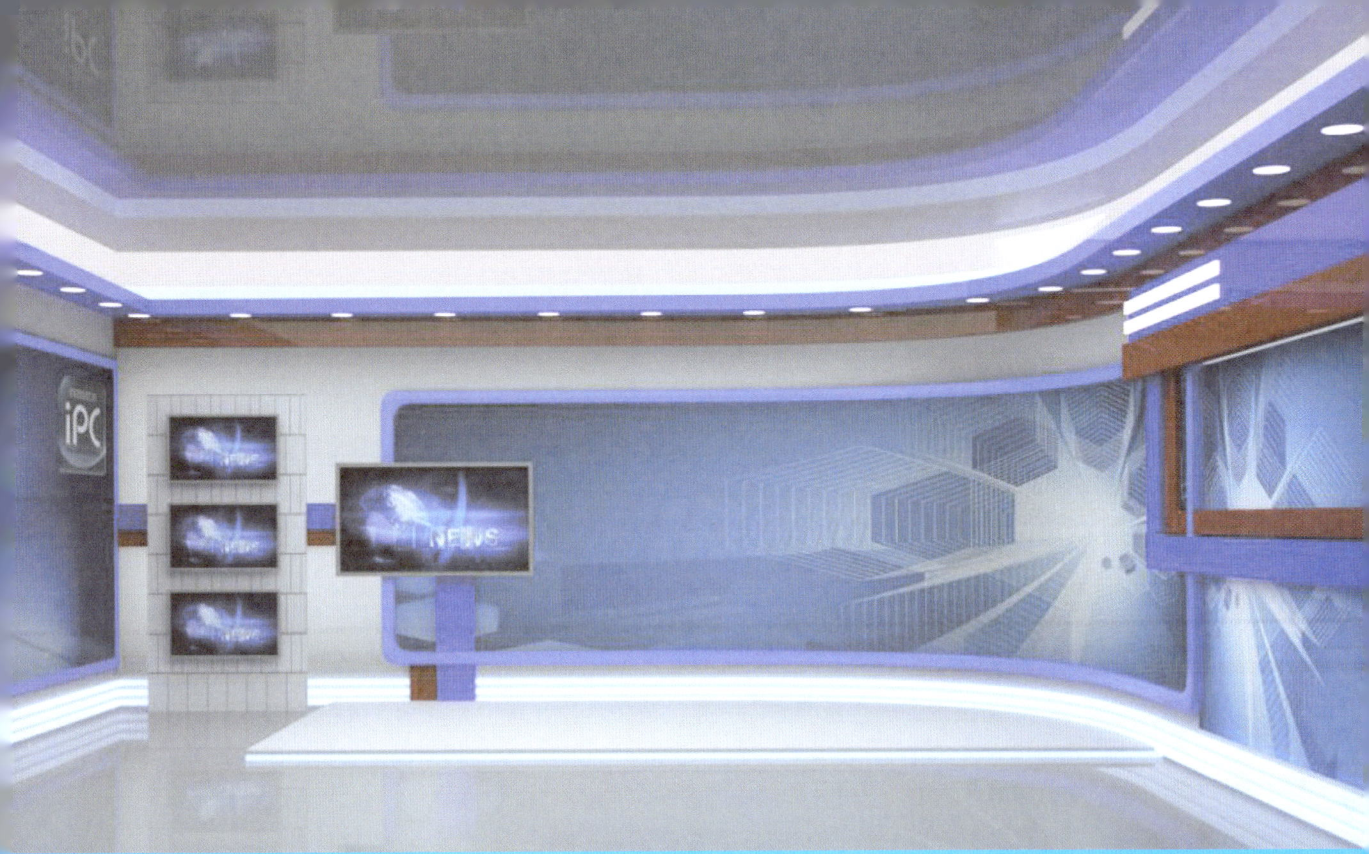

Part 01

基础知识篇

近年来虚拟现实技术已经被应用到各个领域，“VR+传统行业”的口号也被喊得响亮，但是如果问到虚拟现实到底是一种什么技术？它是怎样做出来的？想必大家的脑海中并没有一种清晰的概念。在本书的第一篇将详细讲解虚拟现实的基础知识，以及对虚拟现实进行开发的跨平台引擎“Unity 3d”的基础操作。

Chapter 01 虚拟现实的基本概念

本章概述

虚拟现实是利用电脑模拟产生一个三维空间的虚拟世界，提供给使用者关于视觉、听觉、触觉等感官模拟，让使用者如同身临其境一般，可以及时、没有限制地观察三维空间内的环境和物体并与其互动。在本章将带领大家走进虚拟现实的世界。

核心知识点

1. 了解虚拟现实的概念
2. 了解虚拟现实技术的特征
3. 了解虚拟现实技术的类型
4. 了解虚拟现实技术的应用领域
5. 了解虚拟现实技术的历史与发展

1.1 虚拟现实的概念

虚拟现实技术是仿真技术的一个重要方向，是仿真技术与计算机图形学、人机接口技术、多媒体技术、传感技术、网络技术等多种技术的集合，是一门富有挑战性的交叉技术前沿学科和研究领域。虚拟现实技术主要包括模拟环境、感知、自然技能和传感设备等方面：

模拟环境是由计算机生成的、实时动态的三维立体逼真图像。

感知是指理想的VR应该具有一切人类所具有的感知。除计算机图形技术所生成的视觉感之外，还有听觉、触觉、力觉、运动等，甚至还包括嗅觉和味觉等，也称为多感知。

自然技能是指人的头部转动，眼睛、手势、或其他人体行为动作，由计算机来处理与参与者的动作相适应的数据，并对用户的输入作出实时响应，并分别反馈到用户的五官。

传感设备是指三维交互设备。

VR是一项综合集成技术，它用计算机生成逼真的三维视、听、嗅等感觉，使人作为参与者通过适当装置，自然地对虚拟世界进行体验并感受其交互作用。使用者进行位置移动时，电脑可以立即进行复杂的运算，将精确的3D世界影像传回使用户产生临场感。该技术集成了计算机图形（CG）技术、计算机仿真技术、人工智能、传感技术、显示技术、网络并行处理等技术的最新发展成果，是一种由计算机技术辅助生成的高技术模拟系统。

概括地说，虚拟现实是人们通过计算机对复杂数据进行可视化操作与交互的一种全新方式，与传统的人机界面及流行的视窗操作相比，虚拟现实在技术思想上有了质的飞跃。

虚拟现实中的“现实”是泛指在物理意义或功能意义上存在于世界中的任何事物或环境，它可以是实际上可实现的，也可以是实际上难以实现的。而“虚拟”是指用计算机生成的意思。因此，虚拟现实是指用计算机生成的一种特殊环境，人可以通过使用各种特殊装置将自己“投射”到这个环境中，并操作、控制环境，实现特殊的目的，即人是这种环境的主宰。

1.2 虚拟现实的特征

VR技术的三大基本特征分别为沉浸感（Immersion）、交互性（Interaction）和构想性（Imagination），因三个特征的首字母都是‘I’，故又被称为3I特征。近年来又一鲜明的特征被总结进虚拟现实技术，即多感知性（Multi-Sensory）。

1.2.1 沉浸感

沉浸感是人对计算机系统创造和显示出来的虚拟环境的感觉和认识。当参与者置身于虚拟环境中时，其感觉系统以一种与在真实环境中相同的方式处理来自虚拟世界的视觉和其他感知数据。

早期的沉浸理论指出，挑战与技巧是影响沉浸的主要因素：若挑战太高，使用者对环境会缺少控制能力，而产生焦虑或挫折感；反之会觉得无聊而失去兴趣。沉浸状态主要发生在两者平衡的情况下。两者均低时，使用者的心态较为冷漠。后续的研究则开始注重沉浸感带来的自我肯定，促使使用者的后续学习行为。下图为参与者带上头显后的真实感体验。

随着计算机科技的发展，沉浸理论延伸至人机互动上的讨论，在以人机互动对工作的影响进行研究时，提出两个沉浸的主要特征：心理享受和完全专注。经调查发现，网络使用行为中，信息寻求最容易进入沉浸，其次为阅读与书写。不同的网络活动形式，如在线游戏、在线购物、E-mail等，也会带来沉浸体验的差异。

沉浸体验的发生伴随着九个因素：①每一步有明确的目标；②对行动有迅速的反馈；③挑战和技巧之间的平衡；④行动和意识相融合；⑤摒除杂念；⑥不必担心失败；⑦自我意识消失；⑧时间感歪曲；⑨行动具有自身的目的。

理想的虚拟现实模拟环境应该使用户难以分辨真假，全身心地投入到计算机创建的三维虚拟环境中，该环境中的一切看上去是真的，听上去是真的，动起来是真的，甚至闻起来、尝起来等一切感觉都是真的，如同在现实世界中一样。

1.2.2 交互性

交互性指用户对模拟环境内物体的可操作程度和从环境得到反馈的自然程度（包括实时性）。此特征可以使虚拟现实系统中的人机交互更近乎自然，使用者不仅可以利用电脑键盘、鼠标进行交互，还能够通过VR眼镜、VR数据手套等用于信息输入输出的传感设备进行交互。计算机能根据使用者的头、手、眼、语言，及身体的运动，来调整系统呈现的图像及声音。使用者通过自身的语言、身体运动、或动作等自然技能，就能对虚拟环境中的对象进行考察操作。

目前，VR显示终端尚处于发展初期，带有各种交互方式的VR显示终端充斥市场，有的绑定手柄，有的配备遥控器，有的安装触摸板，有的甚至具有手势识别功能等。多种交互形式并存的现状促成了VR交互方式百家争鸣的局面。下面将介绍几种常见的虚拟现实交互方式：

1. 虚拟现实手柄

目前三大VR厂商Oculus、Marxent、HTC vive都不约而同地采用了虚拟现实手柄作为标准的交互模式，但其交互方式无非是按钮和震动反馈。或许这种交互化方式在虚拟现实游戏中可以自如的应用和使用，但却无法适用于更加广阔的应用场景。下图为用户在体验虚拟现实手柄。

2. 眼球追踪

大多数人认为眼球追踪技术是解决虚拟现实头显设备眩晕问题的突破，Oculus创始人曾称其为VR的心脏，因为对人眼位置的检测能够为当前所处的视觉提供最佳的3D效果，使VR头显显现出的图形更自然，延时更小，这都能大大增加了它的可玩性，同时由于眼球追踪技术可以获知虚拟物体视点位置的浅深，所以眼球追踪技术被大部分从业者认为将成为解决虚拟现实问题的重要突破。

3. 手势跟踪

目前手势跟踪有两种方式：光学跟踪和利用数据手套进行跟踪。

光学跟踪的优势在于场景灵活、使用方便，不需要在手上穿脱专门的设备，未来在一体化移动VR终端集成光学手部追踪原件也是可行的方案。但是使用手势跟踪的缺点是不直观，没有反馈也是一大硬伤。下图为利用光学进行手势跟踪。

数据手套一般都会在手套上安装传感器来跟踪用户的手指乃至整个手臂的运动，它的优势在于没有市场的限制，而且完全可以在设备上集成反馈机制，比如振动、按钮和触摸。其缺陷在于使用门槛较高，用户需要穿脱设备，因此作为一个外设其使用场景还是较局限。

4. 动作捕捉

动作捕捉技术看似复杂，但其技术已经接近完善，其方法大概分为两种：一是使用摄像头（单个或多个）来捕捉玩家的动作；二是将捕捉节点穿戴在身上各个主要关节位置进行惯性捕捉。目前多数动捕设备只能在特定场景中使用，并且还要花费较长的校准和穿戴时间，再加上其交互设计的一大痛点是没有反馈，用户很难感知自己的操作是否有效，所以在影视动画领域使用较多（如下图所示）。

除此之外还有语音、真实场地、传感器（温度、光敏、压力等）等交互方式，VR拳击设备Impacto还提出一种“肌电模拟”的交互方式，会在恰当的时候产生类似拳击的“冲击感”。虚拟现实是一场交互方式的新革命，虽然交互的输入方式尚未统一，但随着其技术的不断增长，我们不难判断未来虚拟现实的多人真实交互将会带来巨大惊喜。

1.2.3 构想性

构想性又称自主性，指虚拟环境中的物体依据现实世界物理运动定律动作的程度。虚拟现实技术应具有广阔的想像空间，可拓宽人类认知范围，不仅可再现真实存在的环境，也可以随意构想客观不存在的、甚至是不可能发生的环境。

值得一提的是：VR技术的构想性对于教育方面的应用意义尤为重要。由于虚拟现实系统中装有视、听、触、动觉的传感及反应装置，使用者在虚拟环境中可同时获得视觉、听觉、触觉、动觉等多种感知，可增强学习者对学习内容的感知程度、认知程度、高感性和理性认识，从而使用户深化概念来萌发新的联想。因而可以说在某些方面虚拟现实可以启发人们的创造性思维。

1.2.4 多感知性

多感知性是指除了一般计算机技术所具有的视觉感知之外，还有听觉感知、力觉感知、触觉感知、运动感知，甚至包括味觉感知、嗅觉感知等。理想的虚拟现实技术应该具有一切人类所具有的感知功能。由于相关技术，特别是传感技术的限制，目前虚拟现实技术所具有的感知功能仅限于视觉、听觉、力觉、触觉、运动等几种。

1.3 虚拟现实的类型

虚拟现实技术将为我们带来不一样的观看感受，沉浸式交互、3D环绕，让人分不清现实与虚拟。按照传统虚拟现实行业的发展和最新的流行趋势，我们可以把各种类型的虚拟现实技术划分四类：桌面虚拟现实、沉浸式虚拟现实、增强现实性虚拟现实和分布式虚拟现实。

1.3.1 桌面虚拟现实

桌面虚拟现实简称PCVR系统，又可称为非沉浸式虚拟现实、浏览式虚拟现实、窗口VR，是一套基于普通PC平台的小型桌面的虚拟现实系统。

桌面虚拟现实的原理是利用个人计算机和低级工作站进行仿真，将计算机的屏幕作为用户观察虚拟境界的一个窗口。此系统要求参与者使用空间位置跟踪器和外部设备如追踪球、力矩球、数据手套和六个自由度的三维空间鼠标等，使用户坐在监视器前通过计算机屏幕观察360°范围内的虚拟世界，并可以与其进行交互。下图为早期桌面虚拟现实构想图。

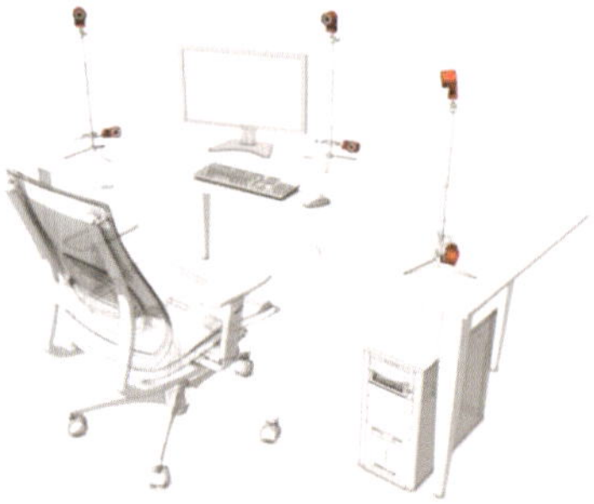

另外还可以用立体眼镜来观看计算机屏幕中虚拟三维场景的立体效果，它所带来的立体视觉能使用户产生一定程度的沉浸感。有时为了增强桌面式虚拟现实系统的效果，还可以加入专业的投影设备，以达到增大屏幕观看范围的目的。但参与者缺少完全的沉浸感，仍然会受到周围现实环境的干扰。

桌面式虚拟现实具有以下主要特点：

- 对硬件要求低，有时只需要计算机或是增加数据手套、空间位置跟踪定位设备等。
- 缺少完全沉浸感，参与者不完全沉浸，即使戴上立体眼镜，仍然会受到周围现实世界的干扰。
- 应用比较普遍，因为它的成本相对较低，而且它也具备了沉浸式VR系统的一些技术要求。

从成本等角度考虑，采用桌面式VR技术往往被认为是从事VR研究工作的必经阶段。常见的桌面式VR系统工具有：QuickTime VR、VRML、Cult3D、Java3D等，主要用于CAD、CAM、建筑设计、桌面游戏等领域。

1.3.2 沉浸式虚拟现实

沉浸式虚拟现实可以给参与者提供完全沉浸的体验，使用户有一种置身于虚拟世界之中的感觉。其明显的特点是：利用头显把用户的视觉、听觉封闭起来，产生虚拟视觉，同时利用数据手套把用户的手感通道封闭起来，产生虚拟触动感。

沉浸式虚拟现实系统采用语音识别器让参与者对系统主机下达操作命令，与此同时，头、手、眼均有相应的头部跟踪器、手部跟踪器、眼睛视向跟踪器的追踪，使系统达到尽可能高的实时性。下图为沉浸式虚拟现实体验，将看到的虚拟形象描绘出来。

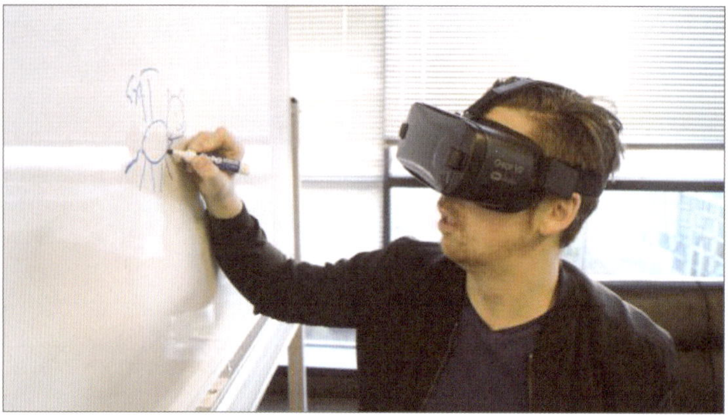

常见的沉浸式系统有：基于头显的系统、投影式虚拟现实系统。虚拟现实影院就是一个完全沉浸式的投影式虚拟现实系统。用几米高的六个平面组成的立方体屏幕环绕在观众周围，设置在立方体外围的六个投影设备共同投射在立方体的投射式平面上，就能让观众置身于立方体中并可同时观看由五、六个平面组成的图像，完全沉浸在图像组成的空间中。

沉浸式虚拟现实可以使用户有很高的参与度，但因为场地、硬件或光影延时的限制，部分体验中会出现眩晕感，这也是虚拟现实技术未来要面对的挑战之一。

1.3.3 增强现实性虚拟现实

增强现实性的虚拟现实不仅是利用虚拟现实技术来模拟现实世界、仿真现实世界，而且要利用一些实物来增强参与者对真实环境的感受，也就是增强现实中无法感知或不方便的感受。这种系统在专业领域有个名词叫做半实物仿真，最早应用于军事领域，典型的实例是各种军事模拟器，它既有视觉上的带有很强沉浸感的投影或者头盔系统，也可以是安装很多真实的辅助设施，例如：飞机的真实仪表，真实操作台和座椅。

在此基础上，增强现实技术近年来也备受市场的欢迎。它是一种实时地计算摄影机影像的位置及角度并加上相应图像、视频、3D模型的技术，这种技术的目标是在屏幕上把虚拟世界套在现实世界并进行互动。

1.3.4 分布式虚拟现实

分布式虚拟现实旨在将上述虚拟系统和其他系统（可以包含真实系统，也可以包含半实物系统），组成一个严格的联网标准。简单的说就是一个支持多人实时通过网络进行交互的软件系统，每个用户在一个虚拟现实环境中，通过计算机与其它用户进行交互，并共享信息，以达到协同工作的目的，如下图所示。

如果多个系统通过计算机网络连接在一起，同时参加一个虚拟空间，共同体验虚拟经历，那虚拟现实则提升到了一个更高的境界，这就是分布式虚拟现实系统。在这个系统中，美军很早就制订了严格的网络成员遵循标准体系，这个标准叫HLA。

HLA是1995年美国国防部（DOD）发布的建模与仿真大纲中第一个目标开发建模和仿真通用技术框架中的首要内容，其主要目的是促进仿真应用的互操作性和仿真资源的可重用性。1996年10月美国防部正式规定HLA为国防部范围内仿真项目的标准技术框架，开始推行HLA，并以之替代原有的DIS、ALSP

等标准。同时提交IEEE，作为IEEE1516发布。

目前最典型的分布式虚拟现实系统是SIMNET，SIMNET由坦克仿真器通过网络连接而成，用于部队的联合训练。通过SIMNET，位于德国的仿真器可以和位于美国的仿真器一样运行在同一个虚拟世界，参与同一场作战演习。

在现今的消费领域，当然不必像军事仿真那么严格，多人联网虚拟现实游戏，就是一个小号的民用分布式虚拟现实模型。

1.4 虚拟现实技术的应用领域

虚拟现实技术早在20世纪70年代便开始用于培训宇航员，2008年北京奥运会的数字图像和上海世博的“在线世博”都有虚拟现实的高度参与。由此可见虚拟现实技术已经不是活在实验室中的专业名词，它早已走下神坛出现在各个领域：医学、娱乐、军事、航天、室内设计、房产开发、工业仿真、应急推演、文物古迹、游戏、道路桥梁、教育、轨道交通等。

下面将详细介绍虚拟现实技术在以下六个领域中起到的作用。

1.4.1 航空航天

航空航天作为一种耗资巨大、变量参数多、系统复杂的工程，保证其设备的安全、可靠是必须要考虑的因素。虚拟现实技术的出现，为航空航天领域提供了广阔的应用前景。

1. 飞机设计

在飞机设计过程中，应用VR技术提前开展性能仿真演示、人机工效分析、总体布置、装配与维修性评估，能够及早发现、弥补设计缺陷，实现“设计-分析-改进”的闭环迭代，达到缩短开发周期，提高设计质量，最终达到降低成本的目的。

2. 飞行驾驶虚拟实训

根据实际场景，建立逼真的虚拟场景三维模型，实现对虚拟场景的实时驱动，进行飞机飞行员的驾驶实训，增强飞行员的操作技能，加大飞行安全法码，为航空业飞行安全提供有力保障。下图为真实飞机驾驶室的操作台。

3. 空乘服务虚拟实训

模拟客舱场景及设备，让空乘人员熟悉客舱服务流程与要求，掌握客舱设备的构造、操作方法与服务等基本技能，了解飞机客舱服务操作规程，缩短训练周期，提高训练效益。

4. 飞机维修虚拟实训

虚拟现实技术可以模拟飞机零部件的维修步骤和方法，解决了飞机维修训练方法较少的问题，有效提高了训练效率和训练质量，避免各种飞机实装训练的不安全因素，降低训练费用。

5. 航天器飞行模拟

虚拟现实技术能对卫星、火箭等航天器的工作原理、工作状态进行3D模拟展示，将复杂的运行原理用三维可视化的形式逼真形象地展现出来。

6. 航天仿真研究

虚拟现实技术也可应用于航天仿真研究中，对航天员的失重训练、航天器的在轨对接等航天活动进行逼真的模拟与分析，推动我国航天事业的发展。

- 航天员训练器利用虚拟训练系统对航天员进行失重心理训练；
- 利用VR系统可以更好的研究人与航天器之间接口关系与功能分配，使舱内结构和布局更适合人的特征；
- 虚拟现实技术可运用于航天器的人工控制交会对接；
- 在航天服和环境生保系统的设计与研制中，可利用VR技术进行原理设计、逻辑验证及模型的仿真。

1.4.2 城市规划

城市规划一直是对全新的可视化技术需求最为迫切的领域之一，虚拟现实技术可以广泛应用在城市规划的各个方面，并带来切实且可观的利益。虚拟现实技术在道路桥梁应用现状、高速公路与桥梁建设中也得到了应用。由于道路桥梁需要同时处理大量的三维模型与纹理数据，导致这种形势需要很高的计算机性能作为后台支持，但随着近些年来计算机软硬件技术的提高，一些原有的技术瓶颈得到了解决，使虚拟现实的应用达到了前所未有的发展。

在我国，许多学院和机构也一直在从事这方面的研究与应用。三维虚拟现实平台软件可广泛应用于桥梁道路设计等行业。该软件适用性强、操作简单、功能强大、高度可视化、所见即所得，他的出现将给正在发展的VR产业注入新的活力。虚拟现实技术在高速公路和道路桥梁建设方面有着非常广阔的应用前景，可由后台置入稳定的数据库信息，便于大众对各项技术指标进行实时查询，周边再辅以多种媒体信息，如工程背景介绍、标段概况、技术数据、电子地图、声音、图像和动画等，并与核心的虚拟技术产生交互，从而实现演示场景中的导航、定位与背景信息介绍等诸多实用、便捷的功能。

1.4.3 游戏

传统的网络游戏技术，目的仅是为了满足玩家的精神追求，更加注重游戏世界的设定，而忽视了玩家体验，将玩家拒之于显示器之外，玩家只能通过操作角色来体验游戏中的各种设定，游戏体验仅仅停留于键盘跟鼠标的操作，并不能真正达到一种真切的感官体验。随着网络游戏时代以及技术的发展，人们更加倾向于去进行带有实际体验的虚拟现实3D游戏，虚拟现实类游戏占据着更多的市场，这大大提高了玩家体验，使其能够得到感官上的满足。下图为传统网络游戏体验。

虚拟现实技术应游戏模拟方面展现出它的优势，玩家通过一系列的可穿戴设备，与游戏中的角色合二为一，可以模拟任何世界上客观存在的物质，也可以模拟人脑中抽象出来的精神世界，更加真实的体验到游戏中的角色就是自己，自己就是游戏中的角色。虚拟现实技术在3D游戏中的应用完全的将人类智慧的结晶，科技的成果展现出来，它将虚拟现实技术的逼真性、互动性、沉浸性和构想性表现得淋漓尽致。

计算机可以阻止一个虚假的图像在墙壁前停止，但它却很难阻止真人的行动，操作者在虚拟空间中的运动是不受限制的，可以自由出入于这个空间，这也是传统模拟游戏与虚拟现实游戏之间存在的最大的差别，也是虚拟现实技术赋予游戏的独特魅力。

1.4.4 医学

VR在医学方面的应用具有十分重要的现实意义。在虚拟环境中，可以建立虚拟的人体模型，借助于跟踪球、HMD、感观手套，学生可以很容易了解人体内部各器官的结构，这比现有的教科书式教学要有效得多。Pieper及Satara等研究者在90年代初基于两个SGI工作站建立了一个虚拟外科手术训练器，用于腿部及腹部外科手术模拟。这个虚拟的环境包括虚拟的手术台与手术灯，虚拟的外科工具（如手术刀、注射器、手术钳等），虚拟的人体模型与器官等。借助于HMD及感观手套，使用者可以对虚拟的人体模型进行手术。但该系统有待进一步改进，如需提高环境的真实感，增加网络功能，使其能同时培训多个使用者，或可在外地专家的指导下工作等。手术后果预测及改善残疾人生活状况，乃至新型药物的研制等方面，VR技术都有十分重要的意义。下图为医生通过虚拟现实进行人体模型细节观察。

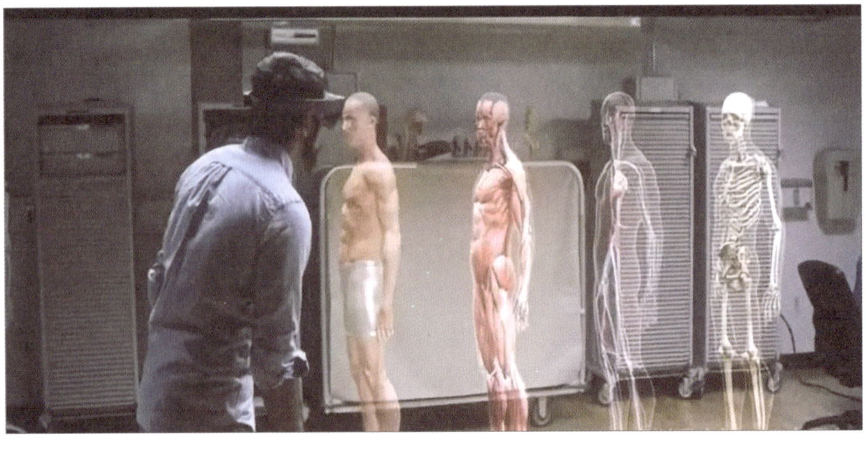

在医学院校中学生可在虚拟实验室，进行“尸体”解剖和各种手术练习。运用这项技术后，由于不受标本、场地等限制，所以培训费用大大降低。一些用于医学培训、实习和研究的虚拟现实系统，仿真程度非常高，其优越性和效果是不可估量和不可比拟的。例如，导管插入动脉的模拟器，可以使学生反复实践导管插入动脉时的操作；眼睛手术模拟器，根据人眼的前眼结构创造出三维立体图像，并带有实时的触觉反馈，学生利用它可以观察模拟移去晶状体的全过程，并观察到眼睛前部结构的血管、虹膜和巩膜组织及角膜的透明度等。此外，还有麻醉虚拟现实系统、口腔手术模拟器等。

外科医生在真正动手术之前，通过虚拟现实技术的帮助，能在显示器上重复模拟手术，移动人体内的器官，寻找最佳手术方案并提高熟练度。在远距离遥控外科手术，复杂手术的计划安排，手术过程的信息指导，手术后果预测，以及改善残疾人生活状况，乃至新药研制等方面，虚拟现实技术都能发挥十分重要的作用。

1.4.5 教育

虚拟现实应用于教育是教育技术发展的一个飞跃。它营造了“自主学习”的环境，由传统“以教促学”的学习方式改为学习者通过自身与信息环境的相互作用来得到知识、技能的新型学习方式。

其具体应用在以下几个方面：

1. 科技研究

当前许多高校都在积极研究虚拟现实技术及其应用，并相继建起了虚拟现实与系统仿真的研究室，将科研成果迅速转化实用技术，如北京航天航空大学在分布式飞行模拟方面的应用；浙江大学在建筑方面进行虚拟规划、虚拟设计的应用；哈尔滨工业大学在人机交互方面的应用；清华大学对临场感的研究等都颇具特色。有的研究室甚至已经具备独立承接大型虚拟现实项目的实力。虚拟学习环境和虚拟现实技术能够为学生提供生动、逼真的学习环境，如建造人体模型、电脑太空旅行、化合物分子结构显示等，在广泛的科目领域提供无限的虚拟体验，从而加速和巩固学生学习知识的过程。亲身去经历和感受比空洞抽象的说教更具说服力，主动地去交互与被动的灌输，有本质的差别。虚拟实验利用虚拟现实技术，可以建立各种虚拟实验室，如地理、物理、化学、生物实验室等，拥有传统实验室难以比拟的优势：

- **节省成本** 通常我们由于设备、场地、经费等硬件的限制。许多实验都无法进行，而利用虚拟现实系统，学生足不出户便可以做各种实验，获得与真实实验一样的体会。在保证教学效果的前提下，极大的节省了成本。
- **规避风险** 真实实验或操作往往会带来各种危险，利用虚拟现实技术进行虚拟实验，学生在虚拟实验环境中，可以放心地去做各种危险的实验。例如：虚拟的飞机驾驶教学系统，可免除学员操作失误而造成飞机坠毁的严重事故。
- **打破空间、时间的限制** 利用虚拟现实技术，可以彻底打破时间与空间的限制。大到宇宙天体，小至原子粒子，学生都可以进入这些物体的内部进行观察。一些需要几十年甚至上百年才能观察的变化过程，通过虚拟现实技术，可以在很短的时间内呈现出来。例如，生物中的孟德尔遗传定律，用果蝇做实验往往要几个月的时间，而虚拟技术在一堂课内就可以实现。右图为用虚拟现实技术进行实验室消防演练。

2. 虚拟实训基地

利用虚拟现实技术建立起来的虚拟实训基地，其“设备”与“部件”多是虚拟的，可以根据需要随时生成新的设备。教学内容可以不断更新，使实践训练及时跟上技术的发展。同时，虚拟现实的沉浸性和交互性，使学生能够在虚拟的学习环境中扮演一个角色，全身心地投入到学习环境中去，这非常有利于学生的技能训练。包括军事作战技能、外科手术技能、教学技能、体育技能、汽车驾驶技能、果树栽培技能、电器维修技能等各种职业技能的训练，由于虚拟的训练系统无任何危险，学生可以不厌其烦地反复练习，直至掌握操作技能为止。例如：在虚拟的飞机驾驶训练系统中，学员可以反复操作控制设备，学习在各种天气情况下驾驶飞机起飞、降落，通过反复训练，达到熟练掌握驾驶技术的目的。

3. 虚拟仿真校园

教育部在一系列相关的文件中，多次涉及到了虚拟校园，阐明了虚拟校园的地位和作用。虚拟校园也是虚拟现实技术在教育培训中最早的具体应用，它由浅至深有三个应用层面，分别适应学校不同程度的需求：简单的虚拟校园环境供游客浏览教学、教务、校园生活，功能相对完整的三维可视化虚拟校园以学员为中心，加入一系列人性化的功能，以虚拟现实技术作为远程教育基础平台可为高校扩大招生后设置的分校和远程教育教学点提供可移动的电子教学场所，通过交互式远程教学的课程目录和网站，由局域网工具作校园网站的链接，可对各个终端提供开放性的、远距离的持续教育，还可为社会提供新技术和高等职业培训的机会，创造更大的经济效益与社会效益。随着虚拟现实技术的不断发展和完善，以及硬件设备价格的不断降低，我们相信，虚拟现实技术以其自身强大的教学优势和潜力，将会逐渐受到教育工作者的重视和青睐，最终在教育培训领域广泛应用并发挥其重要作用。

1.4.6 影视

虚拟现实技术会使观众身临其境。在本行业中，虚拟现实的应用将体现在以下方面：

1. 体验电影

虚拟现实技术与娱乐业紧密相关。早在1962年，美国电影摄影师莫顿·海尔（Morton Heiling）已经开发出一种立体电影，其具有多种传感设备，并且拥有立体声功能。其座椅可以根据电影情节的需求自动摆动，无论是气味还是风的吹动，都可以切实感受到电影中的感官刺激。遗憾的是因为资金不足，这个项目没有被继续研发。但是在科技已经高速发展的今天，观众体验身临其境的电影已经不再是梦想，科幻神奇的经历都可以在虚拟现实中出现。

2. 虚拟角色

虚拟角色在影视中的应用主要是虚拟主持人和虚拟演员。技术人员可以根据影视具体需求设计一个高技能又不怕辛苦的主持人，也可以利用虚拟演员做一些高危险性的动作，或者利用虚拟现实技术缅怀已经过世的演员。右图为利用三维建模技术重建后的邓丽君影像。

3. 虚拟演播室

虚拟演播室则是虚拟现实技术与人类思维相结合在电视节目制作中的具体体现。虚拟演播系统的主要优点是它能够更有效地表达新闻信息，增强信息的感染力和交互性。

传统的演播室对节目制作的限制较多，虚拟演播系统制作的布景是合乎比例的立体设计，当摄像机移动时，虚拟的布景与前景画面都会出现相应的变化，从而增加节目的真实感。用虚拟场景在很多方面成本效益显著。如它具有及时更换场景的能力，在演播室布景制作中节约经费。不必移动和保留景物，因此可减轻对雇员的需求压力。对于单集片，虚拟制作不会显出很大的经济效益，但在使用背景和摄像机位置不变的系列节目中可以节约大量的资金，如下图所示。

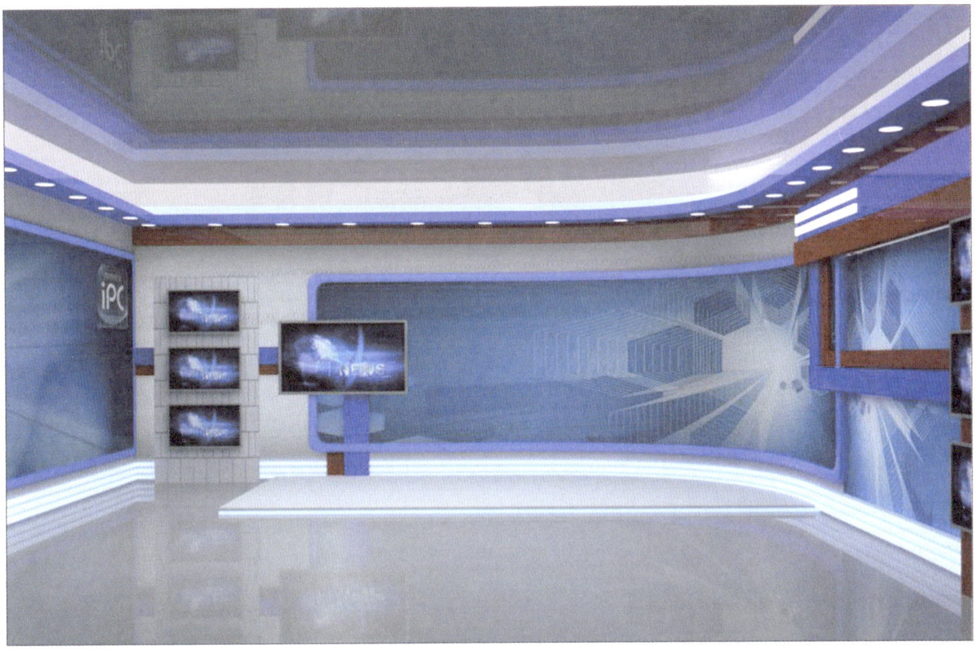

另外，虚拟演播室具有制作优势。当考虑节目格局时，制作人员的选择余地较大，不必过于受场景限制。对于同一节目可以不用同一演播室，因为背景可以存入磁盘。它可以充分发挥创作人员的艺术创造力与想象力，利用现有的多种三维动画软件，创作出高质量的背景。

4. 三维电脑特技

任何场景都可以通过虚拟现实技术展现出来，虚拟现实技术的优越性为工作人员提供了极大的便利，可避免提前摄录，再从大量素材中剪辑等繁琐程序。虚拟现实技术与艺术相互融合。比如，当在电影制作过程中需要很多名胜古迹的场景来当作背景以达到震撼的效果时，使用虚拟现实技术就可以轻松做到。

1.5 虚拟现实的历史

虚拟现实技术演变发展史大体上可以分为四个阶段：

有声形动态的模拟是蕴涵虚拟现实思想的第一阶段（1963以前）：在20世纪30年代，斯坦利·G·温鲍姆（Stanley G.Weinbaum）的科幻小说《皮格马利翁的眼镜》（Pygmalion's Spectacles）中首次提到了虚拟现实，这是被认为探讨虚拟现实的第一部科幻作品。简短的故事中详细地描述了佩戴者可以通过嗅觉、触觉和全息护目镜来体验一个虚构的世界。事后看来，当时温鲍姆对那些佩戴护目镜的人经历的描述，与如今体验虚拟现实的人们的体验惊人的相似，这使他成为这个领域真正的远见者，VR大幕就此拉开。

电影摄影师莫顿·海尔随后拿起了接力棒，将此写在了20世纪50年代的电影技术发展史上。当大部分人还在使用黑白电视的时候，莫顿·海尔已经成功造出了一台能够正常运转的3D视频机器名为“全传感仿真器（Sensorama Simulator）”。它能让人沉浸于虚拟摩托车上的骑行体验，感受声响、风吹、震动和布鲁克林马路的味道。但是由于海尔无法获得资金支持，因此只制作了五部短片。下图为莫顿·海尔与其早期发明的设备。

虚拟现实萌芽为第二阶段（1963-1972）：在1961年，两个飞歌（Philco）公司的工程师科莫和布莱恩开发了第一个HMD的前驱物——Headsight。它包括视频屏幕和磁力运动跟踪系统，能够链接到闭路电视摄像机。由于画面可以随着头部移动而变化，所以带来更加自然和真实的体验，即使它还没有计算机集成或生成图像，但这对VR来说也是一个巨大的进步。

1965年，计算机图形学之父和虚拟现实之父伊凡·苏泽兰（Ivan Sutherland）通过将头显连接到计算机并实时进行模拟以实现真实的交互，将VR提升到了一个新的水平。他发表了一篇题为“终极的显示（The Ultimate Display）”的论文。文章指出，应该将计算机显示屏幕作为“一个观察虚拟世界的窗口”，计算机系统能够使该窗口中的景象、声音、事件和行为非常逼真。

“终极的显示必将会是这样，在一个房间内，由电脑可以控制一切存在的物体。人能够坐在房间中显示的椅子上，手能被显示的手铐控制住，而且房间内的人们有可能被突如其来的虚拟子弹击中而致命。通过适当的编程，如此的显示器可以营造出真正地爱丽丝走进的仙境。”-伊凡·苏泽兰

伊凡·苏泽兰试图将自己这种幻想以设备的形式制造出来，1968年，伊凡和他的学生创建了第一款连接到计算机而不是相机的VR/AR头戴显示器，被称为“达摩克利斯之剑”。名字由来是因为这个设备太过笨重，为了保证用户安全舒适佩戴，伊凡将它和天花板相连，并用一根杆吊在人的脑袋上方。而且计算机生成的图形是非常原始的线框房间和对象。下图为伊凡·苏泽兰。

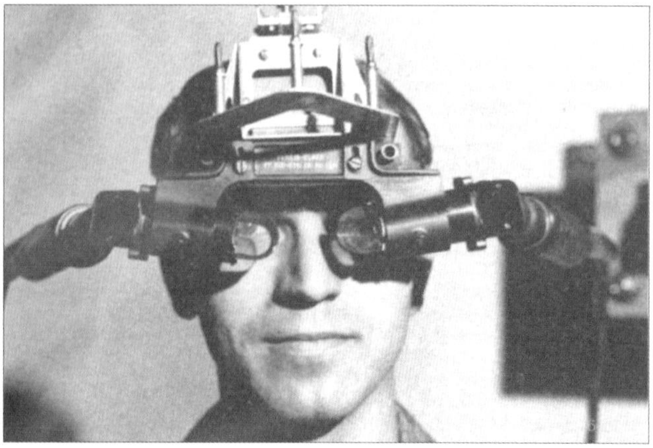

虚拟现实概念的产生和理论初步形成为第三阶段（1973-1989）： 迈伦·克鲁格（Myron Krueger）是美国计算机艺术家、互动艺术家。在威斯康星大学攻读博士学位期间，他在1969年从事了许多计算机互动的工作，其中包括光线跟踪。光线跟踪作为早期虚拟现实环境原型，是一个由计算机控制，以人响应作为输入的环境。他也是虚拟现实（VR）和增强现实（AR）领域的早期阶段或第一代研究员之一。

参与艺术创作光线跟踪之后，提出了电脑互动的观念并将虚拟现实的观念带入了艺术创作。于1985年创建了第一个可以让用户与虚拟物体进行交互的VIDEOPLACE系统，它是从光线跟踪，Metaplay到物理空间开始的各种这样的系统的改进的结果。

1987年，被业界称为“虚拟现实之父”的美国VPL公司创建人拉尼尔在1987年提出了VR概念。VPL公司研发出了一系列虚拟现实设备，包括头戴式显示器和手套。下图为拉尼尔。

虚拟现实理论进一步的完善和应用为第四阶段（1990后）： 于1991年发布的名为Virtuality的产品是20世纪90年代具有影响力的VR设备，是消费级VR的重大飞跃。它使用头显来播放视频和音频，用户可以通过移动和使用3D操纵杆进行虚拟现实交互。该系统使用Amiga 3000计算机来处理大多数游戏的运算，然而最终却败给了60000美金的成本，折合人民币36万左右。

1994年，日本游戏公司世嘉（Sega）和任天堂分别针对游戏产业而推出Sega VR-1和Virtual Boy，但是由于设备成本高等问题，以至于最后使VR的这次现身如昙花一现。被时代周刊评为“史上最差的50个发明之一”的任天堂主机“Virtual Boy"仅仅在市场上生存了六个月就销声匿迹。下图为Virtual Boy。

在21世纪的第一个十年里，手机和智能手机迎来爆发，虚拟现实仿佛被人遗忘。尽管在市场尝试上不太乐观，但人们从未停止在VR领域的研究和开拓。索尼在这段时间推出了3公斤重的头盔，Sensics公司也推出了高分辨率，超宽视野的显示设备，还有其他公司，也在连续性推出各类产品。

2012年Oculus公司用众筹的方式将VR设备的价格降至300美元（约合人民币1900元），同期的索尼头戴式显示器HMZ-T3高达6000元左右，这使得VR向大众视野走近了一步。

2014年Google发布了Google CardBoard，三星发布Gear VR，2016年苹果发布了名为View-Master的VR头盔，售价为29.95美元（约合人民币197元）。

另外HTC的HTC Vive、索尼的PlayStationVR也相继出现。在这一阶段虚拟现实技术从研究型阶段转向应用型阶段，广泛运用到了科研、航空、医学、军事等领域。目前，国内的VR市场也是如火如荼，普通民众也都能在各种VR线下体验店感受VR带给我们的惊艳与刺激。

1.6 虚拟现实的未来展望

随着计算机技术的飞速发展，虚拟现实也在短时间内经历了萌芽探索到飞速发展完善的转变。由于其独特的沉浸式体验，虚拟现实的前景被大多数人看好，更多的VR相关技术也在为让人能更完美的融合到这个虚拟的世界做出努力，当然与此同时也有少部分人指出当下VR的发展还远远没有达到我们认识的水平，它依然摆脱不了诸多的限制。但不论如何，它还是在不断向前发展并且不断带给我们惊艳与刺激。

1. 高效精细的动态环境建模方式

虚拟环境的建立是VR技术的核心内容，建模是一个比较繁复的过程，需要大量的时间和精力。动态环境建模技术的目的是获取实际环境的三维数据，并根据需要建立相应的虚拟环境模型。前期建模的工作量的减少和将模型的精美度进一步提升都将对虚拟现实技术起到重要的作用。

2. 更成熟的实时三维图形生成和显示技术

三维图形的生成技术已比较成熟，而关键是怎样“实时生成”，在不降低图形的质量和复杂程度的基础上，如何提高刷新频率将是今后重要的研究内容。此外，VR还依赖于立体显示和传感器技术的发展，现有的虚拟设备还不能满足系统的需要，有必要开发新的三维图形生成和显示技术。

3. 新型交互设备的研制

虚拟现实技术已经能够实现人自由地与虚拟世界对象进行交互，犹如身临其境，借助的输入输出设备主要有头盔显示器、数据手套、数据衣服、三维位置传感器和三维声音产生器等。因此，新型、便宜的数据手套和数据服，以及更加智能的交互方式也是研究的重点。

4. 分布式虚拟现实技术的展望

分布式虚拟现实是今后虚拟现实技术发展的重要方向。随着众多DVE开发工具及其系统的出现，DVE本身的应用也渗透到各行各业，包括医疗、工程、训练与教学以及协同设计。仿真训练和教学训练DVE的又一个重要的应用领域，包括虚拟战场、辅助教学等。另外，研究人员还用DVE系统来支持协同设计工作。

近年来，随着互联网应用的普及，一些面向Internet的DVE应用使得位于世界各地多个用户可以进行协同工作。将分散的虚拟现实系统或仿真器通过网络联结起来，采用协调一致的结构、标准、协议和数据库，形成一个在时间和空间上互相耦合的虚拟合成环境，参与者可自由地进行交互作用。特别是在航空航天中应用价值极为明显，因为国际空间站的参与国分布在世界不同区域，分布式VR训练环境不需要在各国重建仿真系统，这样不仅减少了研制费和设备费用，也减少了人员出差的费用以及异地生活的不适。

Chapter 02 软硬件支持

本章概述

在虚拟现实系统中，硬件设备主要提供虚拟世界的生成以及数据的输入和输出等功能。此外系统还需要虚拟现实的相关软件技术，例如虚拟现实内容的制作、交互逻辑的编写。在本章将为大家介绍这些软硬件的具体应用。

核心知识点

1. 了解建模与三维场景编辑
2. 了解数据整合与查询
3. 了解开发引擎与SDK
4. 了解虚拟现实显示设备
5. 了解虚拟现实声音与交互设备

2.1 建模与三维场景编辑

虚拟现实建模的目的是在虚拟的数字空间中模拟真实世界中的事物。想要让用户在虚拟现实世界中获得充足的沉浸感和真实感，建模技术是不可或缺的部分。目前进行建模的方式有三种：利用各种三维建模软件进行建模；利用建模设备（三维激光扫描仪）扫描实际物体以得到其点云信息进行建模；利用图片或视频进行建模。

2.1.1 三维建模软件

三维建模软件的原理就是利用一些基本的几何元素（如正方体、圆柱体等），通过一系列的几何操作（如移动、旋转等）来构建复杂的三维模型和场景。这种建模方式应用较多，即使没有实物进行对照，使用者也可以根据自己的想象和创意来制作各种精细的模型。

利用三维软件进行建模的优点是灵活性较高，使用者可以任意更改模型的精细度、纹理、光泽度等参数；缺点是建模工作人员进行建模的周期较长。在虚拟现实领域常用的三维建模软件有Maya、3ds Max、Zbrush。

1. Maya三维建模软件

Maya是世界顶级的三维动画软件，由美国Autodesk公司出品。其应用对象是专业的影视广告、角色动画和电影特技等。Maya拥有着最先进的动画及数字效果技术，它不仅包括一般三维和视觉效果制作的功能，而且还与最先进的建模、数字化布料模拟、毛发渲染、运动匹配技术相结合。下图为Autodesk Maya 2018的启动界面。

使用Maya作为虚拟现实建模软件有以下优点：

- 功能强大、扩展性好；
- 毛发布料效果真实；
- 强大的动画制作功能。

2. 3ds Max三维建模软件

3ds Max是当今世界上销售量最大的三维建模、动画及渲染软件，由Discreet公司开发（后被Autodesk公司合并）。可以说3ds Max是最容易上手的3D软件，其最早应用于计算机游戏中的动画制作，后开始参与影视片的特效制作，例如《X战警》《最后的武士》等。下图为利用3ds Max进行建模的操作界面图。

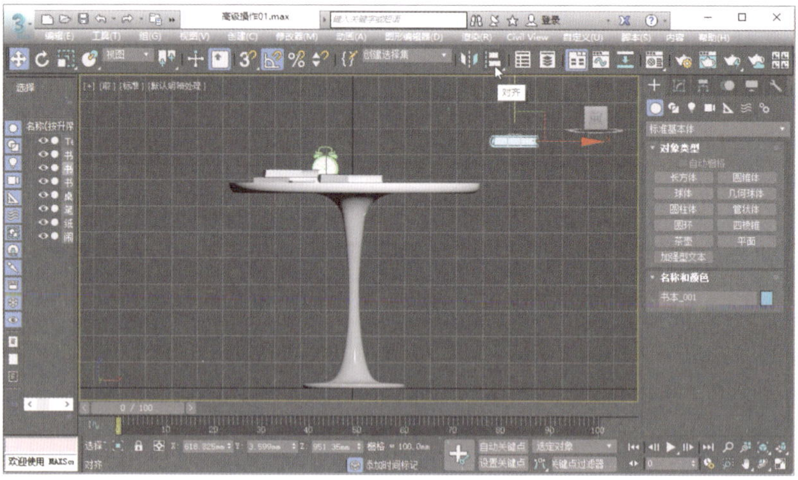

使用3ds Max作为虚拟现实建模软件有以下优点：

- 对于pc配置的要求较低；
- 插件可提供3ds max扩展功能；
- 可折叠的建模步骤；
- 上手难度较低。

3. ZBrush三维建模软件

ZBrush是由Pixologic公司在1999年开发并推出的一款数字雕刻和绘画软件，号称为当代数字艺术家提供了世界上最先进的工具。和传统用鼠标拖曳或调整参数进行建模不同，ZBrush可以用其细腻的笔刷让用户自由自在地雕刻自己脑海中的模型，并塑造出例如皱纹、发丝、青春痘、雀斑等细节。以强大的功能和直观的工作流程彻底改变了整个三维行业。下图为ZBrush的操作界面图。

除此之外，还有一些行业化的三维建模软件，如AutoCAD、CATIA、Pro/Engineer等。

2.1.2 建模设备

建模设备指的是三维激光扫描仪。三维激光扫描技术又被称为实景复制技术，其原理是通过记录被测物体表面大量且密集的点的三维坐标、反射率和纹理等信息，可快速复建出被测目标的三维模型及线、面、体等各种图件数据。下图为用建模设备扫描的某段公路。

三维激光扫描包含数据采集的硬件部分和数据处理的软件部分，是测绘领域继GPS技术之后的一次技术革命。按照载体的不同，三维激光扫描系统又可分为机载、车载、地面和手持型。与其它三维建模方式相比，三维激光扫描具有高效率、高精度等特点，并且在针对某些大型地形时有着其独特的优势，可以通过扫描其表面的三维点云数据来快速构建高精度高分辨率的数字地形模型。

三维激光扫描技术主要应用于逆向工程，针对现有的三维实物（样品或模型）在没有技术文档的情况下，可快速测得物体的点云数据信息并加以建构、编辑、修改生成通用输出格式的曲面数字化模型。下图即为利用三维激光仪来扫描汽车以获得点云数据进行建模。

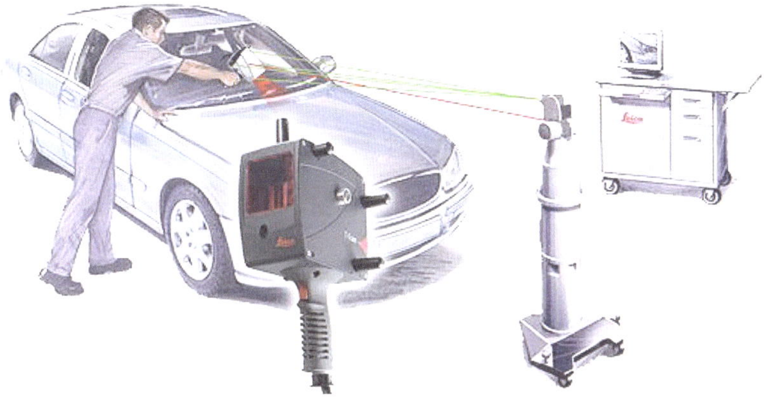

虚拟现实就是在一定软硬件的基础上，创建尽可能真实的3D立体的场景和对象，在虚拟仿真中，场景和对象的真实感是最为关键一个因素。随着用户对虚拟现实场景的真实性、精细性的不断提高，对于现实世界中真实物体数据的获取就显得尤为重要，这也在一定程度上制约着虚拟现实技术的发展。不过三维激光扫描技术的出现完美地解决了虚拟现实技术中真实场景数据获取的难题，并且也大大降低了建模人员的工作量。

在此领域知名度较高的厂家有Surphaser（美国）、I-site（澳大利亚maptek）、拓普康（日本）和Faro等。

下图为Faro的超便携式FocusS激光扫描仪，此设备不仅能够捕捉详细的图像，还能对在亮度急剧变化条件下捕捉的扫描数据进行自然的颜色叠加。许多令人熟悉的特征（例如：重量轻、尺寸小、一次充电可工作4.5小时），使FocusS激光扫描仪实现了真正的移动性，以便进行快速、安全和可靠的扫描。当其连接到对应的软件时，项目扫描数据将自动完全配准。

2.1.3 基于图片或视频进行建模

基于图像的建模和绘制（Image-Based Modeling and Rendering，简称IBMR）是当前计算机图形学界一个极其活跃的研究领域。其原理是使用普通的相机拍摄物体在多个角度下的图片，经过自动重构来获得物体精确的三维模型。

同前两种建模方式相比，IBMR技术具有许多独特的优点：

- 获取照片的真实感、自然感；
- 自动化程度高：建模更加快速、方便；
- 对硬件的要求不高。

IBMR的最新研究进展已经取得了许多丰硕的成果，并有可能从根本上改变我们对计算机图形学的认识和理念。由于图像本身包含着丰富的场景信息，自然容易从图像获得照片般逼真的场景模型。基于图像建模的主要目的是由二维图像恢复景物的三维几何结构。其原先属于计算机图形学和计算机视觉方面的内容。由于它的广阔应用前景，如今计算机图形学和计算机视觉方面的研究人员都对这一领域充满兴趣。

2.2 数据整合与查询

虚拟现实的开发和其他软件一样，都离不开数据库的支撑。数据库是存储在计算机存储设备上的数据集合，简单来说就是一个存放数据的仓库，这个仓库是按照一定的数据结构（数据结构是指数据的组织形式或数据之间的联系）来组织、存储的。我们可以通过数据库提供的多种方法来管理数据库里的数据，对其进行新增、截取、更新、删除等操作。

早期比较流行的数据库模型有三种，分别为层次式数据库、网络式数据库和关系型数据库。而在当今的互联网中，最常用的数据库模型主要是两种，即关系型数据库和非关系型数据库。其中关系型数据库是目前最受欢迎的数据库管理系统，技术比较成熟。常用的关系型数据库有MySQL、SQL Server、Oracle等。

MySQL（右图）是目前最受欢迎的开源SQL数据库管理系统。由于其体积小、速度快、总体拥有成本低、开放源代码等优点，深受个人和中小型企业的喜爱，被广泛的应用在Internet上的大中小型网站中。对于个人和初学者来说，MySQL是一个很好的选择。

SQL Server（下左图）是由微软公司开发的关系型数据库管理系统，一般用于Web上存储数据。SQL Server可以与Winodws操作系统紧密集成，不论是应用程序开发速度还是系统事务处理运行速度，都得到较大的提升，对于在Windows平台上开发的各种企业级信息管理系统来说，SQL Server是一个很好的选择。其缺点是只能在Windows系统下运行。

Oracle（下右图）在数据库领域一直处于领先地位，由于有先进技术的不断更新，目前Oracle产品覆盖甚广，成为了世界上使用最广泛的关系数据系统之一。Oracle主要应用范围：传统大企业、大公司、政府、金融、证券等。

2.3 综合开发引擎

虚拟现实开发过程中最重要的元素就是用来构建的引擎，它给虚拟现实技术提供了强有力的解决方案，在虚拟现实引擎中我们可以编辑场景、撰写脚本、制作各种动画和特效、打包项目等。选择一款适合自己的引擎会极大提高开发的效率，下面将介绍三种市场上主流的进行虚拟现实开发的引擎。本书将以Unity 3D作为综合开发引擎为大家讲解虚拟现实的开发。

2.3.1 Unity 3d

Unity 3d是由Unity Technologies公司开发的一个让玩家轻松创建诸如三维视频游戏、建筑可视化、实时三维动画等类型互动内容的多平台的综合型游戏开发工具，是一个全面整合的专业游戏引擎。其编辑器可运行在Windows和Mac OS X下，可发布游戏至Windows、Mac、Wii、iPhone和Android平台等。

Unity 3d从5.1版本起开始为VR和增强现实设备增添了“高度优化”渲染管道。同时也增添了对Oculus Rift HMD的原生支持，使开发者可以插入他们的开发工具并能够立即使用。最值得期待的虚拟现实头盔Oculus Rift，其30款可玩游戏中的16款是使用Unity技术研发的。此外，在为HTC和索尼虚拟现实头盔和微软增强现实头盔HoloLens开发游戏的开发者中，Unity 3d的技术也非常受欢迎。下图为使用Unity 3d进行渲染的效果图。

Unity的游戏引擎在低成本设备中占据优势，这些设备可以与智能手机绑定，让人们体验低端虚拟现实技术。目前三星和Oculus基于智能手机联合开发的虚拟现实设备Gear VR上90%以上的游戏是基于Unity技术开发的。Unity在虚拟现实开发中有以下特点：

- 入门难度较低：图形化开发界面，网络上可以搜集到大量资料和相关教程；
- 可以使用C#和JavaScript进行编程；
- 开发效率高，可用插件较多；
- 可兼容较低配置的硬件；
- 材质shader较为复杂；
- 渲染和画质并非一流。

2.3.2 虚幻引擎

Unreal是虚幻引擎（UNREAL ENGINE）的简写，由Epic开发，是目前世界知名授权最广的游戏引擎之一，占有全球商用游戏引擎80%的市场份额。UE4由于渲染效果强大以及采用pbr物理材质系统，所以它的实时渲染的效果可以达到类似vray静帧的效果，成为开发者最喜爱的引擎之一。下图为UNREAL ENGINE 4.22版本的官方渲染图片。

在Unreal Engine 4.7中，加入了“VR预览”功能，这一新选项让VR开发者能够立刻通过Oculus Rift浏览他们的工作，从而更好进行开发。2015年6月，Unreal Engine 4.8发布，对多个平台进行VR支持。为了进一步吸引开发者加入UE阵营，UE4引擎宣告可以免费下载，这一策略也取得了显著效果，近几年来，UE4引擎已成为许多VR游戏体验致胜的法宝。UE4作为虚拟现实引擎有以下特点：

- 渲染的画面效果完全达到3A游戏水准；
- 更好的画质，材质编辑器较好；
- 使用蓝图（可视化编程），拖曳节点和定制C++代码；
- 学习成本高，各子模块功能强大但操作复杂。

2.3.3 CryEngine

CryEngine是德国的CRYTEK公司出品的一款游戏引擎，是一个兼容PS3、360、MMO、DX9和DX10的次世代游戏引擎。与其它的竞争者不同，CryEngine不需要第三方软件的支持就能处理物理效果、声音及动画。简而言之，这是一款非常全能的引擎。基于CryEngine引擎开发的游戏有《孤岛危机》系列游戏，这是一款科幻题材的第一人称射击游戏，游戏的光影效果给人留下了深刻印象，但是需要硬件足够强硬才能真正享受到这一切。右图即为《孤岛危机》游戏截图。

CryEngine近年来发展不太顺利，2014年，著名游戏引擎CryEngine的开发商CRYTEK濒临破产，一度连薪水都发不出了，直到亚马逊向其注入了巨额的资金，才让这家工作室有了喘息的机会。CryEngine失败的一部分原因在于与市场脱节，CryEngine进入steam面向独立开发者推行订阅式付费的时候，Unity 3d和UNREAL ENGINE早就建立了完善的社区了。官方文档不全、成功范例稀少，这些都制约了它的发展。不过VR时代的到来，也给CryEngine带来了新的机会。CryEngine作为虚拟现实引擎有以下特点：

- 较高的渲染画质和真实的光照模拟；
- 独特的沙盒系统简化了关卡设计；
- 使用C++和C#进行编程；
- 上手难度较大，不适合新手。

2.4 代码编写和SDK

虚拟现实开发当然离不开代码编写，我们以Unity引擎为例：在windows系统下通常以VS（Microsoft Visual Studio的简称）作为代码编辑器；在Mac OS下通常以XCode作为代码编辑器。这些编辑器可以辅助开发者写出更加完整、规范的代码。

软件开发工具包（SDK）一般是一些软件工程师为特定的软件包、软件框架、硬件平台、操作系统等建立应用软件时的开发工具的集合。第三方SDK包括了渠道SDK、用户系统、支付系统、广告系统、统计系统、分享系统等。SDK接入解决方案的整个过程，不改变任何SDK的功能、特性、参数等，让开发者有更多时间来专注于虚拟现实软件的品质。

2.5 三维视觉显示设备

三维视觉显示设备是虚拟现实的标志性硬件，人类对虚拟世界的沉浸感主要依赖于视觉感知，因此三维立体视觉是虚拟现实技术的第一传感通道。虽然桌面式VR系统可以使用普通的计算机屏幕作为显示设备，但它却不能提供大视野、双眼的立体视觉效果。因此，我们需要一些专门的立体显示设备来增强用户在虚拟环境中的视觉沉浸感的逼真程度。

2.5.1 头显（头戴式立体显示器）

头盔式显示器（HMD）是VR系统中普遍采用的一种立体显示设备，它通常戴在头部，并用机械方法固定，头与头盔之间不能有相对运动，在HMD上配有空间位置跟踪定位设备，能实时检测出头部的位置。HMD通常由两个LCD或CRT显示器分别向左右眼提供图像，其显示原理是两个屏幕分别显示左右眼的图像，人眼获取这种带有差异的信息后在脑海中产生立体画面。虚拟现实头显作为虚拟现实的显示设备，具有小巧和封闭性强的特点，可以将参与者与外界完全隔离或部分隔离，因而已成为沉浸式VR系统与增强式VR系统不可缺少的视觉输出设备。现阶段常用的头戴式立体显示器主要有以下几款：

HTC VIVE： HTC VIVE是目前最受欢迎的虚拟现实头盔设备，其开发者版本发布于2015巴塞罗那世界移动通信大会举行期间，由HTC和VALVE合作共同推出。一经上市便迅速占领市场，目前大部分商场中的VR体验店均采用此款头显。这款致力于给使用者提供沉浸式体验的头显分为三个部分：一个头戴式显示器、两个单手持控制器、一个能于空间内同时追踪显示器与控制器的定位系统。下图即为HTC Vive的全部设备展示图，本书将以此设备作为示例来讲解。

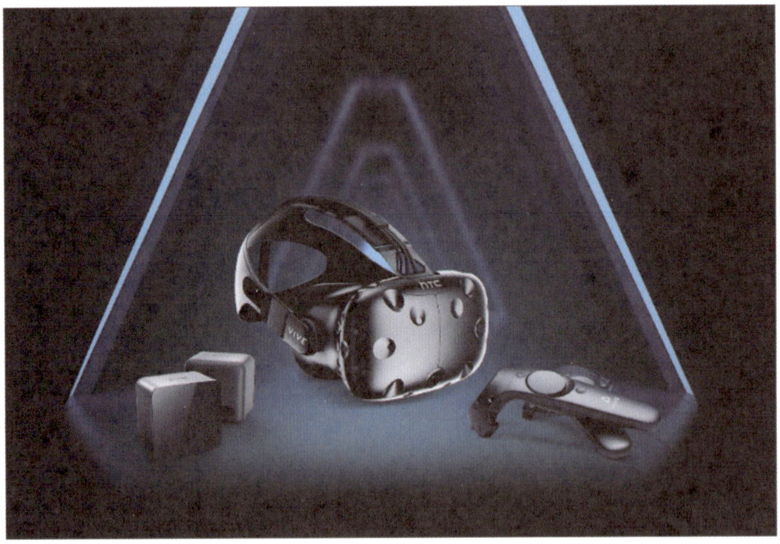

HTC Vive开发者版本的头显采用了一块OLED屏幕，画面刷新率为90Hz，单眼有效分辨率为1200 ×1080，双眼合并分辨率为2160×1200。2K的分辨率大大降低了画面的颗粒感，用户几乎感觉不到纱门效应。控制器定位系统采用的是Valve的专利，它不需要借助摄像头，而是靠激光和光敏传感器来确定运动物体的位置，也就是说HTC Vive允许用户在一定范围内走动。

Oculus Rift：采用2160×1200分辨率的OLED显示屏，与HTC Vive相同，该显示器与90Hz刷新率和110° 视野相结合，为用户提供了华丽流畅的高清VR体验。Oculus Rift还配有3D空间音频耳机，可提供更加身临其境的体验。但从空间定位的角度来看，Oculus Rift比起HTC Vive可能要稍逊一筹，它很精准，但是追踪的范围太小了。此外，要想拥有360° 追踪，至少需要再买一个传感器和USB数据线，而且还要整理很多线路。下左图即为Oculus Rift。

HoloLens：是微软首个不受线缆限制的全息计算机设备，能让用户与数字内容交互，并与周围真实环境中的全息影像互动。该产品于北京时间2015年1月22日凌晨发布。HoloLens运行Windows10系统，它不受任何限制——没有线缆和听筒，并且不需要连接电脑。Microsoft HoloLens具有全息、高清镜头、立体声等特点，可以看到和听到周围的全息景象。下右图即为HoloLens。

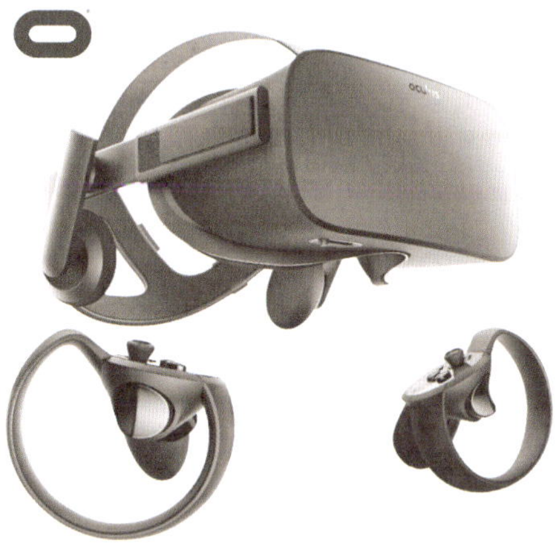

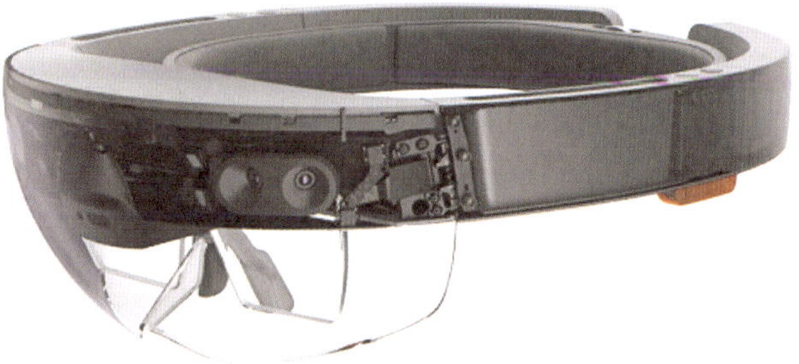

除此之外还有一些国产一体机式VR眼镜（例如大朋、Pico等），搭载着安卓系统和超高清分辨率，在舒适性和性价比上都有着较高的优势，这些VR设备相比起来可能会更受个人玩家的欢迎，在虚拟现实的圈子里同样占据着一席之位。

2.5.2 双目全方位显示器

双目全方位显示器（BOOM）是一种偶联头部的立体显示设备，类似于使用望远镜。它由两个互相垂直的机械臂支撑，这不仅让使用者可以在半径约2米的球面空间内自由移动，还能将显示器的重量加以巧妙的平衡而使之始终保持水平，不受平台的运动影响。在支撑臂上的每个节点处都有位置跟踪器，因此BOOM和头盔显示器一样有实时的观测和交互能力。

Boom的优点在于：

- 采用高分辨率的CRT显示器，因而其分辨率高于HMD且图像柔和；
- BOOM的位置及方向跟踪是通过计算机械臂节点角度的变化来实现的，因而其系统延迟小，且不受磁场和超声波背景噪音的影响；
- 虽然它的沉浸感稍差些，但使用这种设备可以自由进出虚拟环境，使用者只要把头从观测点转开，就离开虚拟环境而进入现实世界，因此具有方便灵活的应用特点。

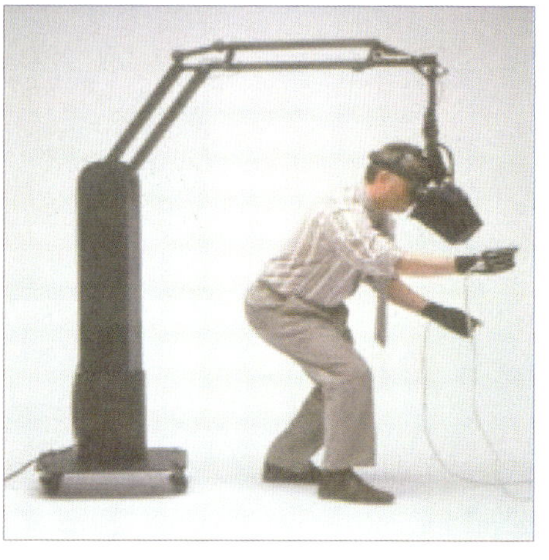

BOOM的缺点是使用者的运动受限，这是因为在工作空间中心支撑架造成了“死区”。右图即为BOOM工作时的示意图。

2.5.3 大型投影系统

大型投影系统可以在一定程度上给用户带来沉浸感和震撼感，比较有代表性的大型投影系统有CAVE洞穴式虚拟现实显示系统、多通道立体投影系统、全息投影等。

1. CAVE洞穴式虚拟现实显示系统

CAVE洞穴式虚拟现实显示系统是由3个面以上（含3面）硬质背投影墙组成的高度沉浸的虚拟演示环境（如下图所示），配合三维跟踪器，用户可以在被投影墙包围的系统近距离接触虚拟三维物体，或者随意漫游“真实”的虚拟环境。

CAVE系统一般应用于高标准的虚拟现实系统。至纽约大学94年建立第一套CAVE系统以来，CAVE已经在全球超过600所高校、国家科技中心、各研究机构进行了广泛的应用。但是由于价格昂贵、体积大、参与人数有限等特点，在一定程度上限制了CAVE系统的普及。

2. 多通道立体投影系统

多通道立体投影系统是指采用多台投影机组合而成的多通道大屏幕显示系统（下图所示），它比普通的标准投影系统具备更大的显示尺寸、更宽的视野、更多的内容、更高的分辨率，以及更具冲击力和沉浸感的视觉效果。它利用多台投影机组成一个弧形阵列，利用投影处理技术，将计算机图像信息投射在高精尺度的弧形环幕上，一台PC即可实现对整个投影系统的操作控制。

3. 全息投影

全息投影也称虚拟成像技术，无需佩戴眼镜，利用干涉和衍射原理记录并再现物体真实的三维图像的记录和再现。其基本原理是：在拍摄过程中利用干涉原理记录物体光波信息，成像过程中利用衍射原理再现物体光波信息，从而能够再现物体真实的三维图像。

2.6 声音与交互设备

声音和交互设备可以极大地增强虚拟现实的体验感，在虚拟现实系统中占据着举足轻重的地位。声音设备主要指的是三维声音系统和语音识别；交互设备包括位置追踪仪、数据手套、3D输入设备（三维鼠标）、动作捕捉设备、触觉反馈装置、眼动仪、力反馈设备，以及其他交互设备。

2.6.1 三维声音和语音识别

VR系统中的三维虚拟声音不是立体声的概念，而是使用户能感觉到声音是来自三维空间中的任何地方，即声音可能来自但不限于头的上方、后方或者前方。如战场模拟训练中，当用户听到了对方射击的枪声时，就能像在现实世界中一样准确而且迅速地判断对手的位置，如果对手在他身后，听到的枪声就应是从后面发出的。因而把在虚拟场景中的能使用户准确判断出声源的精确位置、符合人们在真实听觉方式的声音系统称为三维虚拟声音系统。

三维虚拟声音系统的核心是声音定位技术，它有三个主要特征，分别是全向三维定位特性、三维实时跟踪特性、沉浸感和交互感。

- 全向三维定位特性是指在三维虚拟空间中把实际声音信号定位到特定虚拟专用源的能力。它能使用户准确判断出声音的精确位置，从而符合人们的真实听觉方式；
- 三维实时跟踪性是指三维虚拟空间中实时跟踪虚拟声音位置变化的能力；
- 三维虚拟声音的沉浸感指加入三维虚拟声音后能使用户产生身临其境的感觉，有助于增强临场效果。交互性是指随用户的运动而产生的临场反应和实时响应能力。

声音是用户和虚拟环境的另一种交互方法，人们可以通过语音与虚拟世界进行双向交互。VR的语音识别系统让计算机具备人类的听觉功能，是人机以语言这种人类最自然的方式进行信息交换。必须根据人类的发声机理和听觉机制，给计算机配上“发声器官”和“听觉神经”。当参与者对微音器说话时，计算机将所说的话转换为命令流，就像从键盘输入命令一样。

2.6.2 定位与追踪

定位与追踪是虚拟现实设备的核心部分，准确且稳定的位置追踪技术才能保证良好的沉浸体验感。要做好定位和追踪并非易事，它对硬件以及算法都有非常高的要求。目前业界已经采用的位置追踪技术方案有以下几种：

1. 红外光学定位

利用多个红外发射摄像头对一定大小的室内空间进行覆盖，同时在被追踪的物体上放置红外反光点，通过捕捉这些反光点反射回摄像机的图像来确定其在空间中的位置信息。这类定位与追踪系统的优点是有着极高的定位精度和较低的延迟（在摄像头的帧率达到一定条件的情况下）；缺点是造价昂贵，例如采用帧率在120帧的红外摄像头覆盖5米×5米的定位空间，大概需要6到10个摄像头，每个摄像头的造价大概在1000美元左右。应用这类定位技术最具代表性的产品有Opti Track的光学定位摄像头（下图所示）。

2. 激光定位

激光定位技术的基本原理是利用定位光塔对一定范围的定位空间发射横竖两个方向扫射的激光，同时在被定位物体上放置多个激光感应接收器，通过计算两束光线到达接收器的角度差来计算出位置坐标信息。这类定位与追踪系统的优势在于造价相对低廉并且定位精度高，激光定位技术的代表性产品是HTC Vive的定位系统（如下图所示），其精度可以达到mm级别，高定位精度意味着卓越的沉浸感，这也在某一方面成就了HTC在VR界的地位。

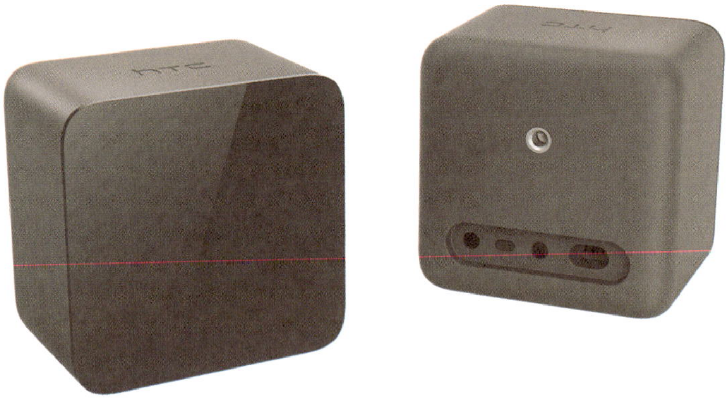

3. 可见光定位

可见光定位的原理与红外定位相似，都是用摄像头拍摄一定范围的定位区域，不同的是被追踪物体上的追踪点采用的是主动发光的标记点（类似小灯泡），并且用不同的颜色来区分不同的定位点。

与前两种定位解决方案相比，可见光定位的造价相对低廉，但同时其精度也低了很多，并且容易受到自然光的影响。然而其算法简单、价格便宜、容易扩展的特性，使它成为了目前VR市场上相对普及的定位方案，索尼PSVR（下图所示）采用的就是这种定位方案。

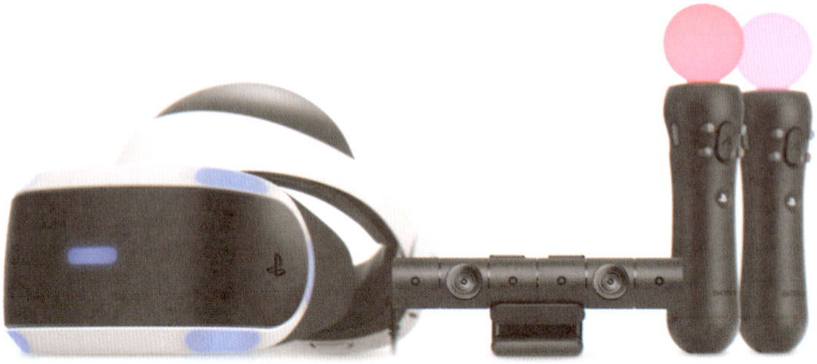

另外还有其它一些定位技术，比如GPS定位、Wifi定位、射频识别技术、UWB技术、ZigBee技术、iBeacons定位等，但目前为止由于定位精度有限和自身的局限性，在VR领域很少被应用。

2.6.3 动作捕捉设备

早期动作捕捉还是摄影棚专属的技术，演员穿着紧身服，被专门的摄影机和灯光围在空荡荡的舞台中央。《阿凡达》提出了“表演捕捉”的概念，包含多名演员，能够捕捉面部甚至嘴唇动作。《黑色洛城》等游戏也运用了动作捕捉技术来提升动画的真实感。在虚拟现实的世界里当然也有着动作捕捉技术的身影，例如用动作捕捉来提升虚拟现实动画的自然度；或者利用动作捕捉在虚拟现实世界中与真实世界产生交互。动作捕捉目前已经有了很多成熟的解决方案，下面将为大家介绍几种。

XSens公司研制开发出最先进的小型MEMS惯性传感器（加速计、回转仪）、辅助技术（GPS/

GNSS、视觉、气压计、磁场传感器）及具有所有权的“传感器融合”软件算法。其全身惯性动作捕捉无线套装共有17个传感器，能够同时追踪24个不同的身体动作。套装能够有效追踪多个身体部位的动作，在业界处于领先地位。《复仇者联盟三》和《银河护卫队》均采用了Xsens的动作捕捉解决方案。下图为Xsens的MVN Analyze惯性三维运动捕捉系统的工作示意图。

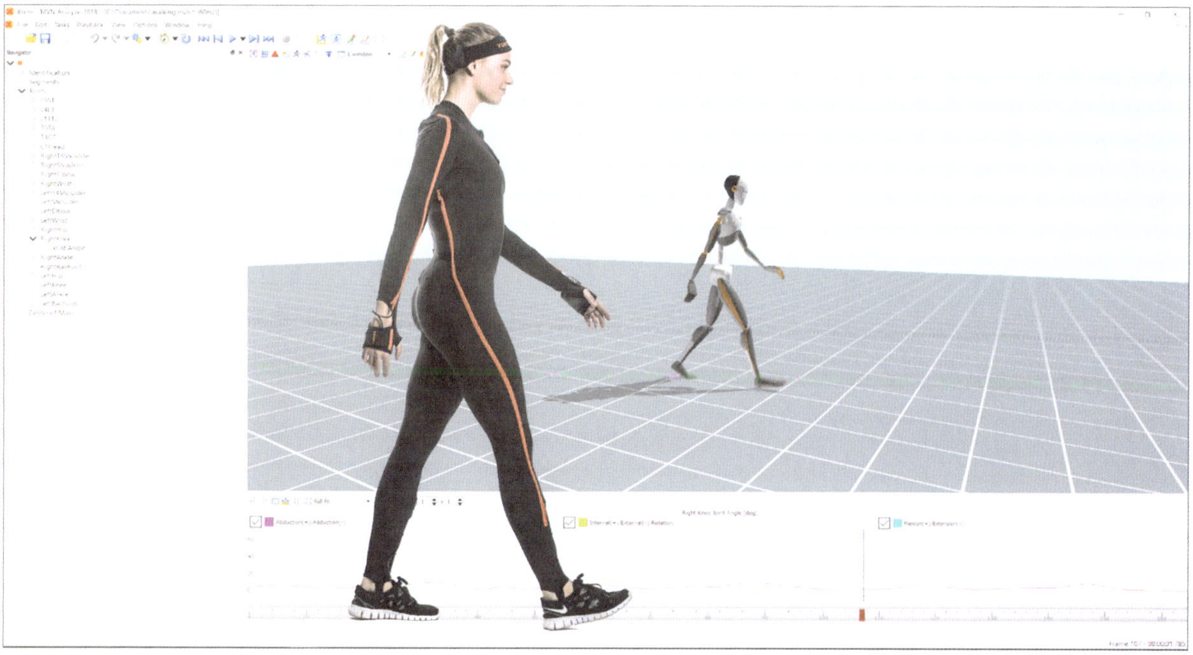

Perception Neuron（简称PN）是北京诺亦腾科技有限公司的惯性动作捕捉产品，这套产品是基于MEMS惯性传感器的动作捕捉，子节点模块体积比硬币还小，集成了加速度计、陀螺仪以及磁力计的惯性测量传感器节点。可以在室内或室外的任何照明条件下使用，无需担心遮挡、摄像头或视距的限制。

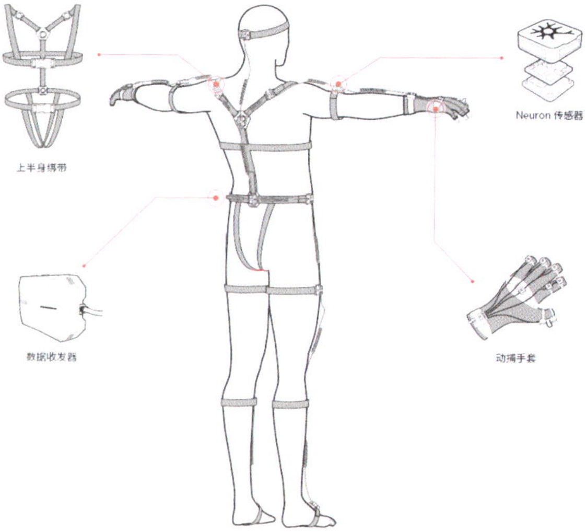

PN是一套极为灵活的动作捕捉系统，共有32个感知节点，每一个感知节点都可以互换。同时对于虚拟现实开发者，PN将提供SDK开发套件：标准C/C++API和Unity 3d/Unreal Engine 4，并可以完美的适配Oculus Rift、HTC Vive、Gear VR等虚拟现实眼镜。

高性能的动作捕捉系统往往都是极为昂贵的，但PN在有着高精度捕捉能力的同时，其售价却十分可观。可以说PN的高性价比将动作捕捉的可能性扩展到了小型工作室、创业公司、教育机构和个人开发者。

右图为PN的全部硬件示例图。

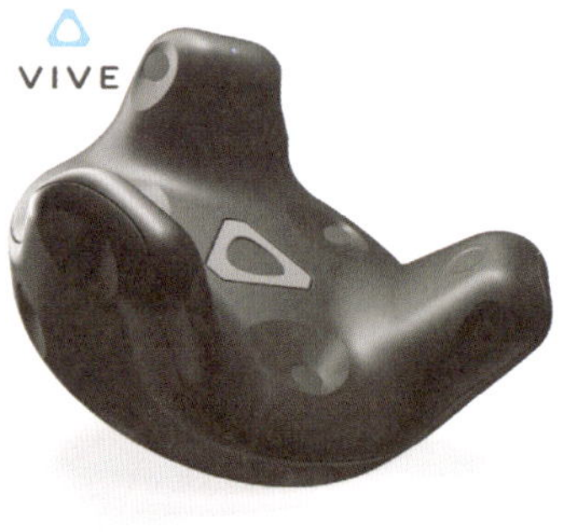

IKinema Orion：IKinema是一家软件开发商，其公司利用商用VR硬件（如右图所示），让运动捕捉和身体跟踪成为每个人都能用得起的服务。

这个叫Orion的系统将HTC Vive的VR头显、运动控制器和若干个Vive Tracker固定在身体的主要关节处，分别记录其位置从而创建灵活的动作捕捉模式。

Orion同样也提供SDK，支持将动作捕捉数据实时传输到Unity 3d/UE4中进行开发。

2.64 其他交互设备

用户与虚拟现实交互的研发从未停止，除以上几种之外，还有一些交互设备因其设备自身的局限性未被广泛应用，但是在某些特定场景所展现出的独特性会使它们发挥出意想不到的效果。

1. 数据手套

数据手套可以为虚拟现实提供一种非常自然且真实的交互方式（如下左图），数据手套中装有许多光纤传感器，能够感知手指关节的弯曲状态，使用者可以通过手指的活动来实现与虚拟场景交互，实现对物体的抓取、移动、旋转等动作。有的数据手套还配备了力反馈装置，使用者能够用双手亲自“触碰”虚拟物体并真实地感受到物体的接触反馈信息。数据手套为操作者提供了一种通用、直接的人机交互方式，特别适用于需要多自由度手模型对虚拟物体进行复杂操作的虚拟现实系统。

2. 触觉反馈装置

触觉反馈装置可以极大提升虚拟现实系统的真实感和沉浸感，如果没有触觉反馈装置，当使用者接触到虚拟世界中某一物体时，就会感觉此物体“穿过”了进行接触的部位，从而失去了一定的真实感。解决此类问题最有效的方法就是添加触觉反馈装置，比较常用的触觉反馈装置有气压式或者震动式，除此之外还可以向皮肤反馈可变电脉冲的电子触感或直接刺激皮层的神经肌肉，但这两种方法相对来说不太安全。

3. 操纵杆

操纵杆是一种可以提供上下前后左右6个自由度及手指按钮的外部输入设备（如下右图），适合对虚拟飞行等的操作。与此类设备相似的还有方向盘、换挡器等，这类虚拟现实硬件的优点是精度非常高、操作灵活且真实感强、价格相对低廉。缺点是只能用于特定的环境中。

Chapter 03 初识Unity 3d

本章概述

Unity 3d由于其功能强大、操作简单、可以跨平台等特性，已经成为了虚拟现实开发的主要力量。本章我们将详细的介绍这款引擎的各个模块，并且开启本书的第一个Unity项目。

核心知识点

1. 了解Unity 3d的发展历史
2. 下载和安装Unity 3d的方法
3. 掌握创建Unity工程的方法
4. 熟悉Unity的各个界面

3.1 Unity 3d简介

Unity是一款具有顶级三维画面水准的3D引擎，在虚拟现实开发的方方面面都有一流的解决方案。引擎分为免费的个人版和收费的专业版，在5.0版本后更是对免费的个人版本开放了所有的功能。初学者可免费使用Unity的个人版，而年收入超过一定数额的开发者必须购买专业版。具体的对应版本如下图所示。

另外，专业版会提供一些高级功能和针对开发者的福利，具体内容可以在Unity Store查询，地址为https://store.Unity.com/cn。此外，还开放了部分源代码，大家可以从GitHub上下载，下载地址为http://github.com/Unity-Technologies。

3.2 Unity 3d的发展历史

Unity 3d于2004年诞生于丹麦的哥本哈根，三位热爱游戏开发的年轻人致力于开发一款易于使用、与众不同且费用低廉的3d游戏引擎，帮助同样热爱游戏的年轻人实现他们游戏创作的梦想。于是在2005年的6月，他们发布了Unity的1.0版本。

Unity 1.0版本在发布初期还只能应用于Mac平台，主要应用于WEB项目和VR开发。这时的Unity 3d并不起眼，直到2008年推出windows版本，并开始支持ios和Wii，Unity才开始从众多的游戏引擎中脱颖而出。

2009年，Unity的注册人数已经达到了3.5万，荣登2009年游戏引擎的前五名。2010年，Unity开始支持Android，继续扩散影响力，其在2011年开始支持PS3和XBOX360，则可看作全平台的构建完成。据统计，截止到2019年5月，50%以上的手游、30%-40%的PC和主机游戏、2/3的AR、VR游戏都使用Unity开发，每天用Unity开发的游戏超过3000款。

下面我们看一下Unity发布以来的各里程碑事件。

2005年06月，Unity 1.0发布。

2008年06月，Unity支持Wii。

2008年10月，Unity支持iPhone。

2010年02月，Unity用户数量超过100000。

2010年04月，Unity支持iPad。

2010年09月，Unity3.0发布，支持Android。

2010年11月，Unity推出Asset Store。

2015年03月，Unity 5.0发布。

3.3 下载与安装

Unity 3d在Mac OS和Windows操作系统下都有对应的版本进行下载安装，本书将以Windows操作系统为例进行讲解。在撰写本书之时，Unity的最新版本是2019.3.0a3，因此本书将以2019.3.0a3版本进行讲解。Unity是向下兼容的，通过旧版本开发的项目在新版本中可以继续使用，所以读者也可以在新的版本更新之后选择更新。

安装Unity 2019.3.0a3版本分为两个步骤：下载并安装Unity Hub和利用Unity Hub安装Unity2019.3.0a3版本。

1. 下载并安装Unity Hub

首先进入Unity个人版本安装包的官方下载地址（https://store.Unity.com/cn/download），勾选接受条款对应的复选框❶后，单击“下载Unity Hub”按钮❷，如下图所示。

下载完成后双击打开文件，查看授权条款之后单击“我同意”按钮，如下左图所示。然后选择安装路径❶，选择完毕单击“安装”按钮，如下右图所示❷。到此步骤Unity Hub安装完毕。

Unity Hub是最新推出的用于简化工作流程的桌面端应用程序。它提供了一个用于管理Unity项目、简化下载、查找、卸载，以及安装管理多个Unity版本的工具。我们可以在Unity Hub中下载/安装各个版本的Unity，同时也可以新建/管理Unity项目工程。

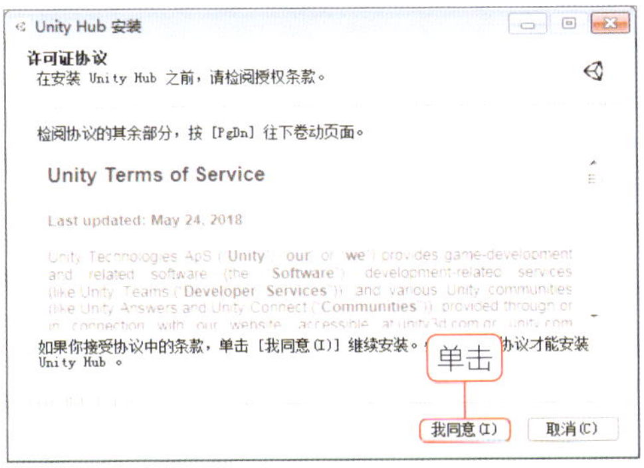

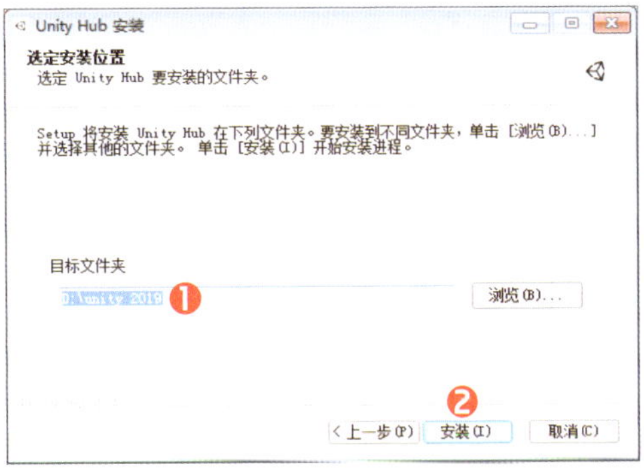

2. 利用Unity Hub安装Unity2019.3.0a3版本

双击打开安装好的Unity Hub，选择左侧的“安装”选项❶，在右侧的面板中单击“添加”按钮❷，我们会看到各个已发行的Unity版本，如下左图所示。

选中最新的Unity 2019.3.0a3版本❶后，单击“下一步”按钮❷，如下右图所示。

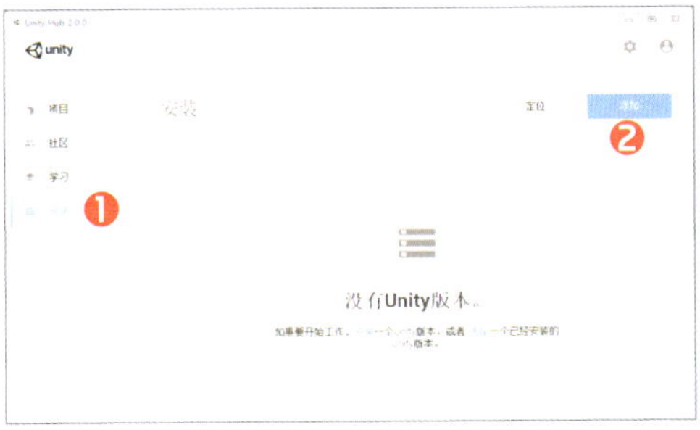

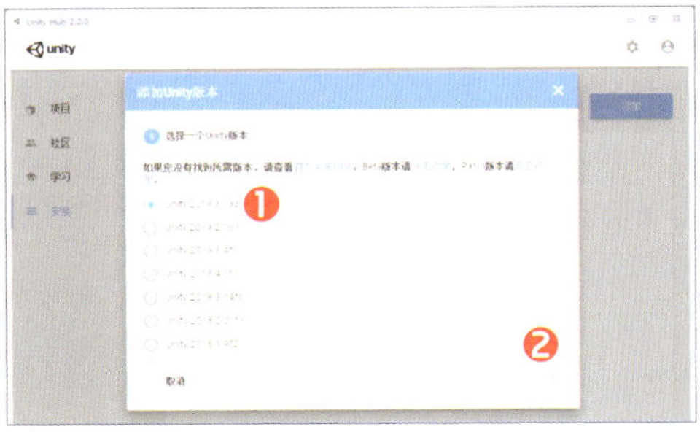

接下来将为Unity 2019.3.0a3添加模块，Dev tools是脚本编辑工具，首先勾选Microsoft Visual Studio Community 2017复选框❶，作为我们的编辑工具；Platforms是项目所要发布平台的支持包，向下滑动鼠标中键，选中Windows Build Support（如果需要将项目打包到其他平台，也可以同时选中其他Support）。单击“下一步”按钮❷，系统将自动开始下载并安装Unity 2019.3.0a3版本，如下左图所示。

安装完成后，我们也可以单击面板右上角的安装选项来为Unity添加模块，如下右图所示。

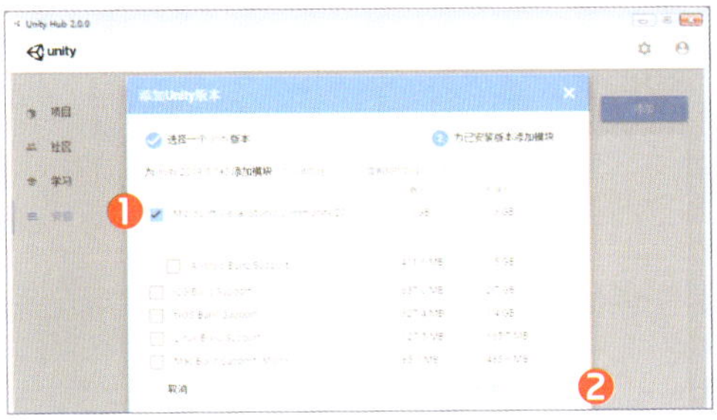

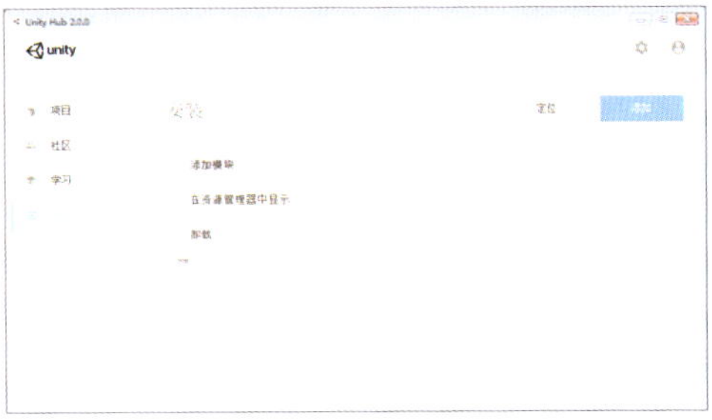

到此步骤Unity 2019.3.0a3已经安装成功，如果有需要的话大家也可以重复以上步骤安装多个Unity的历史版本到自己的计算机。

3.4 Unity编辑器介绍

Unity有高度自由的可视化编辑界面，可以让开发者更加方便、快捷、高效地管理场景和进行开发，接下来将为大家逐一介绍。

3.4.1 创建工程

Unity安装成功后，我们就可以使用Unity Hub对应的版本来新建项目。首先打开Unity Hub并单击右上角的“新建”按钮，如下左图所示。然后选择“3D”模板选项❶，接着设置项目的名称❷和位置❸，最后单击“创建”按钮❹，如下右图所示。

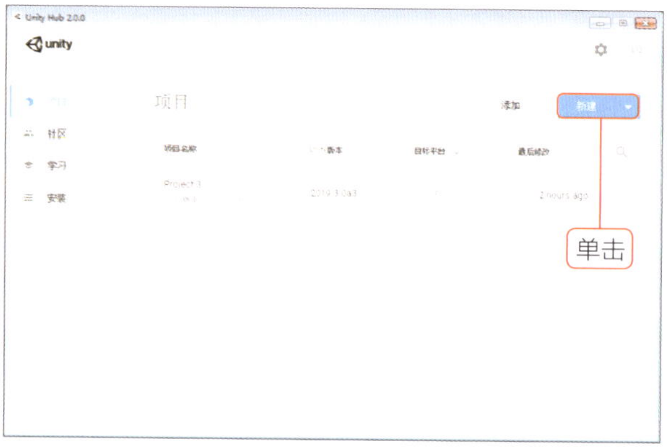

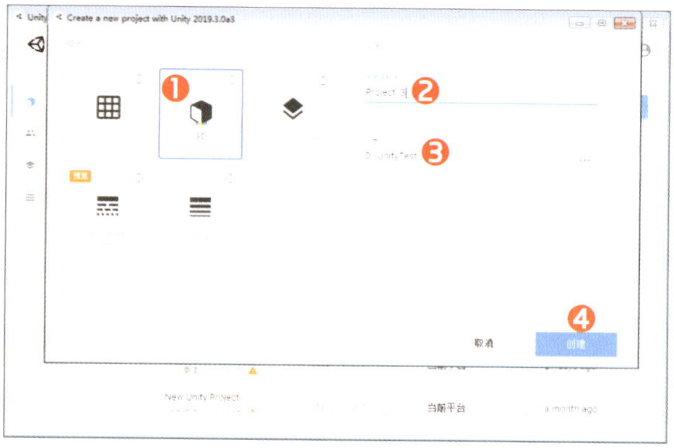

执行上述操作后，即可成功创建一个项目并跳转至Unity的项目主界面，如下图所示。

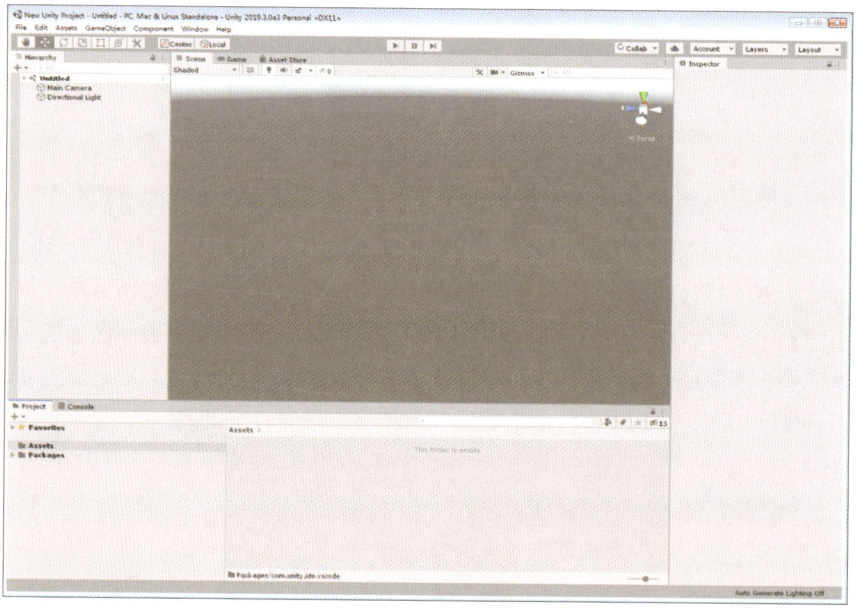

除了我们刚刚新建的3D项目，Unity 2019.3.0a3还提供另外四种类型的项目模板供大家选择，分别为：

- **2D**：用于新建2d项目。
- **3D With Extras**：用于新建3D附带额外设置的项目。
- **High-Definition RP**：高分辨率渲染管道，可以帮助开发者创建3A级视觉体验的项目。
- **Lightweight RP**：轻量级渲染管道，提供了外观和速度的平衡组合，非常适合移动设备。

3.4.2 主界面菜单栏

Unity在菜单栏界面的左上角，如下图所示。本节将对这些菜单中的功能进行介绍。

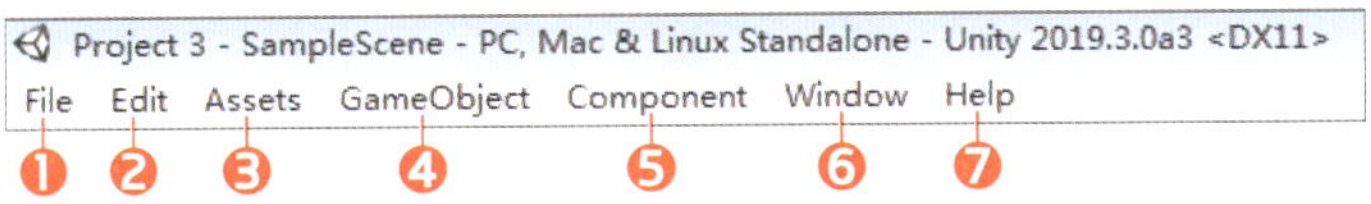

- **File❶**：文件菜单，用于创建/打开/保存项目，发布游戏。
- **Edit❷**：编辑菜单，用于撤销、剪切、复制和工程参数设置等。
- **Assets❸**：资源菜单，用于创建项目所需的各种资源，也可以用于创建/导出资源等。
- **GameObject❹**：游戏对象菜单，用于创建各类游戏对象。
- **Component❺**：组件菜单，用于为各个游戏对象添加不同类型的组件。
- **Window❻**：窗口菜单，用于布置Unity主界面的各个窗口。
- **Help❼**：帮助菜单，用于获取来自Unity官方的帮助文档。

Unity还支持用户根据自己的喜好来布置各个窗口，即在主界面的右上角单击“Default”下拉按钮，在下拉列表中有几种默认的布局模式，如右图所示。使用者可以单击下拉列表中几种默认的布局方式来查看各个窗口的变化，以选择最适合自己的布局方式；同时也可以手动拖拽各个窗口到喜欢的位置，然后单击“Save Layout”来储存自定义的窗口布局方式。本书将以“Default”窗口布局模式来进行讲解。

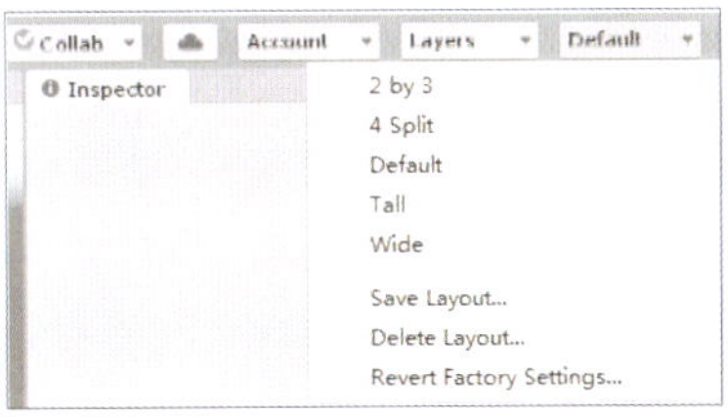

3.4.3 Project和Console窗口

Project和Console窗口在主界面下方，如下图所示。

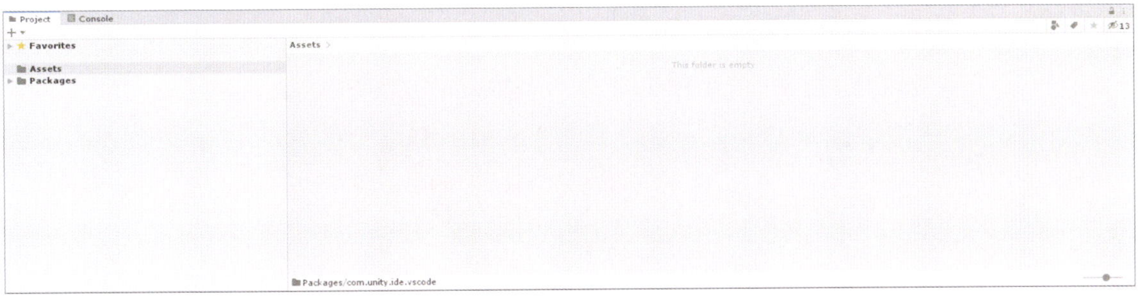

Project窗口显示了项目所需的所有资源，常用的资源有游戏脚本、预制体、材质、模型、纹理贴图、动画等。我们可以在project窗口新建、导入/导出、管理这些资源。

在project窗口的任意位置单击鼠标右键，将弹出快捷菜单，如右图所示。在该快捷菜单中，除了包含基本的创建、打开、删除等命令外，还包括以下命令：

- **Open Scene Additive❶**：该命令用于载入场景。
- **Import New Asset❷**：该命令用于导入新的资源。
- **Import Package/Export Package❸**：该命令用于导入/导出资源包。
- **Find References In Scene❹**：该命令用于在场景中执行查找引用操作。
- **Select Dependencies❺**：该命令用于选择依赖项。
- **Refresh❻**：刷新，该命令用于导入资源包之后。

- Reimport⑦：该命令用于重新导入。
- Reimport All⑧：该命令用于全部重新导入。
- Run API Updater⑨：该命令用于更新API。
- Update UIElements Schema⑩：该命令用于更新UI架构。
- Open C# Project⑪：该命令用于打开C#项目。

注：所有的资源/资源文件夹都应储存在Assets文件夹下方。

Console窗口提供了输出显示的相关选项，这些输出包括程序上的错误和警告，以及在脚本中打印的字符等，如下图所示。

- Clear①：用于清空所有输出信息。
- Collapse②：用于将相同的输出信息折叠。
- Clear On Play③：用于执行程序时清除原控制台的所有输出信息。
- Clear on Build④：用于打包时清除所有输出信息。
- Error Pause⑤：遇到第一个错误时程序立即停止。

3.4.4 Hierarchy窗口

Hierarchy窗口在主界面的左上方，如下左图所示。它显示了当前场景中所有的游戏对象。当新建场景时，Hierarchy窗口会自动添加两个游戏对象，分别是Main Camera（主摄像机）和Directional Light（平行灯光）。

单击Hierarchy窗口左上角的“加号”按钮可以在场景中创建游戏对象，可创建的游戏对象类别如下右图所示。

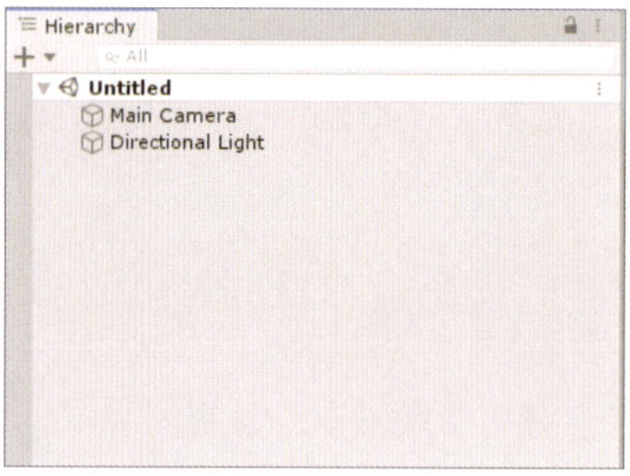

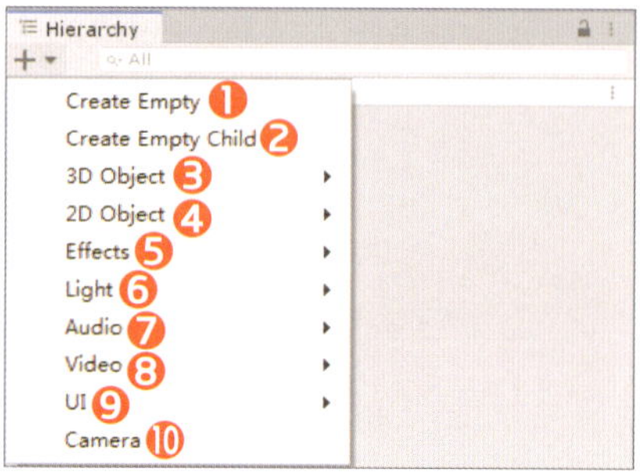

- Create Empty①：用于创建空的游戏对象。
- Create Empty Child②：用于创建空的子游戏对象。
- 3D Object③：用于创建3d游戏对象，包括正方体、球体等。
- 2d Object④：用于创建2d游戏对象。
- Effects⑤：用于创建特效游戏对象，包括粒子系统等。
- Light⑥：用于创建灯光游戏对象。
- Audio⑦：用于创建声音游戏对象。
- Video⑧：用于创建视频播放的游戏对象。
- UI⑨：用于创建UI游戏对象，包括图片和按钮等。

- Camera⑩：用于创建相机游戏对象。

除此之外，也可以从Project窗口处将其它的“模型对象”或“预制体”直接推拽到Hierarchy窗口处来进行创建。

3.4.5 Inspector窗口

Inspector窗口在主界面最右侧，当用鼠标左键单击场景中的某一个游戏对象时，在Inspector界面中就可以看到它的全部组件（Component，具体信息将会在本书第四章详细介绍）。例如下图就是单击选中“Main Camera”游戏对象时，Inspector窗口所显示的内容。

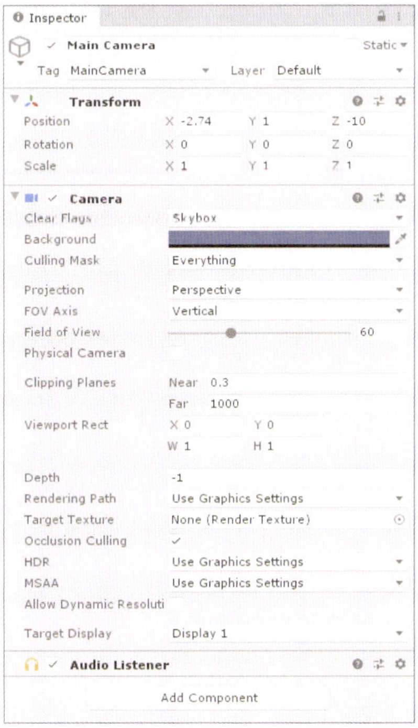

3.4.6 Scene窗口

Scene窗口的作用是对场景中的游戏对象进行可视化操作，在Scene窗口中我们可以通过工具或快捷键对游戏对象进行移动、旋转、缩放等操作。

首先在Hierarchy窗口中单击鼠标右键，在弹出的快捷菜单中选择“3D Object❶>Cube❷”命令，如下左图所示。然后在Scene窗口中新建一个“立方体”游戏对象，效果如下右图所示。

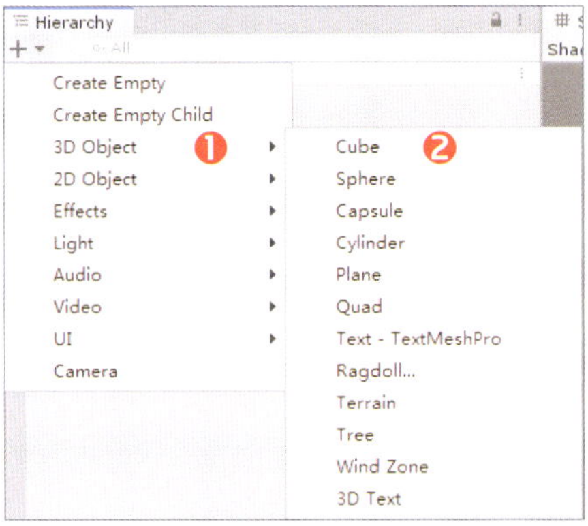

提示：快速确定游戏对象的位置

在Hierarchy窗口或Scene窗口中单击选中游戏对象，然后用鼠标右键单击Scene窗口的任意空白位置，再按“F键”可以快速在Scene窗口中确定游戏对象的位置。

选中摄像机，然后在Scene窗口中使用组合键“Ctrl+Shift+F”可以将摄像机照射到的视角修改为Scene窗口中观察摄像机的视角。

在Scene窗口的正上方包含一组用于对游戏对象进行操作的工具，从左到右六位依次是“手工具”“移动工具”“旋转工具”“缩放工具”“Rect工具”和“综合工具”，如下图所示。

- **手工具**：单击手工具图标或者按快捷键Q，可使用该工具来控制观察摄像机的视角。
  - 选择手工具后，按住鼠标左键并拖动，可以拖曳观察摄像机。
  - 选择手工具后，按住鼠标右键并拖动，可以改变拖曳摄像机的观察方向。
  - 选择手工具后，同时按住Alt和鼠标左键并进行拖动，可以改变拖曳摄像机对某一对象的观察角度。
  - 选择手工具后，同时按住Alt和鼠标右键并进行拖动，可以控制拖曳摄像机的远近距离。

我们也可以按住鼠标右键和位置快捷键来对观察摄像机进行移动：

- 按住鼠标右键的同时按住W键，可以使观察摄像机向前移动。
- 按住鼠标右键的同时按住S键，可以使观察摄像机向后移动。
- 按住鼠标右键的同时按住A键，可以使观察摄像机向左移动。
- 按住鼠标右键的同时按住D键，可以使观察摄像机向右移动。
- 按住鼠标右键的同时按住Q键，可以使观察摄像机向上移动。
- 按住鼠标右键的同时按住E键，可以使观察摄像机向下移动。

- **移动工具**：单击移动工具图标或者按快捷键W，可使用该工具来移动被选中的游戏对象。

选择移动工具后，被选中游戏对象的中心位置会显示三个箭头，分别对应x、y、z三条轴，如下左图所示。红色对应x轴正方向、绿色对应y轴正方向、蓝色对应z轴正方向。我们可以单击选中其中一个箭头后拖动鼠标，游戏对象就会沿着此轴进行移动。

- **旋转工具**：单击旋转工具的图标或者按快捷键E，可使用该工具来旋转被选中的游戏对象。

选择旋转工具后，被选中游戏对象的中心位置会显示三个线圈，分别对应x、y、z三条轴，如下右图所示。我们可以单击选中其中一个箭头后拖动鼠标，选中的游戏对象就会沿着此轴进行旋转。

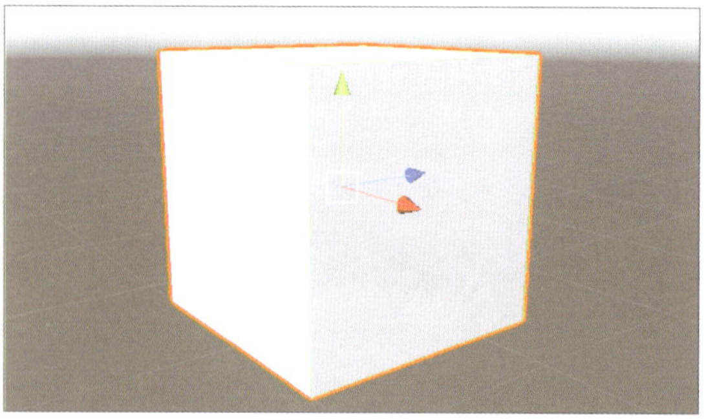

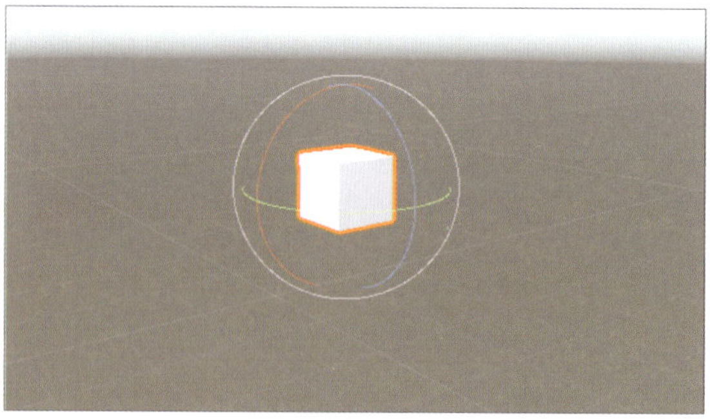

- **缩放工具**：单击缩放工具图标或者按快捷键R，可使用该工具来缩放被选中的游戏对象。

选择工具后，被选中游戏对象的中心位置会显示三个方点，分别对应x、y、z三条轴，如下左图所示。我们可以单击选中其中一个方点后拖动鼠标，选中的游戏对象就会沿着此轴进行缩放。

- **Rect工具** ：单击Rect工具图标或者按快捷键T，可使用该工具来移动和缩放UI游戏对象。
- **综合工具** ：单击综合工具图标或者按快捷键Y，可使用该工具来移动、旋转、缩放被选中的游戏对，如下右图所示。

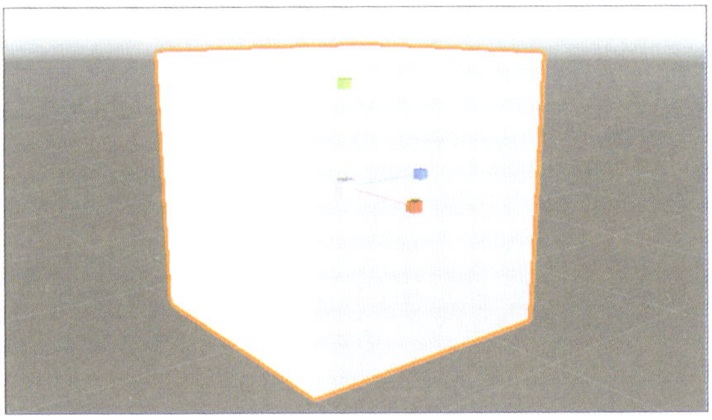
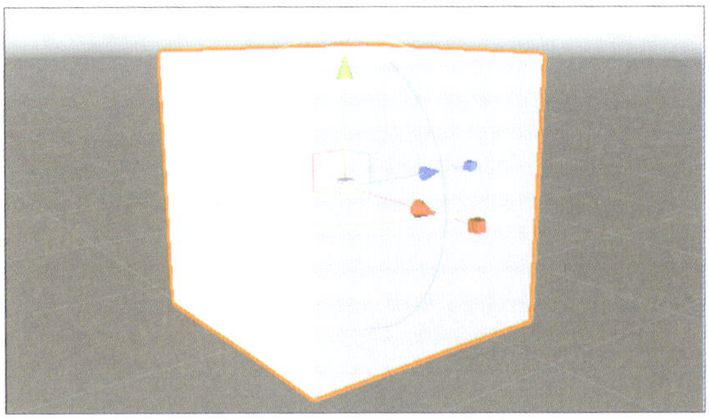

除此之外，用户还可以用Scene窗口右上角的小工具来调节观察摄像机的视角，该工具是由6个圆锥体和一个正方体组成。

- 单击红色圆锥体，将摄像机角度设置为由X轴正方向朝着X轴负方向进行观察；单击相对的灰色按钮，则是由X轴负方向朝着X轴正方向进行观察。
- 单击绿色圆锥体，将摄像机角度设置为由Y轴正方向朝着Y轴负方向进行观察；单击相对的灰色按钮，则是由Y轴负方向朝着Y轴正方向进行观察。
- 单击蓝色圆锥体，将摄像机角度设置为由Z轴正方向朝着Z轴负方向进行观察；单击相对的灰色按钮，则是由Z轴负方向朝着Z轴正方向进行观察。
- 单击中心处的立方体，可以切换观察摄像机的两种模式，第一种为透视（Perspective）模式，如下左图所示。第二种为正交（Orthographic）模式，如下中图所示。
- 单击右上角的“锁”图标，可以锁定观察摄像机角度，如下右图所示。

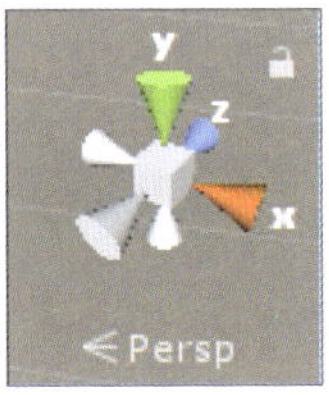

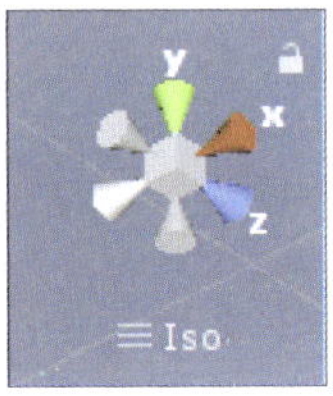

在Scene窗口的左上角有一排用于显示调节的按钮，从左到右依次是Shaded按钮、2D按钮、灯光按钮、声音按钮、特效按钮和隐藏按钮，如下图所示。

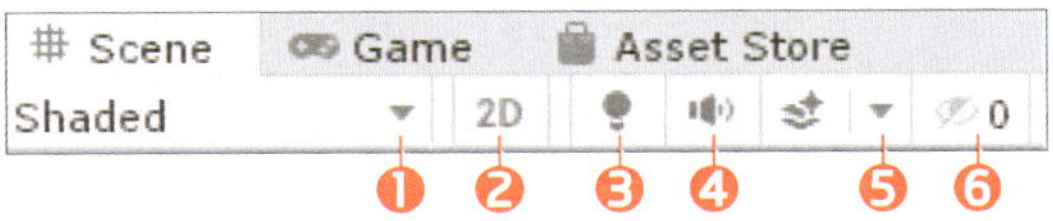

- 单击Shaded右侧的下拉按钮❶，在下拉列表中可以选择Scene窗口的渲染模式。
- 单击2D按钮❷，可以将视图切换为2D模式，在UI制作时需要使用此模式。
- 单击“灯光”按钮❸，可以切换是否启用场景中的灯光。
- 单击“声音”按钮❹，可以切换是否启用场景中的声音。
- 单击“特效”按钮❺，可以切换是否启用场景中的特效，如天空盒、粒子等，单击其右侧的下拉按钮可以查看并选择具体的特效分类。
- 单击“隐藏”按钮❻，可以切换是否启用场景中的隐藏功能。

实战练习 选择不同的Scene窗口渲染模式

在Shaded下拉列表中，常用的模式选项包括Shaded、Wireframe和Shaded Wireframe3种模式，下面通过具体的实例介绍不同渲染模式的区别，具体如下。

步骤 01 在Hierarchy窗口创建一个Cube对象，可以看到默认的模式为Shaded，在该模式下仅显示所有游戏对象的贴图，如下左图所示。

步骤 02 单击Shaded右侧的下拉按钮，在下拉列表中选择Wireframe选项，即可切换到Wireframe模式。在Wireframe下将不显示对象的贴图，仅显示对象的网格模型，如下右图所示。

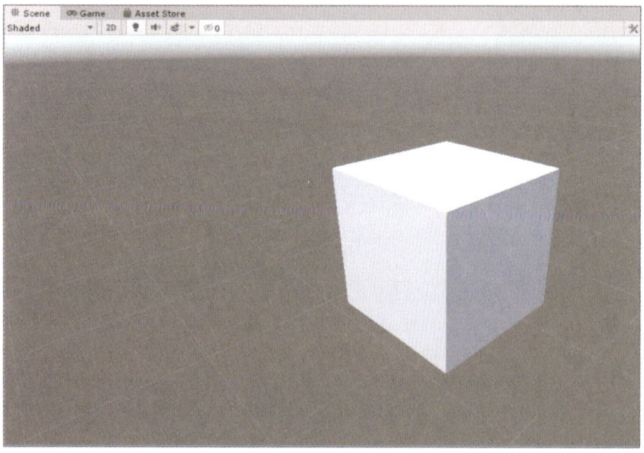

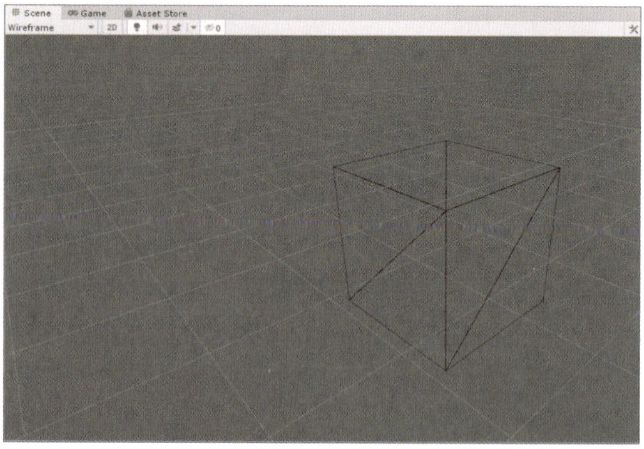

步骤 03 单击Shaded右侧的下拉按钮，在下拉列表中选择Shaded Wireframe选项，即可切换到Shaded Wireframe模式。在Shaded Wireframe模式下可以将所有对象的贴图和网格模型同时显示，如右图所示。

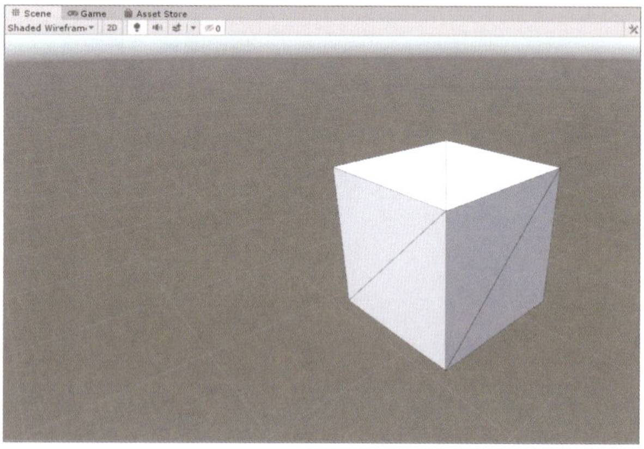

3.4.7 Game窗口

单击Scene按钮旁的Game按钮，或按下Ctrl+2组合键，将进入Game窗口。

Game窗口中显示的是程序运行时的图像，我们可以通过单击主界面正上方一排“play菜单”中的按钮来控制程序是否进入运行模式，如右图所示。第一个三角形按钮为运行按钮❶，单击后可进入运行模式；第二个是暂停按钮❷，单击后程序将暂停运行；第三个为逐帧播放按钮❸，单击后将暂停程序，再次单击后播放下一帧。

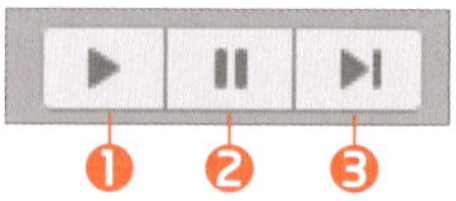

Scene窗口中显示的是观察摄像机所照射到的景象；而Game窗口中显示的是摄像机所照射到的景象。我们可以通过下面两个对比效果来更直观分辨两个视图所显示的画面。

在Scene窗口中创建两个3D Object和一个Camera，将Camera拖到两个3D Object中间，如下左图所示。单击play按钮，即可观察到Game窗口中显示的是在Scene窗口中新建的Camera所照射到的画面，如下右图所示。

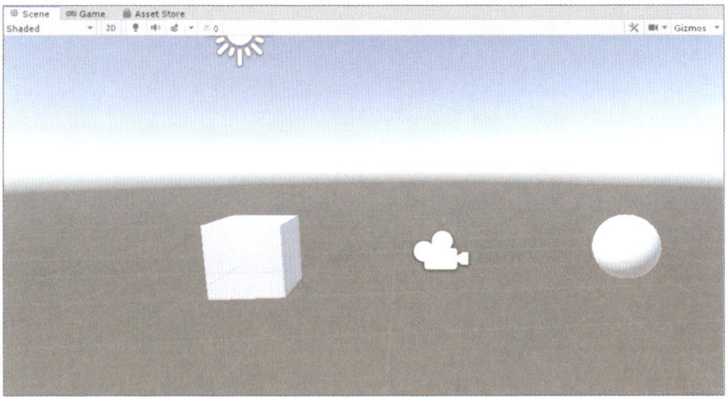

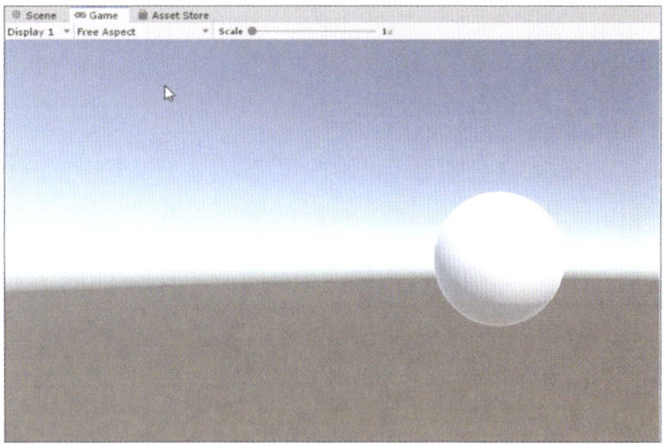

在Game窗口的左上方有一排按钮，如下图所示。下面来讲解一下这些按钮的作用。

- **Display 1❶**：在项目里会根据需要创建多个摄像机，我们可以为每个摄像机指定不同的Display。单击Display右侧的下拉按钮，可以在下拉列表中选择显示哪个Display的画面。也可以根据显示硬件的数量，选择显示多个Display的画面。
- **Free Aspect❷**：用于设定程序运行时的分辨率。
- **Scale❸**：用于放大/缩小程序运行时显示的画面。

提示：在运行期间的修改是无效的

需要注意的是：在程序运行时对场景进行的所有操作都是临时的；当取消运行时，修改的数据全部会还原到程序运行前的状态。

3.4.8 Asset store资源商店

单击Game按钮旁的Asset store按钮或按下Ctrl+9组合键，可以进入Asset store资源商店窗口，如下图所示。

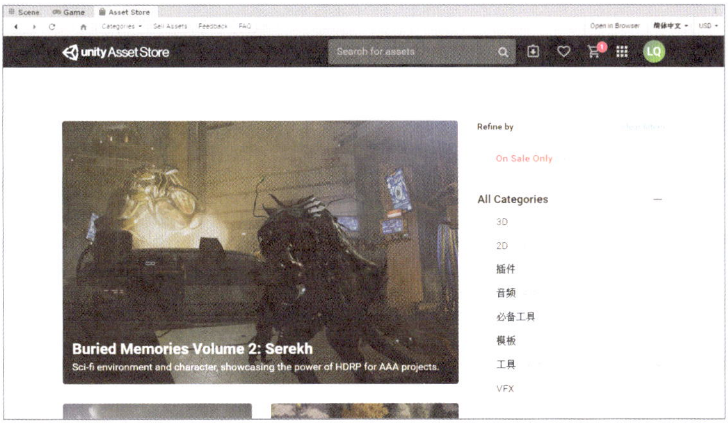

Asset Store中的资源包括人物模型、动画、粒子特效、纹理、游戏创作工具、音频特效、音乐、功能脚本和其他各类扩展插件。合理使用Asset store中的资源可以节省开发者的时间，增加开发的效率。同时用户也可以作为发布者在Asset Store资源商店中出售或共享资源，从而在广大Unity用户中获取知名度和收益。

知识延伸：动画窗口

依次单击主界面上方菜单栏中的Window>Animation❶>Animator❷即可调出Animator窗口，如下左图所示。Animator窗口默认在Game和Scene窗口的右侧，如下右图所示。

在Animator窗口中可以对动画控制器进行编辑，对各个动画进行切换和控制。

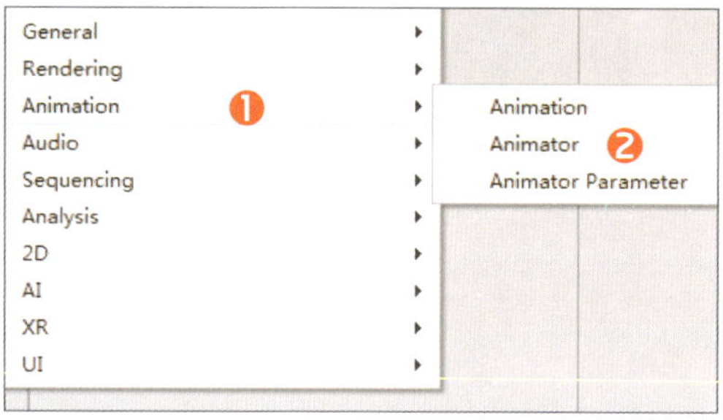

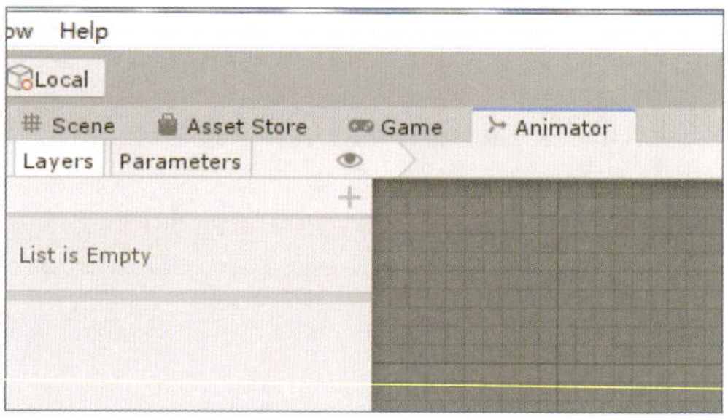

上机实训：从不同角度观察3D Object

在了解了Unity 3d的发展历史、下载和安装方法、创建Unity工程文件的方法，并熟悉Unity的各个界面后，下面将使用场景中的观察摄像机从多个角度对3D游戏对象进行观察，对本章所学知识进行巩固。

步骤 01 在Hierarchy窗口中单击鼠标右键，在弹出的快捷菜单中依次执行3D Object>Cube命令，创建一个立方体，如下左图所示。

步骤 02 使用鼠标和键盘对Cube进行自由角度的观察，如下右图所示。

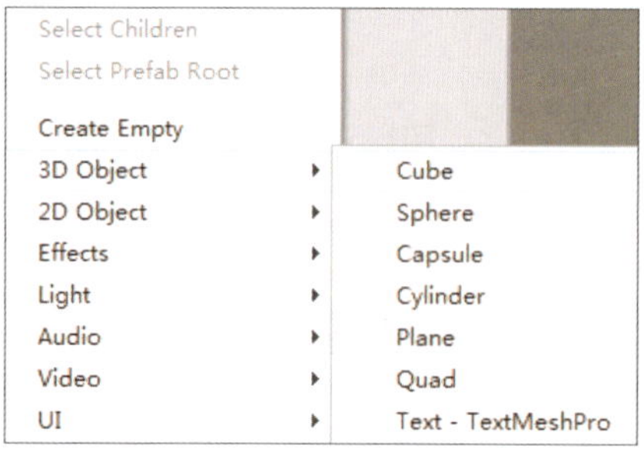

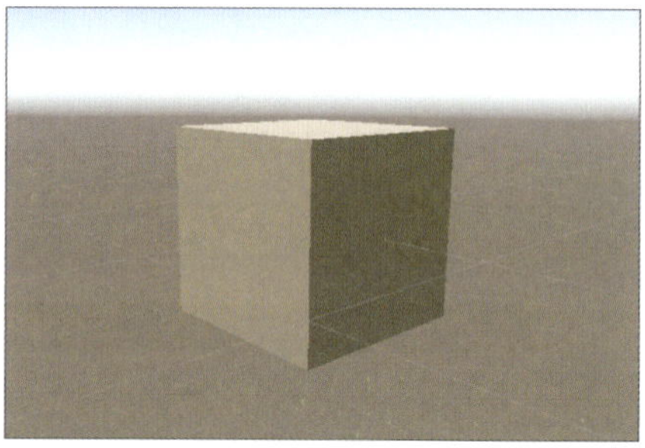

步骤 03 单击Game窗口右上角视角调节工具的各个轴线，对Cube进行正前方、正上方、正下方和正后方的观察，如下左图所示。

步骤 04 单击Game窗口右上角视角调节工具中心的正方形按钮，可以对Cube进行正交视角的观察，如下右图所示。

课后练习

1. 选择题

（1）Unity编辑器自带的3D Object不包括以下哪一选项（　　）?

A. Cube　　B. Circle

C. Sphere　　D. Capsule

（2）在Unity编辑器中，Console窗口的信息类型不包括以下哪一选项（　　）?

A. 警告　　B. 错误

C. 代码中输出的字符　　D. 项目名称

（3）更换Unity编辑器中各个窗口布局的参数是以下哪一选项（　　）?

A. Layout　　B. Layer

C. Tag　　D. Account

（4）在Unity编辑器中，Project窗口下的所有资源都应保存文件夹下（　　）?

A. Resources　　B. Assets

C. SteamingAssets　　D. Plugins

（5）在Unity编辑器中，Inspector窗口负责展示各个游戏对象的（　　）?

A. 组件　　B. 名称

C. 资源文件　　D. 渲染效果

2. 填空题

（1）Unity提供了五种类型的项目模板，它们分别包括________、________、________、________和________。

（2）在Scene窗口中快速确定游戏对象位置的快捷键是________。

（3）在Unity编辑器中，调整Game窗口分辨率的参数是________。

（4）若要在当前场景中创建空物体，其步骤为________。

3. 上机题

从官网上下载并安装Unity的最新版本，安装成功后创建一个Unity工程，在此工程文件内熟悉Unity编辑器的各个窗口。

操作提示

（1）下载Unity时选择Personal个人版本进行安装。

（2）激活Unity时需要使用邮箱来注册Unity账号。

（3）Unity各个窗口的位置不是固定不变的，可根据用户的使用习惯进行自由布局。

Chapter 04 Unity基础概念讲解

本章概述

无论是对于虚拟现实还是Unity 3d来说，了解一定的3D基础知识都是非常必要的。在本章中，将结合Unity 3d引擎来系统地讲解一下这些3D基础概念。

核心知识点

1. 了解GameObject游戏对象
2. 了解Component组件
3. 了解Unity中的美术资源
4. 了解资源包的导入与导出

4.1 GameObject

任何3D画面都是由两个基础部分组成的，它们分别是观察者（摄像机）和被观察者。在Unity中，我们统称这两个基础部分为GameObject游戏对象。

4.1.1 Camera（摄像机）

在Hierarchy窗口中单击Main Camera，即可在Inspector窗口查看摄像机参数，如右图所示。本节将对摄像机的参数应用进行详细介绍，具体如下。

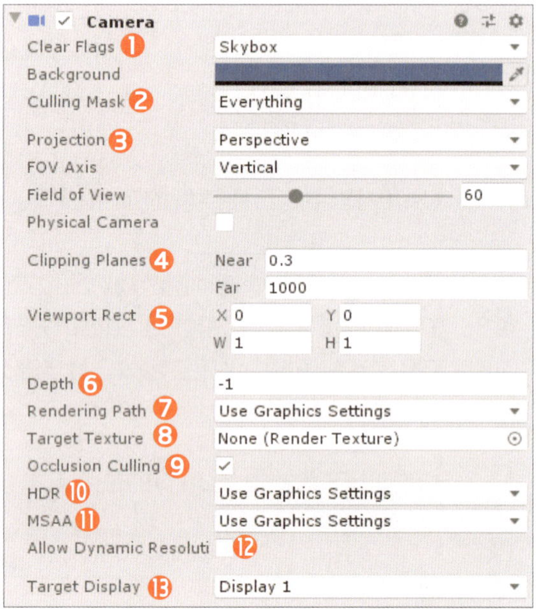

- **Clear Flags①**：用于清除标记，相机在渲染时会在缓冲区存储颜色和深度信息，此参数可以设定清除标记以清除缓冲区信息。Clear Flags有四种模式，分别为：
  - **Skybox(默认项)**：在屏幕空白处显示当前摄像机的天空盒，如果没有指定天空盒，则会显示默认背景色；
  - **Solid Color**：空白处将显示出默认此处设置的背景色；
  - **Depth only**：仅深度该模式用于对象不被裁剪；
  - **Don't Clear**：该模式不清除任何颜色或深度缓存，但这样做每帧渲染的结果都会叠加在下一帧之上。
- **Culling Mask②**：用于设置遮罩剔除，单击后可以选择此摄像机照射到的“layer”。
- **Projection③**：用于修改投射方式，单击Projection右侧下拉按钮，在下拉列表中包含Perspective（透视）和Orthographic（正交）两个选项，选择不同的选项，对应的参数设置面板也不一样，如下图所示。

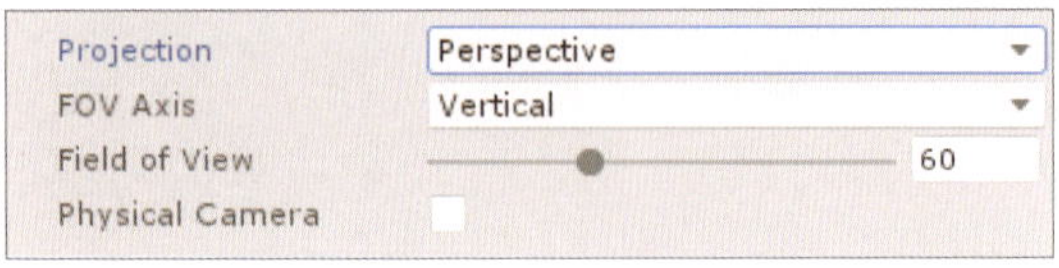

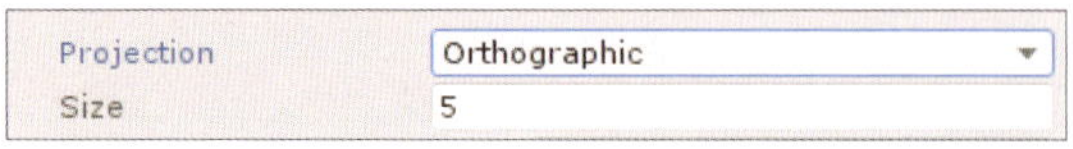

- Field of View：调整视野范围。
- Physical Camera：是否作为物理摄像机。
- Size：用于控制正交模式下摄像机的视口大小。

- **Clipping Planes④**：用于设置摄像机照射到的最近/最远距离。
- **Viewport Rect⑤**：标准视图矩形，用四个数值来控制摄像机的视图绘制在屏幕的位置和大小。使用的是屏幕坐标系，数值在0~1之间，坐标系原点在左下角。
- **Depth⑥**：用于设置深度值，较大深度值的摄像机将被优先渲染。
- **Rendering Path⑦**：渲染路径，用于指定摄像机的渲染方法，有以下几个选项：
  - Use Graphics Setting：使用Edit→Project Settings→Graphics中的默认设置。
  - Forward：正向渲染，摄像机将所有游戏对象将按每种材质一个通道的方式来渲染。
  - Deferred：延时光照，是有着最高保真度的光照和阴影的渲染路径。如果你有很多实时灯光，最好是使用延时光照。
  - Legacy Vertex Lit：旧版顶点光照，摄像机将对所有的游戏对象作为顶点光照对象来渲染，顶点光照是最低保真度的光照，不支持实时阴影的渲染路径。
  - Legacy Deferred（light prepass）：旧版延迟光照。
- **Target Texture⑧**：目标纹理，用于将摄像机视图输出并渲染到贴图。一般用于制作导航图或者画中画等效果。使用方法为：

在Project窗口单击右键→Create→Render Texture来创建一个“Render Texture”并命名为“Render Texture 4”，将“Render Texture 4”拖拽到摄像机的Target Texture处，如下左图所示。摄像机渲染的每一帧画面将会输出到“Render Texture 4”。另外，在Project窗口单击“Render Texture 4”还可以在Inspector窗口设置其参数，如下右图所示。

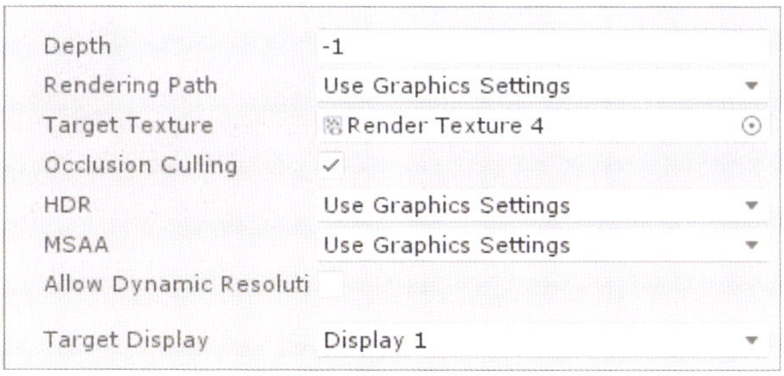

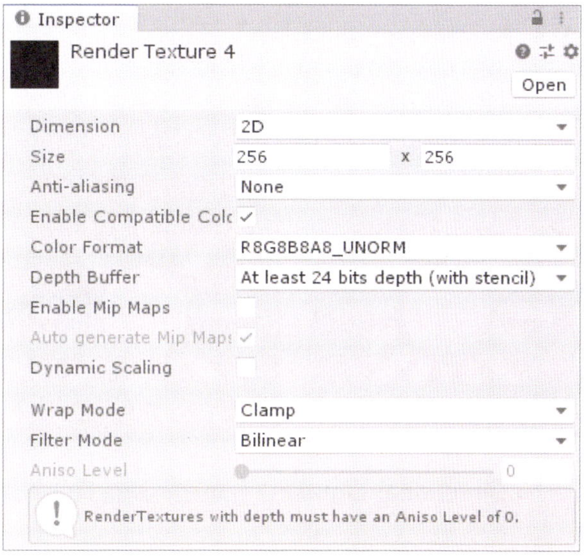

- **Occlusion Culling⑨**：遮挡剔除。
- **HDR⑩**：高动态光照渲染。
- **MSAA⑪**：抗锯齿。
- **Allow Dynamic Resoluti⑫**：是否允许动态分辨率。
- **Target Display⑬**：将画面渲染到哪一屏幕，用于实现分屏或多屏显示的效果。

实战练习 选择不同的Scene窗口渲染模式

下面将通过具体的操作实例来更加直观地分辨透视和正交两种投射模式的区别，具体如下。

步骤 01 在场景中创建两个不同类型的“3D Object”，摆到距离摄像机距离不同的位置。要切换摄像机的投影方式，首先选中Hierarchy窗口单击选中“Camera”，然后在Inspector窗口的“Camera”组件中单击Projection属性的右侧下拉按钮，如右图所示。

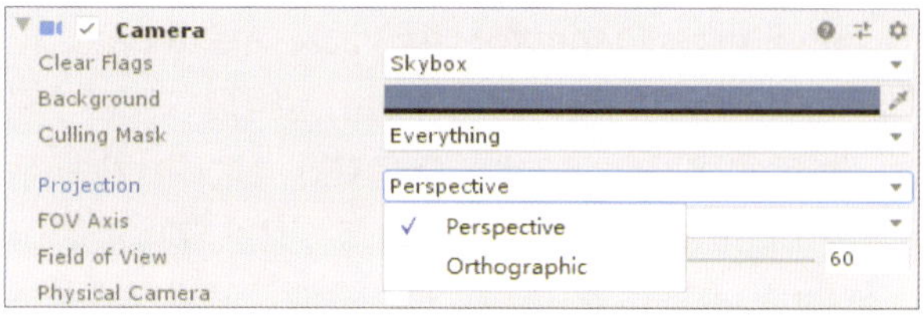

步骤 02 在下拉列表中选择Perspective投射模式选项，则摄像机将用透视的方式来渲染游戏对象，渲染出的画面有远近之分，可以分辨出正方体距摄像机的距离要小于球体，如下左图所示。

步骤 03 在下拉列表中选择Orthographic投影模式选项，则摄像机将用无透视的方式来渲染游戏对象，渲染出的画面没有远近之分，不能分辨出正方体和球体的远近，如下右图所示。

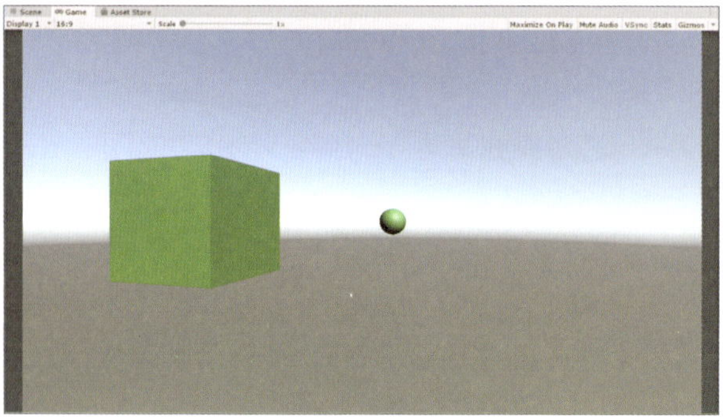

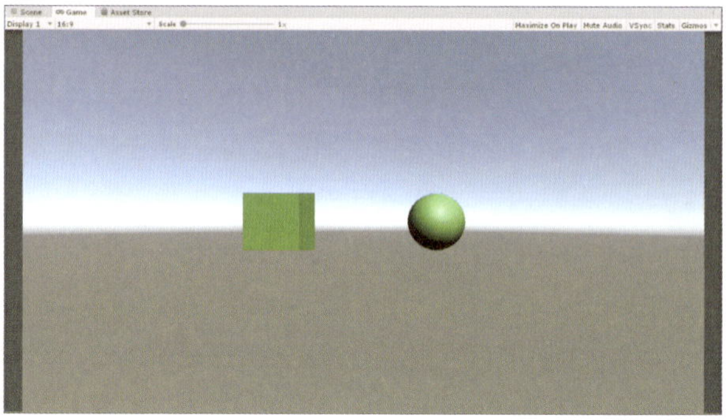

4.1.2 Light（灯光）

在Hierarchy窗口单击鼠标右键，在弹出的快捷菜单中选择Light命令，即可新建光源。Unity中提供了Directional Light、Point Light、Spot Light和Area Light四种光源，如下图所示。

- **Directional Light❶**：方向光，没有具体的光源位置和距离概念，会对整个场景产生光照效果，类似太阳的日照效果。
- **Point Light❷**：点光源，基于空间的一点均匀地向四周散发光，光的强度会随着距离而减弱，类似蜡烛。
- **Spot Light❸**：聚光灯，和点光源一样是从某一点发出光，不同的是Spot Light是在一定角度发出光，类似手电筒。
- **Area Light❹**：区域光，在空间内以一个矩形展示，从不同的角度照射物体，所以明暗变化更加柔和。但因其十分占用系统资源，所以无法用作实时光照。

在Inspector窗口可以对光源的相关参数进行设置，如右图所示。

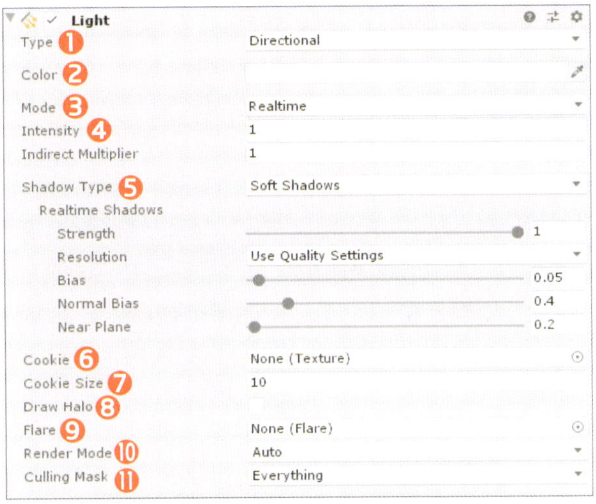

- **Type**①：用于选择以上介绍的四种光源。
- **Range**：用于设置光源范围的大小，从光源对象的中心发射的距离。只有Point和Spotlight有该参数。
- **Color**②：用于设置光源的颜色。
- **Mode**③：用于设置光源模式，分为Realtime（实时）、Baked（烘焙）和Mixed（混合）三种模式。区域光无此参数。
- **Intensity**④：用于修改光源的强度。
- **Shadow Type**⑤：用于修改阴影类型，分为No Shadows（关闭阴影）、Hard Shadows（硬阴影）和Soft Shadows（软阴影）三种。

Soft Shadows相对来说更加平滑、自然，但同时会耗费更多的系统资源，同一光源下Hard Shadows和Soft Shadows的渲染图片对比效果如下图所示。

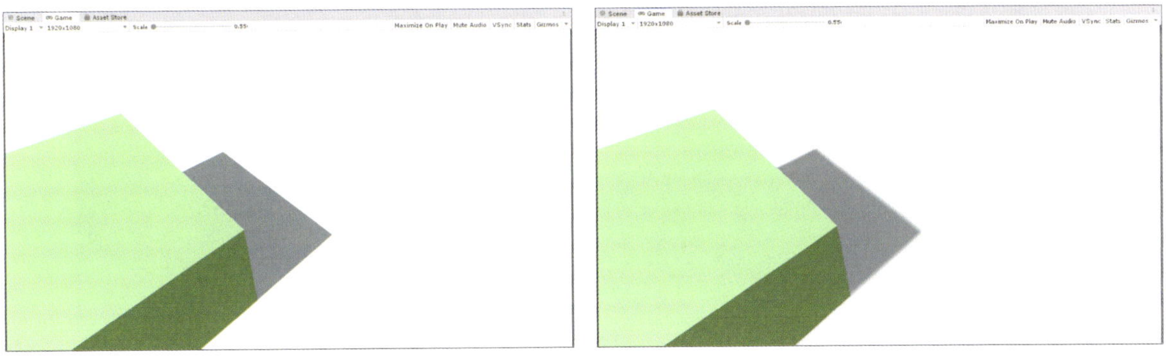

  - **Strength**：用于设置阴影强度。
  - **Resolution**：用于修改阴影分辨率的质量。
  - **Bias**：用于设置灯光控件的像素位置与阴影贴图值比较的偏移量（取值范围0~0.5）。

提示：Unity的四种光源并不能全部开启阴影

默认设置下，只有Directional light光源才可以开启阴影。

- **Cookie**⑥：用于为光源设置拥有alpha通道的纹理。如果是聚光灯和方向光，可以指定一个2D纹理。如果是一个点光源，必须指定一个立方体纹理。
- **Cookie Size**⑦：用于控制缩放Cookie投影，只有方向光有该参数。
- **Draw Halo**⑧：勾选此项，光源会开启光晕效果。
- **Flare**⑨：用于设置耀斑/眩光，镜头光晕效果。
- **Render Model**⑩：用于修改渲染模式。
  - **Auto**：自动根据光源的亮度以及运行时Quality Settings的设置来确定光源的渲染模式。
  - **Important**：逐像素进行渲染，一般用于非常重要的光源渲染。
  - **Not Important**：光源总是以最快的速度进行渲染。
- **Culling Mask**⑪：用于剔除遮罩层，选中的“layer”将受到光源照射的影响。

提示：光源的选择建议

需要注意的是，如果场景中对光源要求不高的话，就尽量选用Directional Light光源，另外两个光源会比较消耗内存资源。

4.1.3 3D Object

无论是场景、人物还是特效，归根结底都是3D模型。我们可通过在Hierarchy窗口下单击鼠标右键>Create>3D Object来用基本的几何模型来创建模型，也可在Maya、3ds Max中创建好模型后导入Unity。

3D模型是由一个个三角面所组成的，这种模型叫做Mesh网格模型，在Scene窗口的左上角单击“Shaded”并选择“Wireframe”可清晰地观察到网格模型。如下图所示，左侧模型的三角面数要远远小于右侧，这意味着右侧模型的精细程度更高，但同时会耗费更多的系统资源。

需要注意的是，如果模型未使用骨骼动画，如下左图所示。那么需要在“Mesh Filter”中指定网格模型，在“Mesh Renderer”中指定材质，如下右图所示。

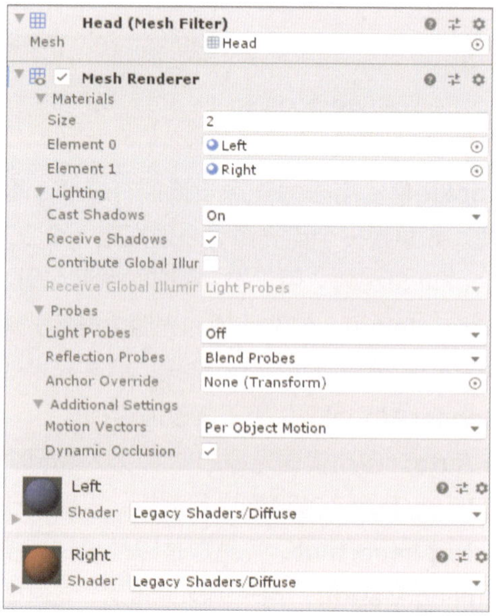

如果模型使用了骨骼动画，如下左图所示。那么只需要在“Skinned Mesh Renderer”中指定网格和材质，如下右图所示。

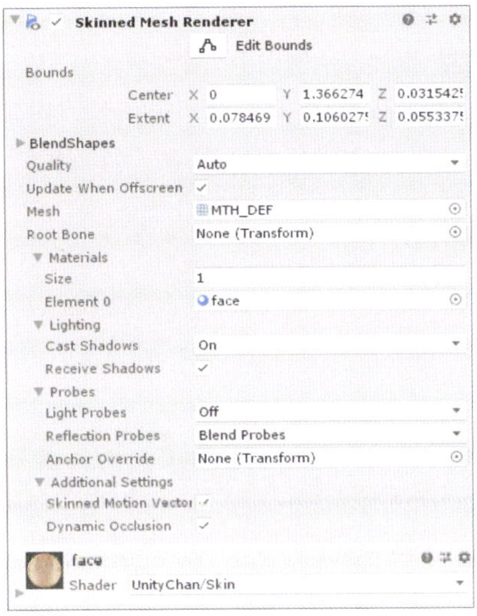

4.1.4 Prefab（预制体）

在项目制作的过程中经常会用到重复的Game Object，例如射击游戏中的成千上万个敌人，如果逐一的复制粘贴，那要花上不少的时间，这种情况下可以将其设置为Prefab预制体。预制体储存着一个游戏对象和其下的所有子游戏对象，我们可以根据需要创建所需的预制体。创建预制体后，将预制体复制到场景中的过程称为Prefab的实例化。

实战练习 创建并实例化预制体

下面将通过具体的操作实例来介绍创建Prefab的操作方法，具体如下。

步骤 01 首先在Hierarchy窗口创建一个“Cube”，将其用鼠标拖到Project窗口，命名为“My Cube”，这样一个预制体就创建完成了，如下左图所示。

步骤 02 此时我们单击“Cube”在Inspector窗口的“Select”按钮，如下右图所示。

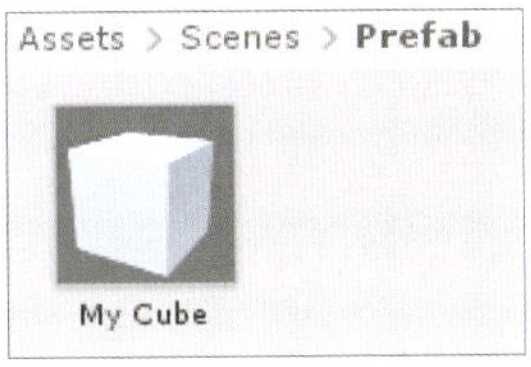

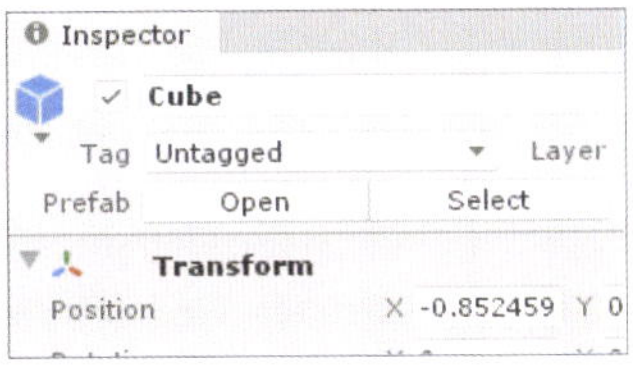

步骤 03 Project窗口中所对应的Prefab会进行高亮显示，如下左图所示。

步骤 04 在Project窗口单击要实例化的Prefab并将其拖动至Hierarchy窗口或Scene窗口中，即可完成实例化，如下右图所示。

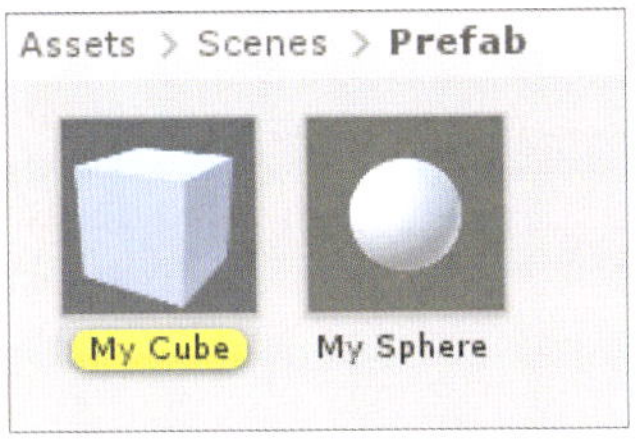

提示：使用“粘贴复制”和使用“prefab”进行实例化的区别

和普通的粘贴复制不同，将Prefab实例化到场景后，两个模型之间依旧保持着一定联系：此时Hierarchy窗口中被实例化的Prefab以蓝色字体显示（如下左图），当改变Project窗口中的“My Cube”时，Hierarchy窗口中的模型也随之改变；但是反之改变Hierarchy窗口中已被实例化的“My Cube”时，Project窗口中的预制体不会发生改变；当删除Project窗口中的Prefab时，Hierarchy窗口中已被实例化的模型将会以红色字体显示，如下右图所示。

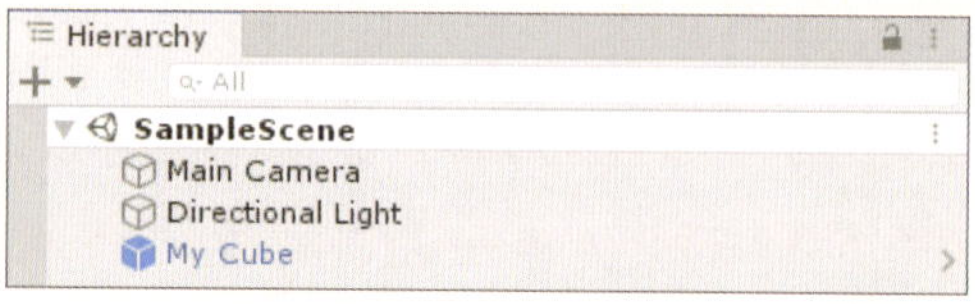

4.2 Component（组件）

组件想必大家都不会感到陌生，因为在之前的学习中它一直出现在我们的视野中：所有在Inspector窗口下的选项卡都是一个个Component。本部分将详细为大家介绍这些Component。

4.2.1 Component的概念

Component是在Game Object（游戏对象）中的实现某些功能的集合。无论是模型、灯光还是摄像机，所有游戏对象本质上都是一个空对象挂载了不同的组件，从而让该游戏对象拥有不同的功能。例如：对于一个空游戏对象来说，如果为其添加一个“Camera”组件，那么该对象就是一台摄像机。

值得注意的是，任何一个Game Object（包括Empty Game Object）都有一个Transform Component（变换组件，此组件标记着其位移、旋转和缩放信息），如下图所示。

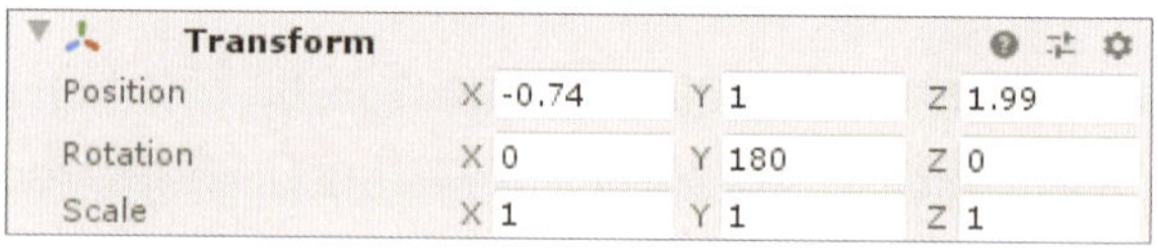

4.2.2 Component的分类

在主界面上方的Component菜单栏中，用户可以查看所有组件分类，如右图所示。

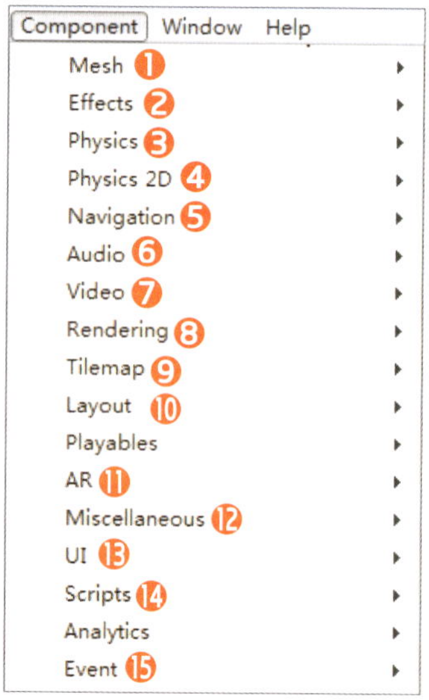

- **Mesh❶**：网格类型组件，包括Mesh Filter（网格过滤器）、Mesh Renderer（网格渲染器）等。
- **Effects❷**：特效组件，包括Particle System（粒子系统）、Trail Renderer（拖尾渲染组件）、Line Renderer（线性渲染）等。
- **Physics❸**：物理类型组件，包括Rigidbody（刚体）、Collider（碰撞器）、Character Controller（角色控制器）等。
- **Physics 2D❹**：2D物理类型组件，包括Rigidbody 2D（2D刚体）、Collider 2D（2D碰撞器）、Character Joint（角色关节连接组件）等。
- **Navigation❺**：导航类型组件，包括Nav Mesh Agent（导航网络代理）等。
- **Audio❻**：音频类型组件，包括Audio Listener（声音监听器）、

Audio Source（音源）、Audio Reverb Zone（音频混合范围组件）等。

- **Video⑦**：视频类型组件，此分类下只有Video Player（视频播放器）一个组件。
- **Rendering⑧**：渲染类型组件，包括Camera（摄像机）、Light（灯光）、Skybox（天空盒）、Occlusion Area（遮挡区域）等。
- **Tilemap⑨**：地图制作组件。
- **Layout⑩**：UI绘制类型组件，包括Rect Transform（变换）、Canvas（画布）等。
- **AR⑪**：AR类型组件。
- **Miscellaneous⑫**：杂项组件，包括Animation（旧版动画）、Animator（新版动画）等。
- **UI⑬**：UI类型组件，包括Text（文本）、Image（图片）、Button（按钮）等。
- **Scripts⑭**：脚本类型组件，需要注意的是C#脚本也是Component的一种。
- **Event⑮**：事件类型组件，包括Event System（响应事件）、Physics Raycaster（物理射线发射器）等。

4.2.3 Component的操作

在Inspector窗口可以直接对Game Object上的各个组件进行操作，这些操作包括添加、移除、上移、下移和拷贝或粘贴组件的数据等。

1. 添加Component

在Unity中，为游戏对象添加Component常用的方式有三种，下面分别进行介绍。

第一种是在Hierarchy窗口选中被添加Component的游戏对象，然后在主界面最上方的菜单栏单击“Component”进行添加，如下左图所示。

第二种是在Hierarchy窗口选中被添加Component的游戏对象，然后在Inspector窗口单击最下方的“Add Component”进行添加，如下右图所示。

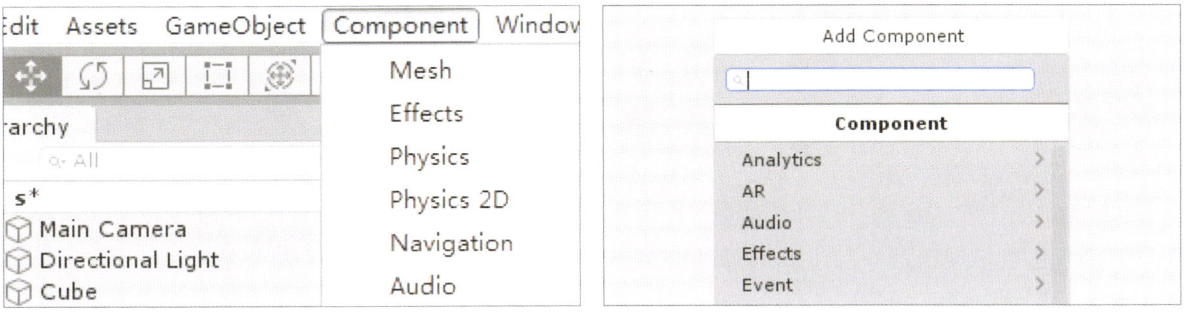

第三种是使用代码进行添加，下面是为游戏对象添加“Box Collider”的代码：

```
void AddComponent()
{
gameObject.AddComponent<BoxCollider>();
}
```

2. 管理Component

单击Component右上角的管理按钮，可以对组件进行管理，如下右图所示。

用户可以对Component可以进行如下操作：

- **Reset①**：用于重置组件。

- Remove Component❷：用于移除组件。
- Move Up❸：用于上移组件。
- Move Down❹：用于下移组件。
- Copy Component❺：用于拷贝组件或拷贝组件的数据。
- Paste Component As New❻：用于粘贴为新的组件。
- Paste Component Values❼：用于粘贴组件数据。
- Find References In Scene❽：用于在场景中查找此组件的引用。
- Select Material❾：用于选择材质。

4.3 美术资源管理

虚拟现实带来的沉浸感有很大一部分是源自于美术资源，即使这部分一般是由专业的设计人员来制作，但作为开发者来说，了解一定的美术知识也是必要的。

4.3.1 texture（纹理贴图）

将下左图所示的模型表面的颜色画到一张图片上，这类图片叫做Texture纹理贴图，如下右图所示。

网格模型和纹理贴图需要额外的信息才能对应上，首先纹理贴图的坐标规定为（x，y），其取值范围都是0到1。网格模型上每一个三角形顶点都对应着贴图上的一个坐标，所以每一个三角形的中间部分可以通过对该三角形所有顶点插值得到贴图里面的颜色。

我们可以在Project窗口通过鼠标单击图片来查看其属性，纹理贴图的属性如右图所示。

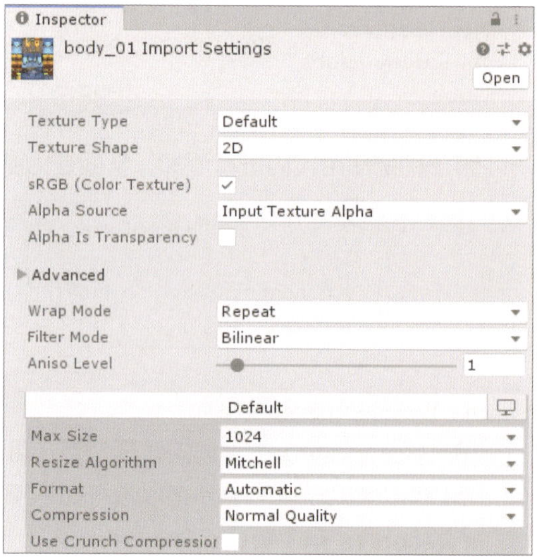

4.3.2 Shaders（着色器）和Material（材质）

Unity中的Shaders是Material的一部分，常常用来处理那些无法用固定贴图表现的模型，比如玻璃，水面等等。而Material指的是模型的材质。

1. Shaders（着色器）

Shaders负责将输入的Mesh（网格）以指定的方式和输入的纹理贴图或者颜色信息等组合作用后输出，绘图单元可以据此将图像绘制到屏幕上。Unity提供了多种Shaders，其中标准Shaders（Standard）就有着很广的适用范围，当然有兴趣的读者也可以选择自己编写shaders。

我们可以在Project窗口单击任一Material文件，然后在Inspector窗口下为其选择合适的Shaders，如下图所示。

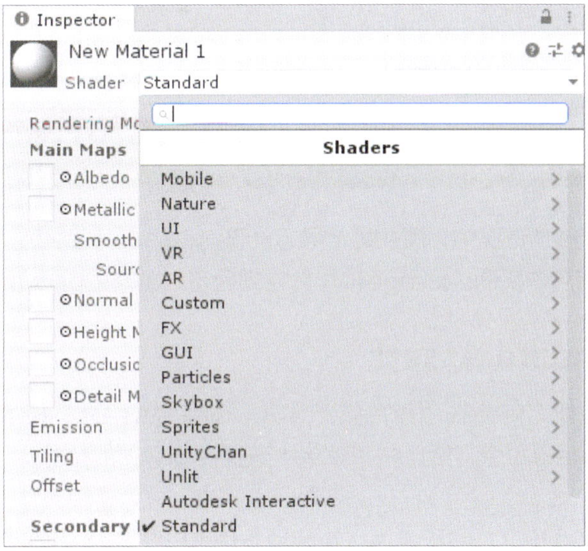

2. Material（材质）

将输入的贴图、颜色、对应的Shaders和对Shaders的特定参数设置打包在一起就是一个材质。之后，我们便可以将材质赋予合适的renderer（渲染器）来进行渲染。

4.3.3 Skybox（天空盒）

天空盒是项目中为场景所设定的背景，就像一片天空一样。它是一个全景视图，分为六个纹理，表示沿主轴（上、下、左、右、前、后）可见的六个方向的视图。天空盒会被渲染在场景中所有物体的后面。在Unity 3d中，我们可以通过两种方式来更换天空盒。

1. 在场景中更换Skybox

执行Window>Rendering>Light Setting操作，打开Light面板，单击Skybox Material后的小圆点，即可更换天空盒，如下左图所示。

2. 为Camera添加Skybox

选中Camera后，单击Inspector窗口下的Add Component按钮为游戏对象添加Skybox组件，最后将需要的天空盒材质拖拽到在该组件的Custom Skybox属性即可，如下右图所示。

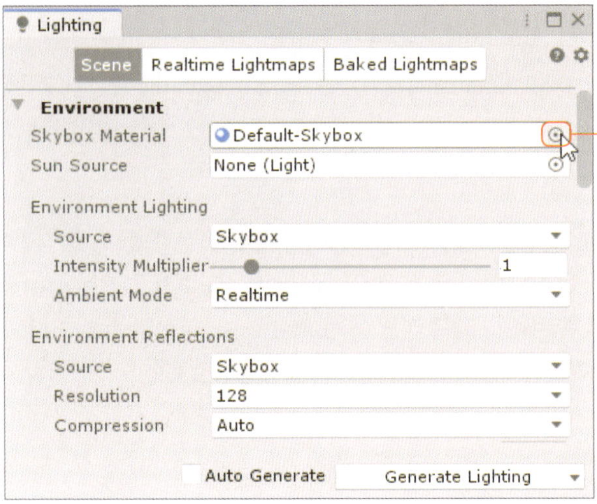

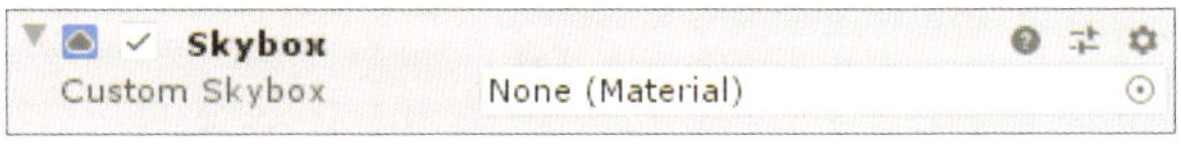

4.4 Package管理

在Unity 3d中进行项目制作过程中，需要经常导入一些package（资源包），这些资源包括Unity官方的示例package、在资源商店购买的package和与其它项目可以共享的package等。

4.4.1 Unity Standard Assets

Unity 在2018版本更新之前会在引擎内置“Standard Assets”标准资源包，在菜单栏中执行Assets❶>Import Package❷命令，然后在子菜单中选择需要导入的package❸，即可导入到项目中，如下左图所示。

在本书所使用的Unity 2019.3.0a3版本中，有两种方法可以将“Standard Assets”资源包导入到项目中：

- 在Unity Hub主界面中切换至“学习”选项面板❶，在右侧的面板中选择“资源”选项卡❷，然后单击“Standard Assets”右侧的“下载”按钮❸，即可将资源包下载到电脑，如下右图所示。
- 在Asset store资源商店中搜索“Standard Assets”后，导入项目中即可。

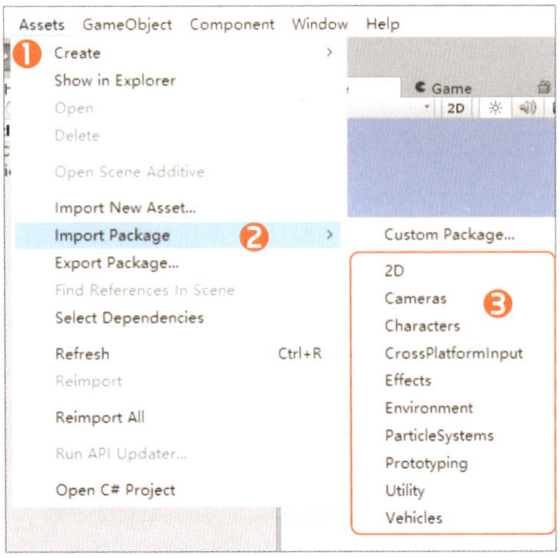

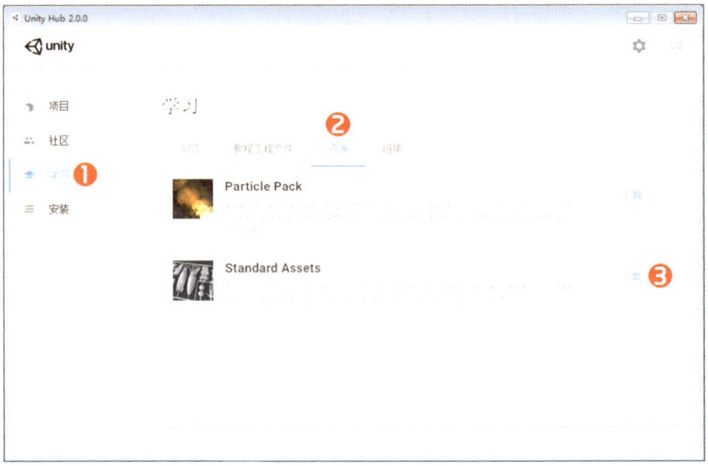

4.4.2 导入/导出其它package

在Unity中进行项目制作过程中，需要将某些文件在几个不同项目间相互传输，直接使用鼠标拖动文件或粘贴复制的方式可能会出现不兼容或丢失依赖关系等问题，此时建议开发者使用Unity独有的Unity Package文件压缩功能进行导入/导出操作。

1. 导入package

在Project窗口单击鼠标右键调出快捷菜单，在快捷菜单中执行“Import Package>Custome Package命令后，将弹出Import Package对话框。选择需要导入的Unitypackage文件❶，然后单击“打开”按钮❷，如下左图所示。

Unity将会自动解压Unity package中的内容并弹出Import Unity Package对话框，我们可根据项目的实际需求勾选需要导入文件前方的复选框❶，最后单击Import按钮❷，即可成功导入，如下右图所示。

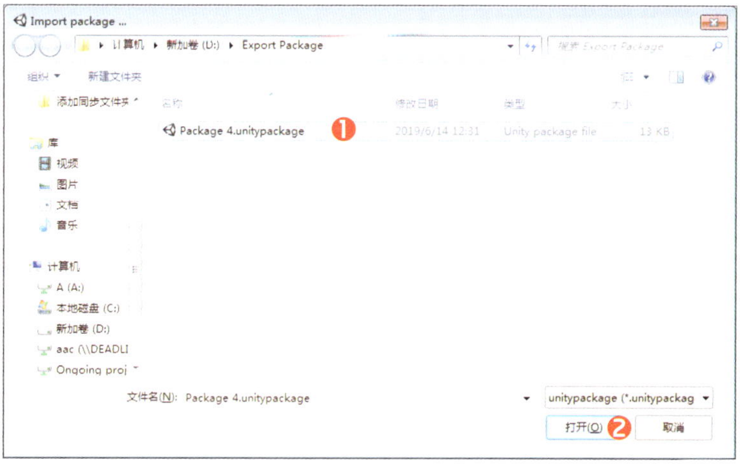

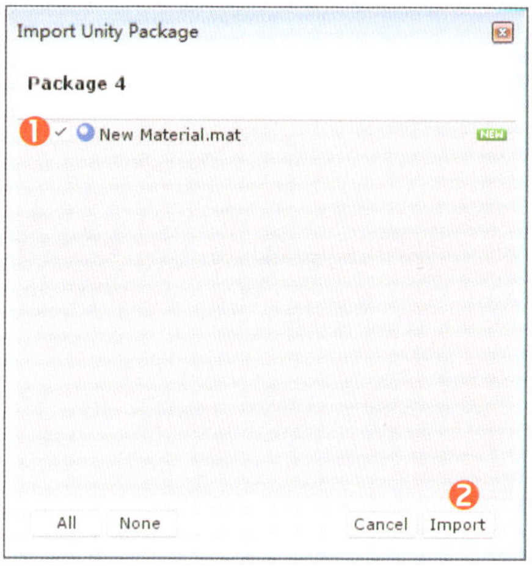

2. 导出package

在Project窗口单击选中需要导出的文件或文件夹并单击鼠标右键，在弹出的快捷菜单中执行“Export Package”命令，弹出Exporting package对话框。软件会自动将依赖关系打包到Package，因此只需要勾选Include dependencies复选框❶后，单击Export❷按钮，如下左图所示。

此时将弹出文件保存的Export package对话框，在文件名文本框中设置文件名称❶后，单击“保存”按钮❷，即可成功导出package，如下右图所示。

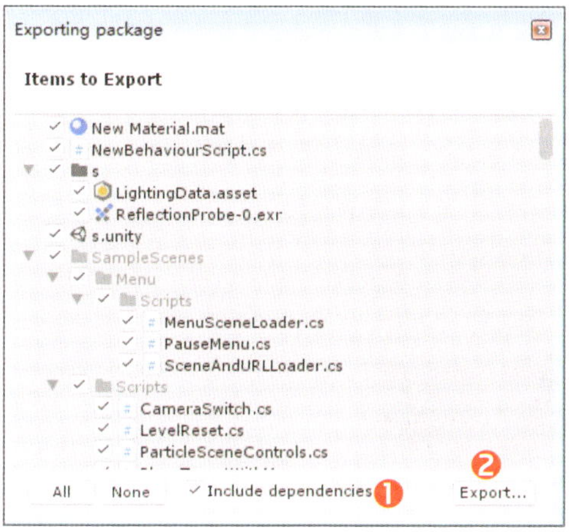

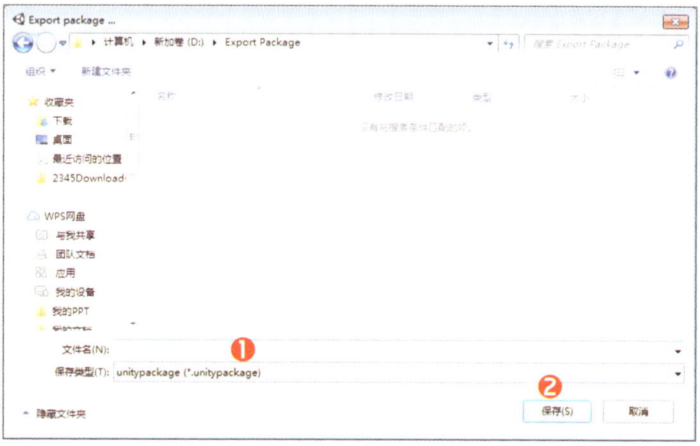

知识延伸：Tag和Layer

Tag（标签）和Layer（层级）在开发过程中可以用来区分不同的游戏对象，下面将讲解如何修改这两个参数。

- **修改Tag：** 选中游戏对象后单击Inspector窗口中Tag❶右侧的下拉按钮即可修改此游戏对象的标签，单击Add Tag❷还可以添加自定义标签，如下图所示。

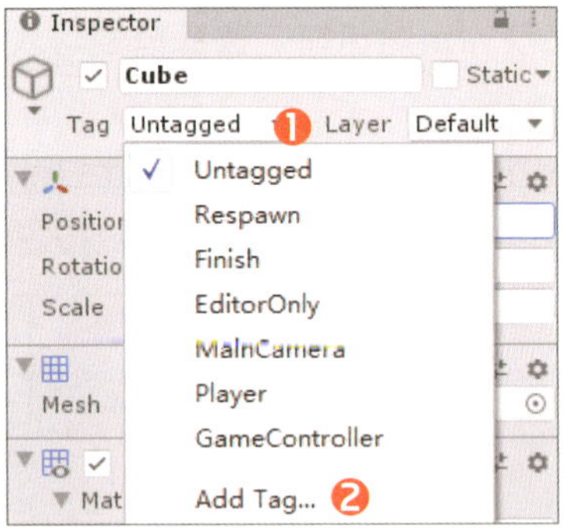

- 修改Layer选中游戏对象后单击Inspector窗口中Layer❶右侧的下拉按钮即可修改此游戏对象的层级，单击Add Layer❷还可以添加自定义层级，如下图所示。

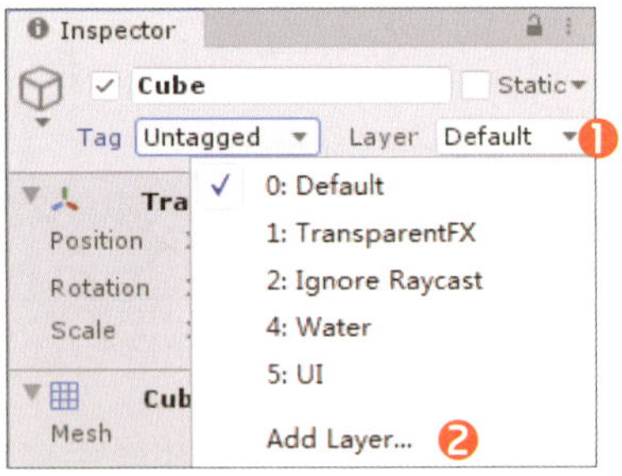

上机实训：制作天空盒

全景图在场景中所有其他对象物体之后被渲染，并且旋转以匹配Camera的当前方向（它不会随着相机的位置而变化，相机的位置总是被视为在全景图的中心）。因此，使用天空盒一种是将现实感添加到场景的简单方法，并且图形硬件的负载最小。下面将介绍制作天空盒的具体方法。

步骤 01 在Project窗口新建文件夹并命名为“SkyBox”，将制作天空盒所用的6张素材图片导入至SkyBox文件夹中，如下图所示。

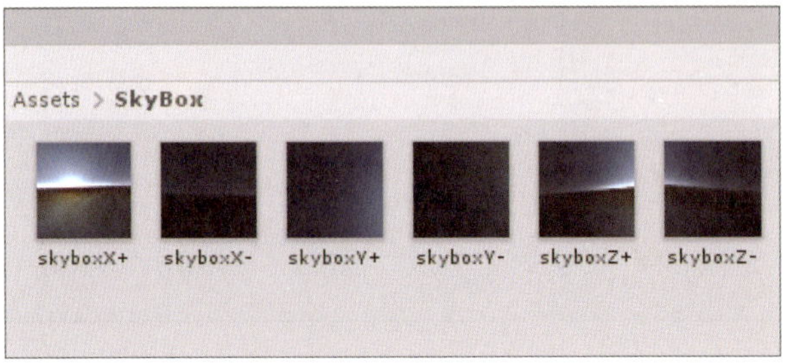

步骤 02 选中六张图片，在Inspector窗口将Wrap Mode❶参数修改为Clamp，然后单击Apply❷按钮，如下左图所示。

步骤 03 创建Material并命名为“GalaxySkyBox”，单击选中GalaxySkyBox后在Inspector窗口将Shader修改为Skybox/6 Sided，如下右图所示。

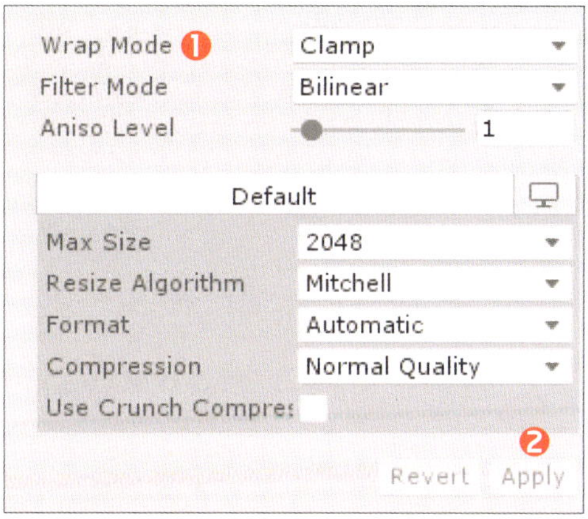

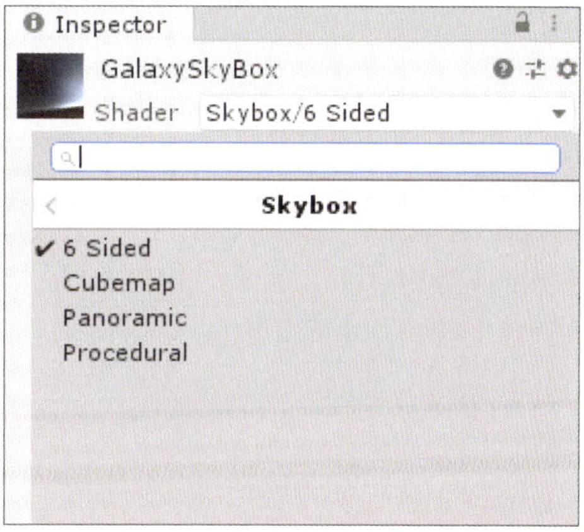

提示：天空盒

天空盒是一个全景视图，分为六个纹理，表示沿主轴（上，下，左，右，前，后）可见的六个方向。如果天空盒被正确地生成，那么纹理图片的边缘将会被无缝合并，在里面的任何方向看，都会是一副连续的画面。

步骤 04 将六张图片一一对应到GalaxySkyBox六个参数处即可，如下图所示。

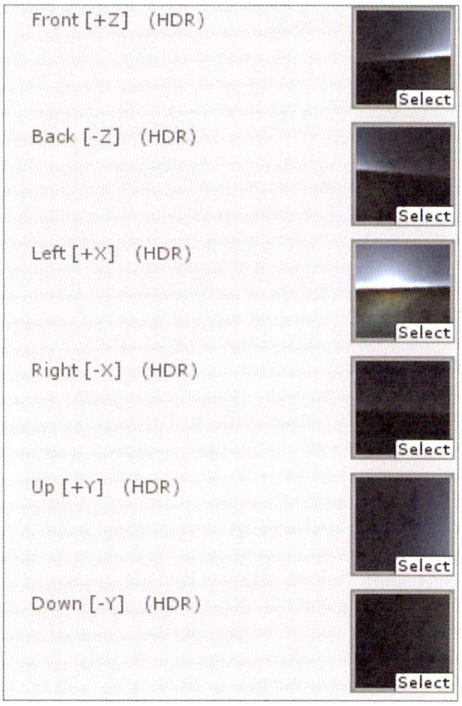

课后练习

1. 选择题

（1）相机中的“Culling Mask”是根据游戏对象的哪一参数进行修改的（　　）?

A. Layer　　B. Tag

C. Name　　D. Position

（2）在Unity中，所有3D游戏对象都拥有的组件是（　　）?

A. Mesh Collider　　B. Transform

C. Mesh Renderer　　D. Animator

（3）下列选项中哪一说法是错误的（　　）?

A. 在Hierarchy窗口中游戏对象的名称若以红色字体显示，则表示此游戏对象对应的预制体已被删除

B. Unity的Spot Light光源支持实时阴影

C. 相机在使用“正交模式”的投射方式时，将忽略与被照射物体之间的距离信息

D. 天空盒是由六张不同方向的纹理贴图构成

2. 填空题

（1）摄像机的两种投射方式分别是__________和__________。

（2）Unity提供的四种光源分别是__________、__________、__________和__________。

（3）在Unity中，为游戏对象添加组件的代码是__________。

3. 上机题

使用Unity自带的基础3D模型搭建任意一个游戏对象（赋予材质），然后进行如下操作：将此游戏对象拖曳为预制体；使摄像机照射到此游戏对象；将摄像机照射到的背景更改为纯色。

操作提示

（1）创建材质时使用默认的Shader即可，更改材质的纹理贴图和颜色使搭建的游戏对象更加生动。

（2）使用多种方式移动并旋转观察摄像机，使其照射到搭建的游戏对象，最后可以使用组合键“Shift+Ctrl+F”来确定游戏摄像机的位置。

（3）更改摄像机的Clear Flags参数以达到更改背景色的目的。

Chapter 05 角色控制及互动

本章概述

在前几章的学习中大家对Unity的基础知识有了一定的了解，从本章开始将会结合C# Script来讲解虚拟现实技术的核心功能。本章将为大家介绍如何利用Unity和C#语言进行角色控制及互动。

核心知识点

1. 掌握C# Script和MonoBehavior
2. 了解模型的骨骼和动画
3. 了解Unity物理引擎
4. 使用C# Script控制角色进行移动

5.1 C# Scripts

C# Script是Unity引擎的核心，它决定着程序能否流畅稳定的运行。在Unity的历史版本中曾支持过JavaScripts、C#、Boo三种编程语言，但从Unity 2018之后的版本弃用了UnityScript和Boo。

本节将以C#作为编程语言来为大家讲解Unity的核心类“MonoBehavior”以及如何利用代码对游戏对象进行基本操作。

5.1.1 新建C# 脚本

在Project窗口右击鼠标弹出快捷菜单，然后单击快捷菜单Create按钮中的“C# Script”，即可创建一个C#脚本，创建的脚本处于重命名模式，其默认名为NewBehaviourScript，如下左图所示。建议在此时立即重新命名，在文本框输入脚本的名字后单击脚本或按Enter键即可，如下中图所示。如果没有在新建脚本的同时重新命名，再次命名时需要同时修改脚本中代码的命名部分，如下右图所示。

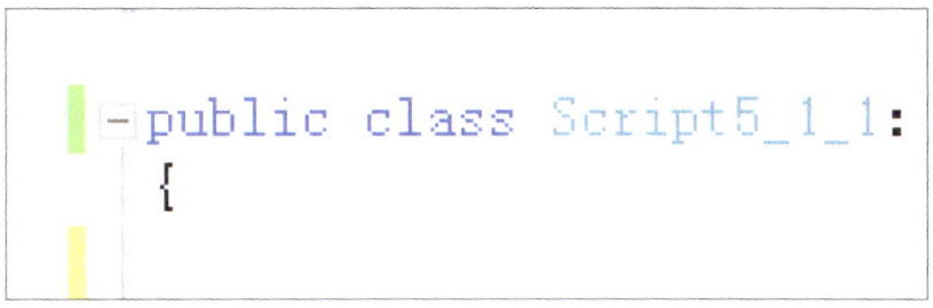

单击主界面菜单栏的Edit按钮，会弹出Preferences对话框❶，然后单击“External Tools”选项❷，切换到External Tools选项面板❸，单击“External Script Editor”右侧的下拉按钮❹，即可选择已在计算机安装的脚本编辑器，本书将以Visual Studio 2017作为脚本编辑器❺。

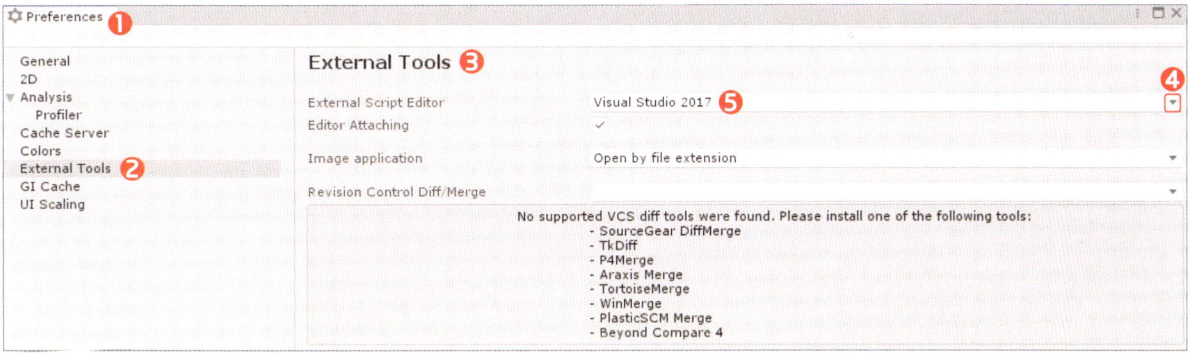

双击新建的脚本即可在脚本编辑器中对其进行编辑，其创建的默认脚本如下所示：

```
using System.Collections;
using System.Collections.Generic;
using UnityEngine;

public class Script5_1_1: MonoBehaviour
{

    // Start is called before the first frame update
    void Start(){

    }

    // Update is called once per frame
    void Update(){

    }
}
```

引入命名空间

声明类名，并继承于MonoBehaviour

MonoBehaviour生命周期函数

5.1.2 MonoBehavior

所有创建的用于添加到游戏对象上的script都继承于MonoBehavior，这些脚本从唤醒到销毁都有着完整的生命周期。下面我们来介绍各个阶段的生命周期函数。

- **Void Awake()**：脚本唤醒函数，当一个游戏对象被创建时，其绑定脚本的Awake函数会在该帧执行。Awake总是在Start之前被调用，通常用于初始化变量或游戏状态。
- **Void Start()**：开始函数，只执行一次，在Awake方法执行结束后、Update方法执行前执行，主要用于初始化操作，例如获取游戏对象或者组件。
- **Void Update()**：更新函数，处于激活状态下的脚本每一帧都会执行。此函数通常用来执行逻辑，是最常用的脚本。Update函数中每一帧的处理时间是不确定的，取决于计算机性能，当性能较差时可能会出现跳帧现象。
- **oid LateUpdate()**：延迟更新函数，会在Update后执行。此函数通常用来调整代码执行的顺序，例如当角色在Update函数中移动时，跟随相机可以写在LateUpdate函数中执行。
- **Void FixedUpdate()**：固定更新函数，其每一帧调用的时间是固定的，因此常用于移动物体等操作。

单击主界面菜单栏的“Edit”按钮，在弹出的快捷菜单中单击“Project Settings”按钮，弹出Project Settings对话框❶，然后单击左侧的“Time”选项❷，切换至Time选项面板❸，即可在“Fixed Timestep”数值框中修改FixedUpdate函数每一帧调用的间隔时间，其默认时间为0.02s❹，如下图所示。

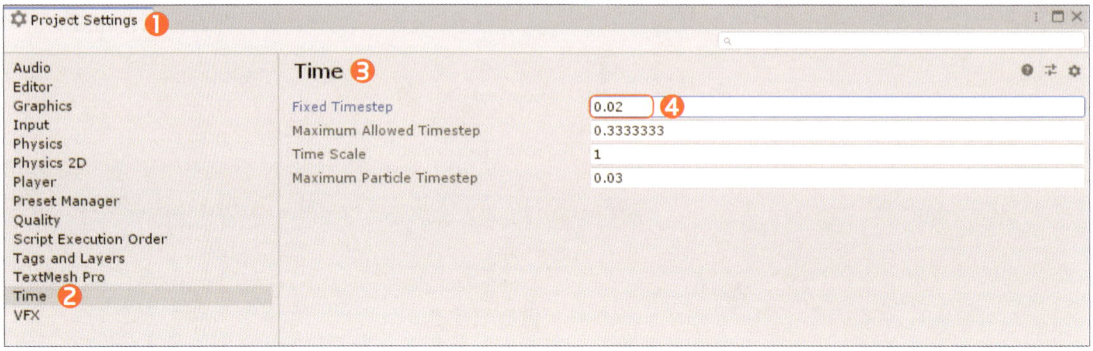

- **Void OnGUI()**：UI绘制函数，使用Unity自带的UGUI界面，通常用来作为测试功能使用。
- **Void OnDestroy()**：销毁函数，只执行一次，当脚本所挂载的游戏物体被销毁时执行。
- **Void OnEnable()**：激活函数，当脚本被激活时执行一次。

所有继承自MonoBehavior的脚本都有一个enable的bool值开关，此开关决定着生命周期函数是否会被调用。如右图所示，当“S5_1_2”脚本左上角的复选框处于被勾选状态时，enable为“true”，生命周期函数会被调用并执行OnEnable函数；反之enable为“false”，生命周期函数不会被调用并执行OnDisable函数。

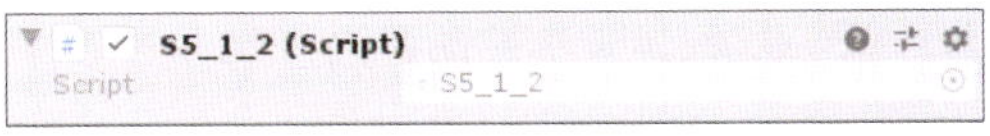

- **Void OnDisable()**：禁用函数，在OnDestroy函数前执行。当该脚本被禁用时，也会触发该函数。

5.1.3　对游戏对象的操作

在之前的章节中为大家介绍过如何在各个窗口中操作游戏对象，本节将讲解如何用C#脚本来完成对游戏对象的操作及交互。

1. 获取游戏对象

创建游戏对象主要用到GameObject.CreatePrimitive()方法，我们可以使用GameObject.CreatePrimitive()创建游戏对象的实例来具体说明，具体步骤如下：

步骤 01 新建C#脚本并命名为“S5_1_3_Create”，双击脚本文件进行编辑。代码如下：

```
using System.Collections;
using System.Collections.Generic;
using UnityEngine;
public class S5_1_3_Create : MonoBehaviour
{
    void Update()
    {
        //检测是否单击鼠标左键
        if (Input.GetMouseButtonDown(0))
        {
            //创建一个"Cube"立方体
GameObjecttempObj = GameObject.CreatePrimitive(PrimitiveType.Cube);
            //将立方体位置归零
tempObj.transform.position = new Vector3(0,1f,0);
            //将立方体的名字更改为"MyCube"
            tempObj.name = "MyCube";
        }
    }
}
```

步骤 02 将上述脚本添加到场景中任意游戏对象，单击运行按钮运行程序。单击鼠标左键可以看到此脚本完成以下功能：创建“Cube”立方体并改名为“MyCube”，如下左图所示。

步骤 03 将“MyCube”的位置坐标设定为(0,1,0)，如下右图所示。

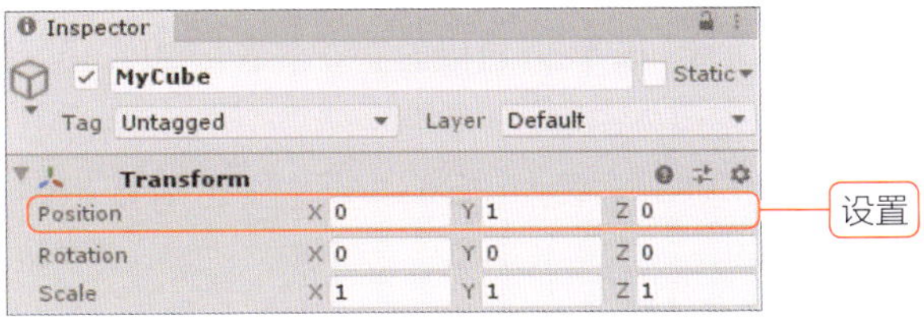

2. 获取游戏对象

获取游戏对象的方式有两种：第一种是在代码里声明游戏对象，然后在Inspector窗口指定游戏对象；第二种是通过对象名获取游戏对象。下面将通过两个实例来具体说明。

- **通过指定获取游戏对象**

步骤 01 新建C#脚本并命名为“S5_1_3_Find_1”，双击脚本文件进行编辑。代码如下：

```
using System.Collections;
using System.Collections.Generic;
using UnityEngine;

public class S5_1_3_Find_1 : MonoBehaviour
{
    //声明名为Obj的游戏对象
    public GameObject Obj;
}
```

步骤 02 将需要指定的游戏对象拖到“Obj”右侧的选框内完成指定，如下图所示。

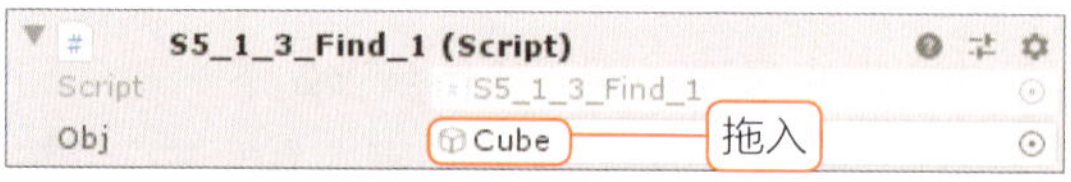

- **通过对象名获取游戏对象**

通过对象名获取游戏对象主要用到GameObject.Find()方法，新建C#脚本并命名为“S5_1_3_Find_2”，代码如下：

```
using System.Collections;
using System.Collections.Generic;
using UnityEngine;

public class S5_1_3_Find_2 : MonoBehaviour
{
    //声明名为Obj的游戏对象
    public GameObject Obj;
    void Start()
    {
        //寻找场景中名为Cube的游戏对象并指定给Obj
        Obj = GameObject.Find("Cube");
    }
}
```

提示：不需要指定的情况

如果要获取的游戏对象是自身则不需要指定。

3. 为游戏对象添加或修改组件

在Inspector窗口处可以直接为游戏对象添加或修改组件，本节将讲解如何用代码完成这些操作，下面通过一个实例来具体说明。

步骤 01 新建C#脚本并命名为“S5_1_3_Add”，双击脚本文件进行编辑。代码如下：

```
using System.Collections;
```

```
using System.Collections.Generic;
using UnityEngine;

public class S5_1_3_Add : MonoBehaviour
{
    //声明一个Renderer组件
    private Renderer render;
    void Start()
    {
        //获取自身的Renderer组件
        render = GetComponent<Renderer>();
    }
    void OnGUI()
    {
        //绘制按钮并添加点击事件
        if (GUILayout.Button("Blue",GUILayout.Width(100),GUILayout.Height(50)))
        {
            //修改Renderer的color参数
render.material.color = Color.blue;
        }
        if (GUILayout.Button("Rigidbody", GUILayout.Width(100), GUILayout.Height(50)))
        {
            //为游戏对象（自身）添加刚体组件
gameObject.AddComponent<Rigidbody>();
        }
    }
}
```

步骤 02 在Hierarchy窗口新建“Cube”并在Inspector窗口添加上述脚本。

步骤 03 单击运行按钮运行程序，可实现在Game窗口的左上角绘制“UI Button”，分别为“Blue”按钮和“Rigidbody”按钮，如下左图所示。单击“Blue”按钮会修改“Renderer”组件的“Color”属性，将游戏对象渲染成蓝色，如下右图所示。

步骤 04 单击“Rigidbody”按钮会为游戏对象添加出“Rigidbody”组件，如右图所示。此时游戏对象（Cube）将具有物理特征，受到重力影响所以会自由下落。

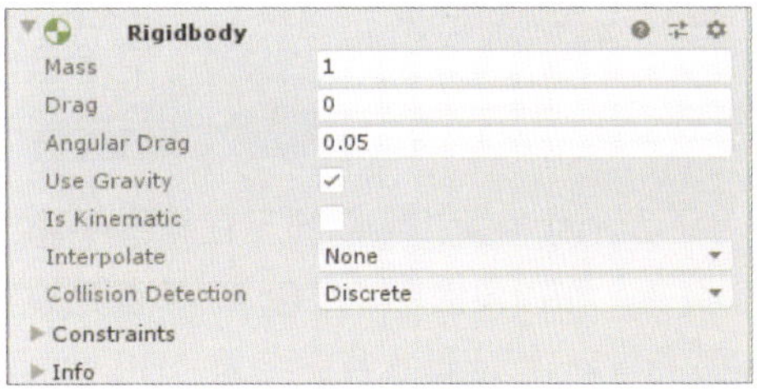

4. 实例化游戏对象

实例化游戏对象和创建游戏对象不同，创建游戏对象是创建一个全新的游戏对象，需要另外添加组件来赋予功能。而实例化对象一般用于实例化prefab，例如一个射击类项目中需要很多子弹，这时就可以将子弹作为prefab来进行实例化。下面将通过一个实例来具体说明：

步骤 01 首先在场景中创建一个“Sphere”并添加“Rigidbody”组件，将“Sphere”从Hierarchy窗口拖到Project窗口并命名为“bullet”（如下图所示）。到此步骤子弹的预制体制作完成，此时可以将场景中的“Sphere”删除。

步骤 02 新建C#脚本并命名为“S5_1_3_Instantiate”，双击脚本文件进行编辑。代码如下：

```
using System.Collections;
using System.Collections.Generic;
using UnityEngine;

public class S5_1_3_Instantiate : MonoBehaviour
{
    public GameObject bullet;
    void Update()
    {
        //检测是否敲击空格键
        if (Input.GetKeyDown(KeyCode.Space))
        {
      //实例化prefab
GameObject temp = Instantiate(bullet) as GameObject;
temp.transform.position = new Vector3(0, 3, 0);
        }
    }
}
```

步骤 03 将上述脚本拖到场景中任一游戏对象上，并将Project窗口中的“bullet”指定到代码中声明的“Bullet”字段，如下左图所示。

步骤 04 单击运行按钮运行程序，此脚本实现的功能为：每次敲击键盘的空格键都会实例化一个“bullet”，“bullet”因为添加了“Rigidbody”会自由下落，如下右图所示。

5.1.4 Console输出调试信息

Console窗口可以显示在脚本中输出的调试信息，调试信息分为三种：普通信息（白色）、警告信息（黄色）和错误信息（红色）。下面通过实例来具体说明。

步骤 01 新建C#脚本并命名为“S5_1_4”，双击脚本文件进行编辑。代码如下：

```
using System.Collections;
using System.Collections.Generic;
using UnityEngine;

public class S5_1_4 : MonoBehaviour
{
    void Start()
    {
Debug.Log("输出普通调试信息");
Debug.LogWarning("输出警告调试信息");
Debug.LogError("输出错误调试信息");
    }
}
```

步骤 02 将上述脚本拖曳到任一游戏对象上并单击运行按钮，即可在console窗口中查看调试信息，如下图所示。

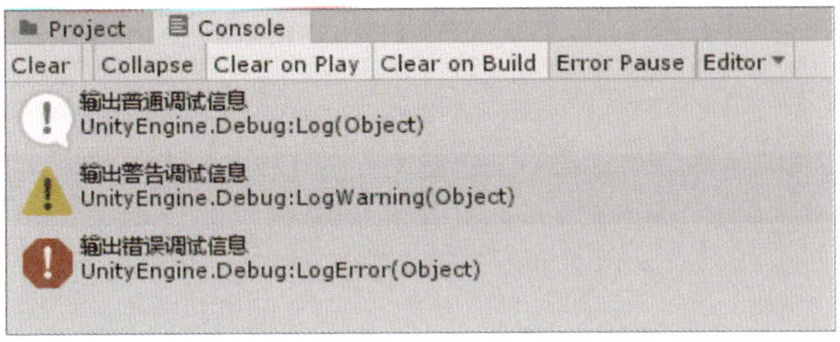

5.1.5 移动/旋转/缩放游戏对象

每个游戏对象都有transform组件，此组件确定了游戏对象的移动、旋转和缩放信息并且不可被删除。下面将结合实例为大家介绍怎样动态修改这些属性。

步骤 01 新建C#脚本并命名为“S5_1_5”，双击脚本文件进行编辑。代码如下：

```
using System.Collections;
using System.Collections.Generic;
using UnityEngine;

public class S5_1_5 : MonoBehaviour
{
    //定义游戏对象
    private GameObjectCube,Sphere;
    void Start()
    {
    //初始化两个游戏对象并指定其位置为(0, 0, 0)和(2, 0, 0)
        Cube = GameObject.CreatePrimitive(PrimitiveType.Cube);
        Sphere = GameObject.CreatePrimitive(PrimitiveType.Sphere);
Cube.transform.position = new Vector3(0, 0, 0);
Cube.transform.position = new Vector3(2, 0, 0);
    }
    void OnGUI()
    {
        //两种方式移动物体
        if (GUILayout.Button("向左移动物体"))
        {
```

```
Cube.transform.position = Cube.transform.position + new Vector3(-0.5f,0,0);
        }
        if (GUILayout.Button("向右移动物体"))
        {
Cube.transform.Translate(new Vector3(0.5f,0,0));
        }
        //缩小、放大物体
        if (GUILayout.Button("放大物体"))
        {
Cube.transform.localScale = new Vector3(2,2,2);
        }
        if (GUILayout.Button("缩小物体"))
        {
Cube.transform.localScale *= 0.5f;
        }
        //旋转物体
        if (GUILayout.Button("物体自转"))
        {
Cube.transform.Rotate(new Vector3(0,10,0));
        }
        if (GUILayout.Button("Cube围绕Sphere进行旋转"))
        {
            Cube.transform.RotateAround(Sphere.transform.position,Vector3.up,10f);
        }
    }
}
```

步骤 02 将上述代码所在脚本拖曳到场景中任一游戏物体上并单击运行按钮。此脚本将实现如下功能：在场景内自动创建“Cube”和“Sphere”两个游戏对象并指定其位置，在Game窗口左上角绘制6个不同的按钮，单击按钮后两个物体按照按钮所显示的命令进行移动、旋转和缩放，如下图所示。

5.2 角色与动画

角色的外观和其动作的流畅程度决定了虚拟现实程序是否具有足够的动感，在Asset store搜索名为“Character Pack: Free Sample”的工具包，并导入项目中，如下图所示。本节将以此工具包的模型作为示例来讲解模型的导入设置及骨骼动画。

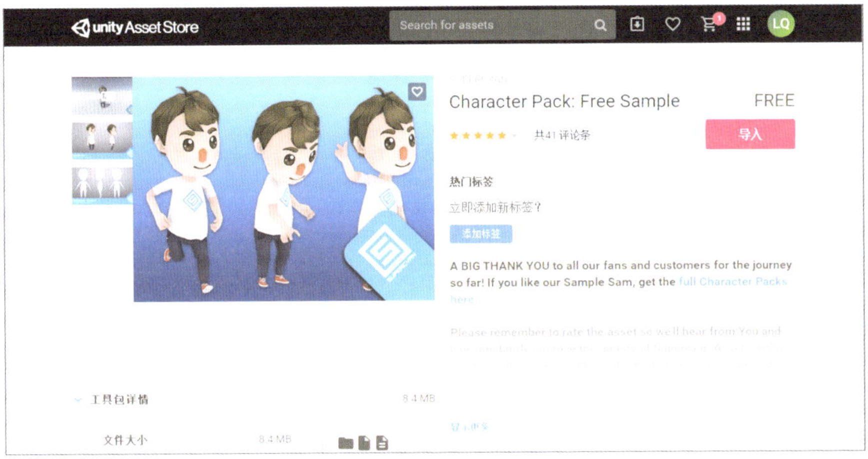

5.2.1 模型导入设置

在Project窗口找到目录“Assets/Supercyan Character Pack Free Sample/Animations”下名为“common_people@mpose.FBX”的模型文件，单击选中此模型后可以在Inspector窗口对其进行导入设置。其设置分为模型（Model）❶、骨骼（Rig）❷、动画（Animation）❸和材质（Materials）❹四个部分，如下图所示。

1. 模型设置（Model）

单击Model按钮切换至模型设置选项卡，如下图所示。

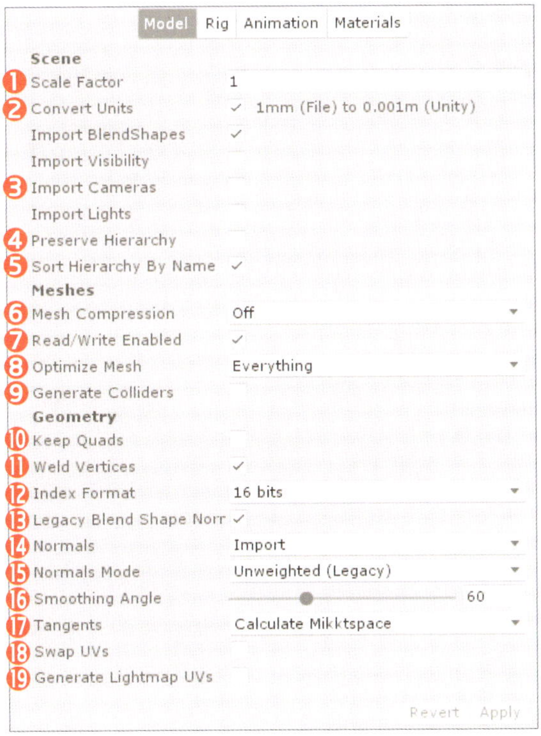

- Scale Factor❶：表示缩放比例。不同的建模软件生成的模型文件尺度单位不同，为了在U3D里统一，就需要进行缩放。
- Convert Units❷：表示是否转换为Unity的比例。
- Import BlendShapes/Cameras/Lights❸：表示是否需要从模型文件中导入BlendShapes/相机/灯光。
- Preserve Hierarchy❹：表示是否保留层次结构。
- Sort Hierarchy By Name❺：表示是否按名字分类层级。
- Mesh Compression❻：表示是否压缩网格。
- Read/Write Enabled❼：表示是否启用读写功能。启用此选项后，Unity可以在运行时访问网格数据，使用者也可以从脚本中访问它。
- Optimize Mesh❽：表示是否优化网格。
- Generate Collider❾：表示是否自动生成碰撞器。
- Keep Quads❿：表示是否保持四边形。启用此选项可以阻止Unity将具有四个顶点的多边形转换为三角形。
- Weld Vertices⓫：表示是否焊接顶点。
- Index Format⓬：用于定义Mesh缓冲区的大小。
- Legacy Blend Shape Normals⓭：表示是否启用混合形状的法线。
- Normals⓮：定义如何计算法线。Import表示从文件导入法线；Calculate表示根据法线模式、平滑度和平滑角度计算法线；None表示禁用法线，如果网格既不是法线贴图也不受实时光照影响，请使用此选项。
- Normals Mode⓯：用于设置法线模式，仅当“Normals”设置为“Import”或“Calculate”时，此选项才可用。
- Smoothing Angle⓰：用于设置平滑角度。通常较高的值会导致较少的顶点。
- Tangents⓱：用于定义应如何导入或计算顶点切线。仅当“Normals”设置为“Import”或“Calculate”时，此选项才可用。
- Swap UVs⓲：表示是否在网格中交换UV通道。
- Generate Lightmap UVs⓳：表示是否为Lightmap创建第二个UV通道。

2. 骨骼设置（Rig）

单击Rig按钮切换至骨骼设置选项卡，如下图所示。

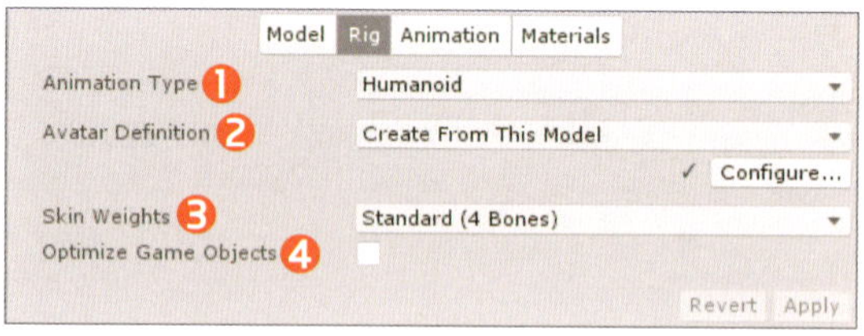

- Animation Type❶：表示动画的类型。
  - None表示没有动画。
  - Legacy表示使用旧版动画，Unity 3.x及更早的版本都可用此类型。
  - Generic表示使用通用类型动画，一般用于非人形动画（四足动物或任何需要动画的实体）。
  - Humanoid表示人形动画，Unity通常会检测骨骼并将其正确映射到模型。

- **Avatar Definition❷**：表示定义骨骼。其中Create From This Model：表示从此模型创建；Copy From Other Avatar：表示从其它骨骼复制。单击此选项右下角的“Configure...”按钮可以查看并修改其骨骼映射信息。
- **Skin Weights❸**：用于修改蒙皮权重。
- **Optimize Game Object❹**：用于优化游戏对象。如果启用，角色的Skinned Mesh Renderers将使用Unity动画系统的内部骨架，从而提高角色动画的性能。

3. 动画设置（Animation）

单击Animation按钮切换至动画设置选项卡，如下左图所示。

- **Import Constraints❶**：表示是否导入约束。
- **Import Animation❷**：表示是否导入动画。

4. 材质设置（Materials）

单击Animation按钮切换至动画设置选项卡，如下右图所示。

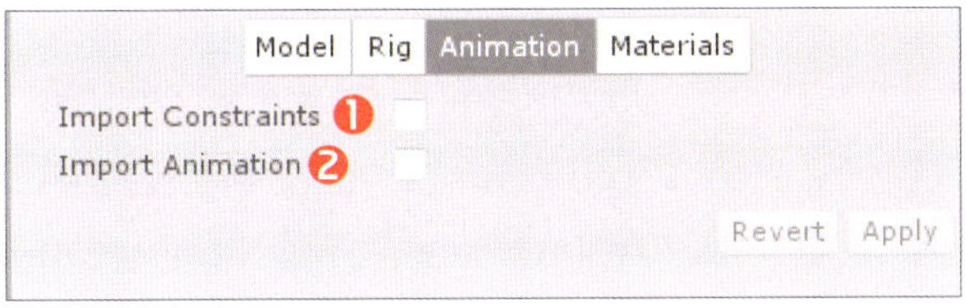

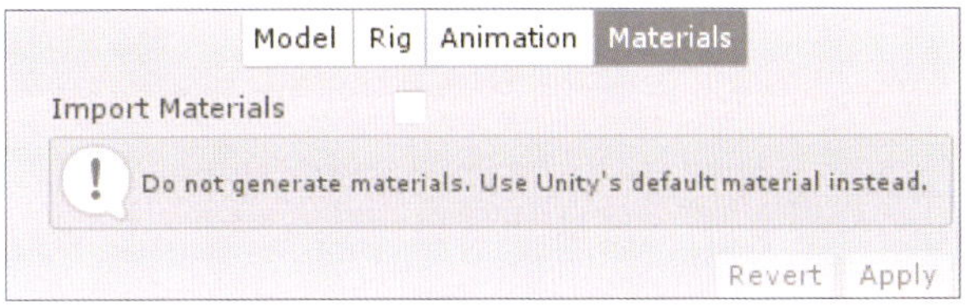

- **Import Materials**：表示是否导入材质。

5.2.2 Animator

Animator用于播放并切换角色动画，下面将结合实例讲解如何为角色添加动画逻辑。

步骤 01 首先在Project窗口找到目录“Assets/Supercyan Character Pack Free Sample/Animations”下名为“common_people@mpose.FBX”的模型文件并拖曳到Hierarchy窗口，然后在Inspector窗口为其添加Animator组件，如下左图所示。

步骤 02 在Project窗口新建Animation Controller并命名为“Controller_5_2_2”，将其拖曳到Animator选项区域中的Controller属性处，如下右图所示。

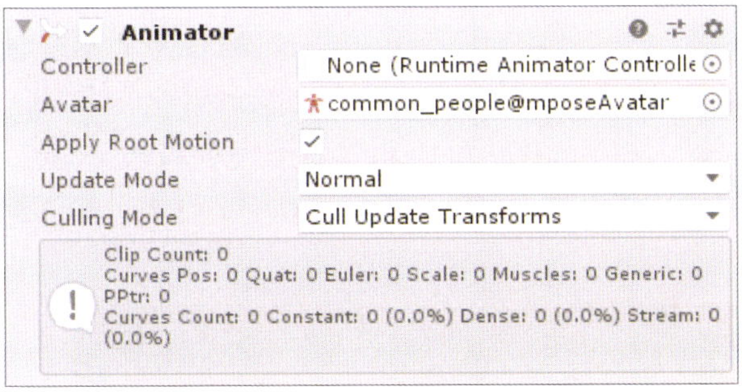

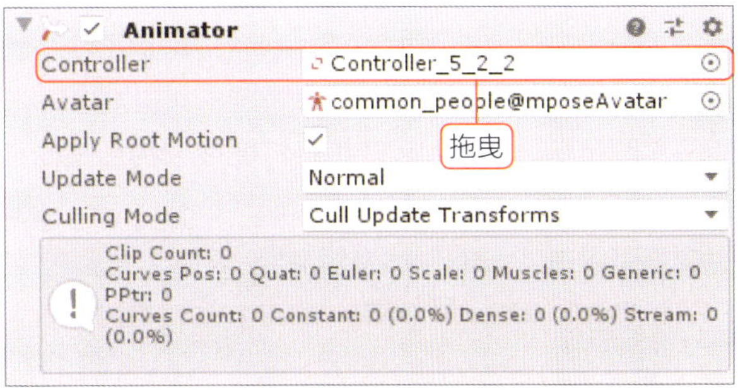

步骤 03 要设置Animation Controller，首先在Project窗口双击打开“Controller_5_2_2.Controller”并弹出Animator窗口，如下图所示。Animator左上方显示“Layers❶”，这代表动画层。当前编辑的是“Base Layer❷”，也可以单击“+❸”来创建新的动画层，通常不用的动画层控制身体的不同部位。

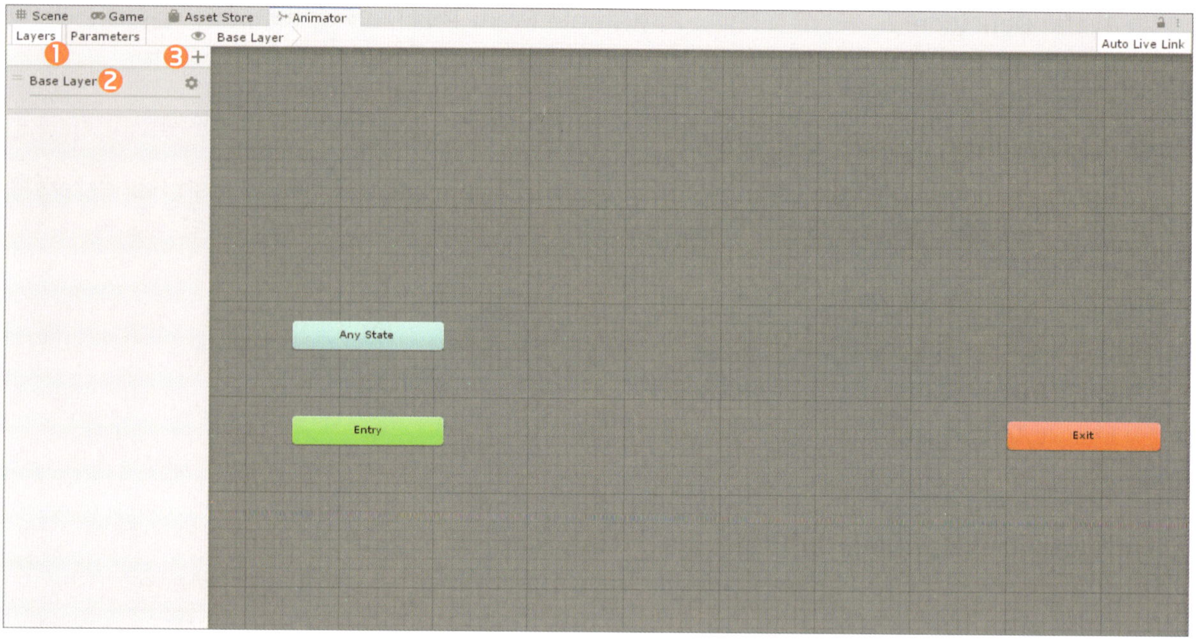

步骤 04 上图中每一个“长方形图案”都是一个State（状态），其中“Entry”是初始状态。将projec窗口找到目录“Assets/Supercyan Character Pack Free Sample/Animations”下的“common_people@idle.FBX”文件，单击其右侧的“展开”按钮即可查看模型包含的动画，如下左图所示。

步骤 05 将“idle”动画拖曳到Animator窗口即可创建一个名为“idle”的State，如下右图所示。此时“idle”显示为黄色，并自动与“Entry”相连，这表示角色使用此动画控制器的初始动画为“idle”。单击运行按钮可以在Game窗口观察到此角色正在播放“idle动画”。

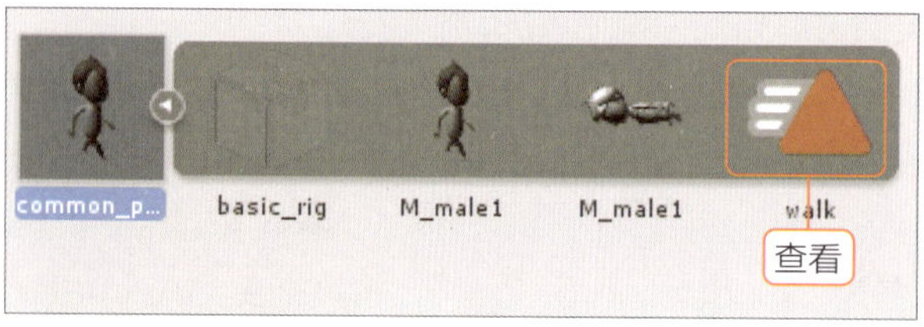

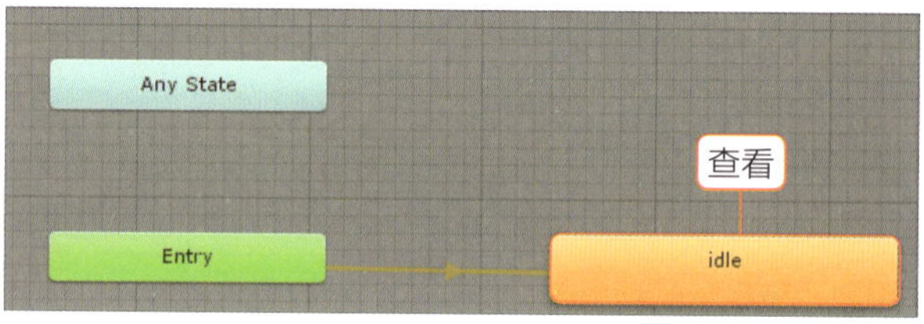

按照上述方法在Animator窗口创建一个“walk”状态，接下来将会实现让两个状态（walk和idle）之间相互切换。可以看到此时“walk”的四周并没有指向性的线段连接到其他State，这说明此状态不能与其他状态相互切换。在“walk”状态处右击鼠标，在弹出的快捷菜单中单击“Make Transition”命令，如下左图所示。此时鼠标的指针将变成“白色指向性线段”，将鼠标移动到“idle”状态处并单击，一条白色带有指向性箭头的线段就出现在“walk”和“idle”之间。箭头由“walk”指向“idle”，这表示此动画控制器可以由“walk”状态切换至“idle”状态。

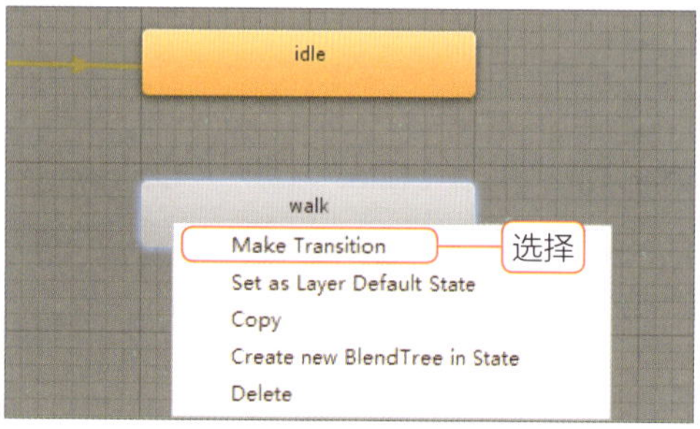

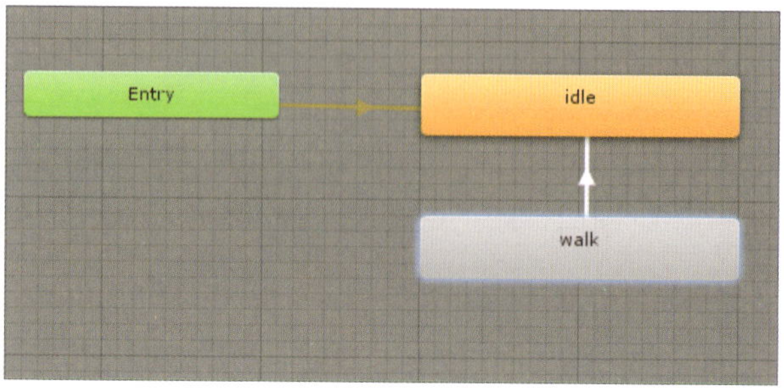

使用相同的方法，在“idle”状态处新建一条指向“walk”的白色线段（如下左图所示），此时“idle”和“walk”之间即可相互切换。单击各个状态之间的指向性线段可以在Inspector窗口查看其属性，如下右图所示。

- **Has Exit Time❶**：如勾选此项，在当前状态的动画播放完成后将自动播放指向的状态动画。本实例将取消勾选此复选框。
- **Settings❷**：用于设置状态之间切换的时间及平滑度。
- **Conditions❸**：此属性处可添加参数及其条件，当条件满足时，动画控制器切换至此线段指向状态。

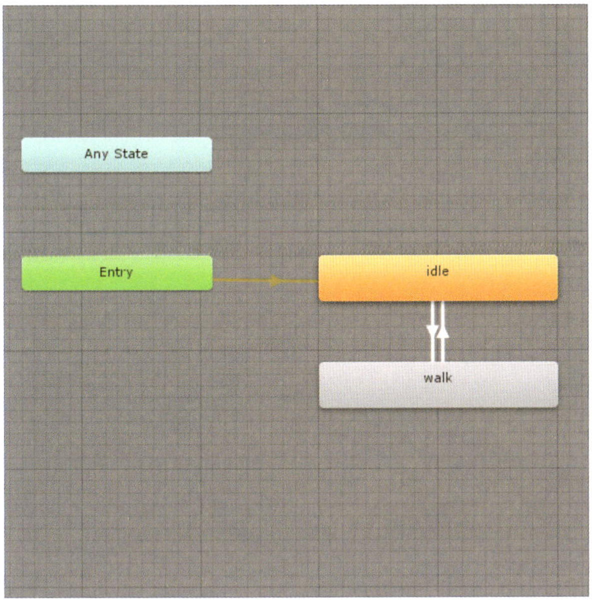

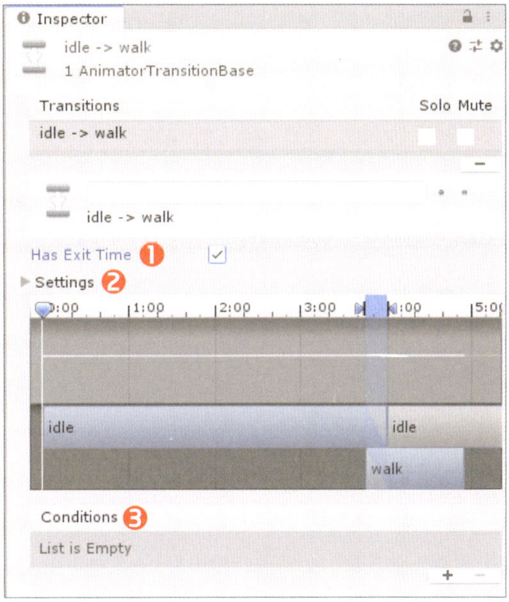

在Animator窗口的左上角单击Parameters（参数）按钮❶可切换至Parameters选项卡，如下左图所示。单击“+”按钮❷可添加参数。参数分为“Float（浮点型）”“Int（整型）”“Bool（布尔型）”和“Trigger（扳机型）”四种，如下右图所示。

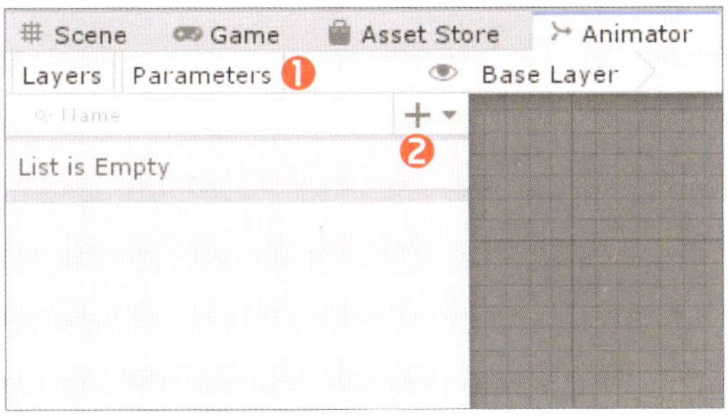

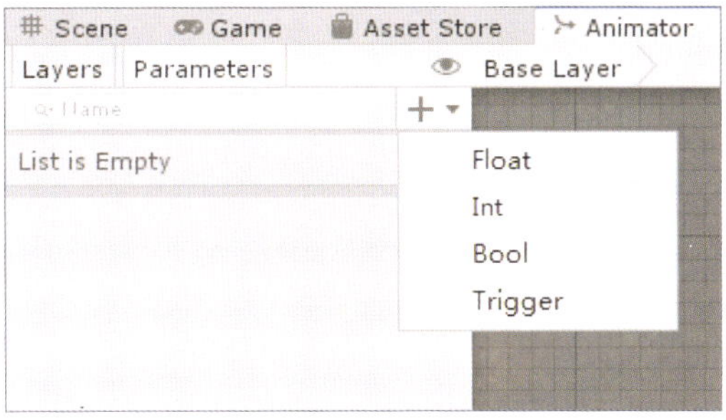

下面将以“布尔型参数”作为示例，讲解如何在walk和idle状态之间进行切换。

首先单击Bool来新建参数并命名为walkBool，如下左图所示。然后单击idle指向walk的白色线段，在inspector窗口的“Conditions”属性处单击+❶，添加walkBool参数，将参数的条件值改为“true”❷，如下右图所示。

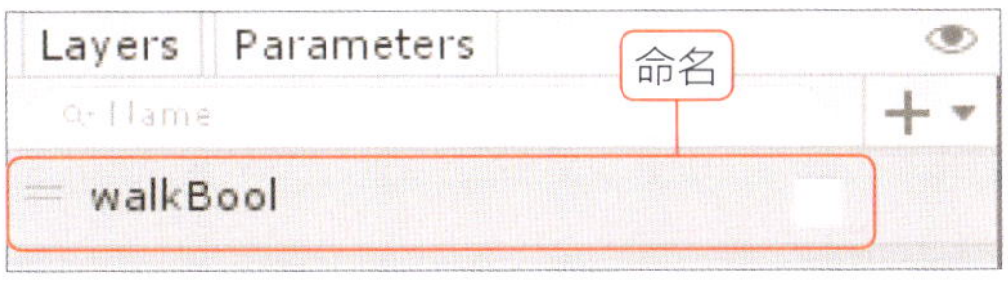

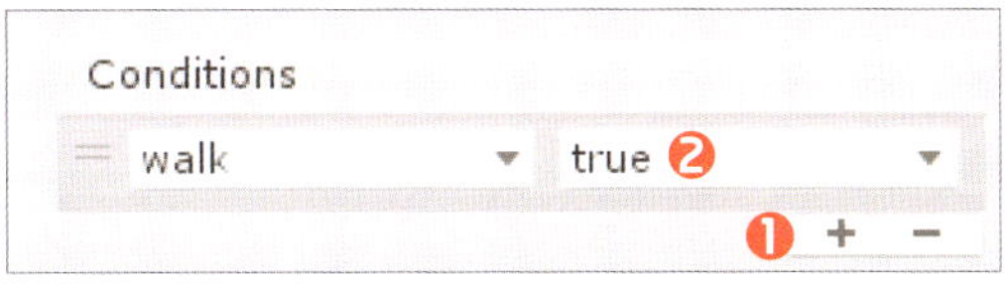

在“walk”指向“idle”线段的“Conditions”属性处同样添加walkBool参数，不同的是将参数的条件值改为“false”，如下图所示。这表示当walkBool值为“true”时，动画控制器将从“idle”状态切换至“walk”状态；当walkBool的值为“false”时，动画控制器将从“walk”状态切换至“idle”状态。接下来将在脚本中改变walkBool的值来控制角色的状态。

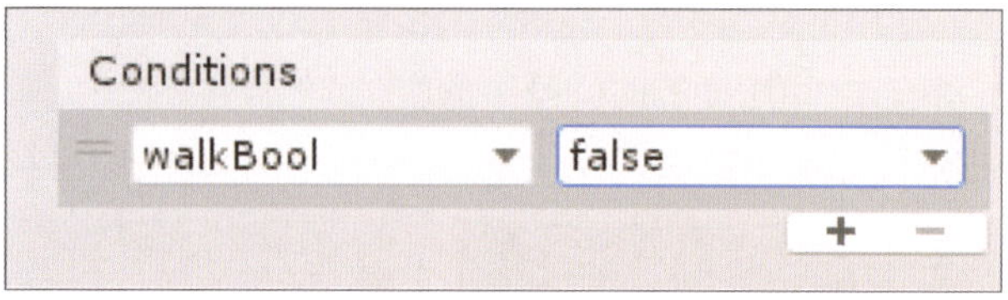

提示：更改动画循环方式

单击鼠标选中动画，在Inspector窗口单击“Edit”按钮（如下左图所示），然后在弹出来的模型导入设置窗口中勾选“Loop Time”复选框（如下右图所示），此动画就可以循环播放。

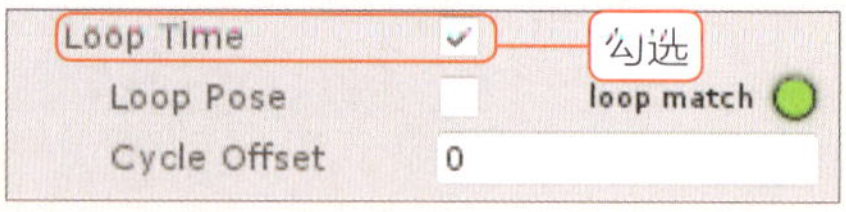

步骤 06 新建C#脚本并命名为“S5_2_2”，双击脚本文件进行编辑。代码如下：

```
using System.Collections;
using System.Collections.Generic;
using UnityEngine;

public class S5_2_2 : MonoBehaviour
{
    private Animator animator;
    void Start()
    {
            //获取自身的Animator组件
        animator = GetComponent<Animator>();
    }
    void OnGUI()
    {
        if (GUILayout.Button("WALK", GUILayout.Width(200), GUILayout.Height(60)))
        {
            //将walkBool的值设置为true
animator.SetBool("walkBool",true);
        }
        if (GUILayout.Button("IDLE", GUILayout.Width(200), GUILayout.Height(60)))
        {
            //将walkBool的值设置为false
animator.SetBool("walkBool", false);
        }
    }
}
```

将上述脚本拖曳到角色的Inspector窗口并单击运行按钮运行程序（如下图所示）可实现以下功能：单击“WALK”❶按钮时“walkBool”的值设置为“true”，角色将播放走路的动画；单击“IDLE”❷按钮时“walkBool”的值设置为“false”，角色将播放静止时的动画。

提示：设置其它类型参数的值

上述代码讲述了修改“Bool”类型参数的值，以下代码分别代表修改“Float”“Int”和“Trigger”类型参数的值。

```
animator.SetFloat("walkFloat",1.0f);
animator.SetInteger("walkInt", 2);
animator.SetTrigger("walkTrigger");
```

5.3 物理引擎

物理引擎是虚拟现实中非常重要的部分，它使物体看起来具有真实的运动状态，通常用来模拟真实世界中物体碰撞、跌落等反应。Unity的物理引擎采用的是英伟达（NVIDIA）公司的PhysX，分为3D物理引擎和2D物理引擎，本节将就3D物理引擎进行讲解。

5.3.1 Rigidbody刚体

Rigidbody是激活物体物理属性的主要组件，首先在Hierarchy窗口创建一个“Cube”并在Inspector窗口为其添加“Rigidbody”组件，即可查看刚体的各个属性，如下图所示。

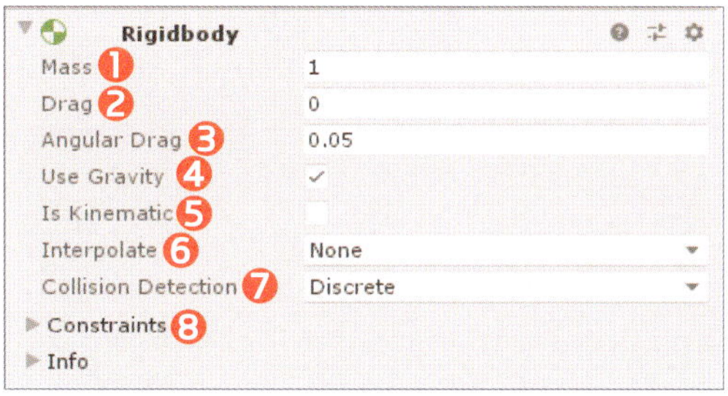

- **Mass❶**：表示物体的质量，默认值为1。
- **Drag❷**：表示当受力移动时物体收到的空气阻力，数值为0时不收到阻力影响。
- **Angular Drag❸**：表示当受扭力旋转的时候物体受到空气阻力，数值为0时不受到阻力影响。
- **Use Gravity❹**：表示物体是否受重力影响。
- **Is Kinematic❺**：表示物体是否遵循运动学，如果设置为true，则表示该物体运动状态不受外力，碰撞和关节的影响，只受到动画以及附加在物体上的脚本影响。
- **Interpolate❻**：表示物体是否开启“插值”。

- None表示不开启。
- Interpolate表示基于上一帧的变换来平滑本帧变换。
- Extrapolate表示基于下一帧的预估变换来平滑本帧变换。

- **Collision Detection⑦**：表示碰撞检测模式，用于避免高速运动的物体穿过其他物体却未触发碰撞。
- **Constraints⑧**：表示对刚体运动的约束。
  - **Freeze Position冻结位置**：刚体在世界坐标中沿所选x、y、z移动无效。
  - **Freeze Rotation冻结旋转**：刚体在世界坐标中沿所选x、y、z旋转无效。

当物体被添加了Rigidbody组件后，通常就不再用Transform组件改变其位置信息了，而是用Rigidbody.AddForce来对其施加力，然后让物理引擎对来计算产生的效果。

5.3.2 Collider碰撞器

Collider定义了游戏对象在发生物理碰撞时的形状，碰撞器在Scene窗口中以绿色线框显示，但是在程序运行期间是不可见的。原始类型（primitive）的碰撞器（Box Collider，如下左图所示、Sphere Collider和Capsule Collider）是最简单也是最高效的，而和网格模型完全一致的碰撞器（Mesh Collider，如下右图所示）会占用处理器较大的性能，所以需要小心使用。

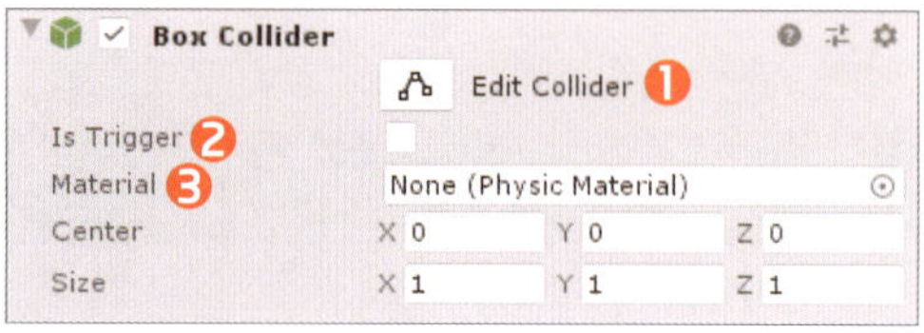

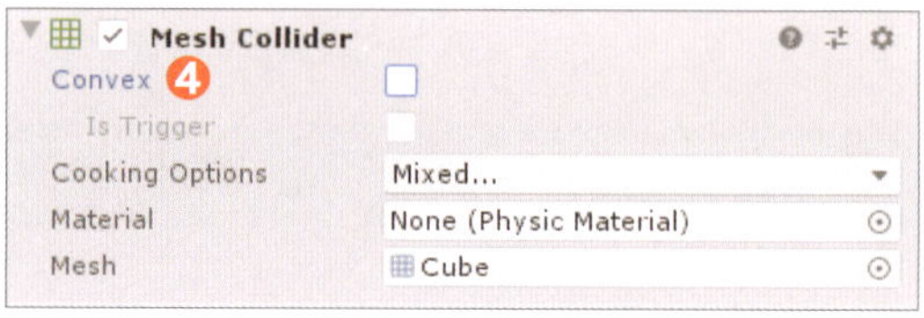

下面是对Collider的属性进行讲解：

- **Edit Collider①**：用于编辑原始类型碰撞器的范围，单击此按钮后可以拖曳模型周围的“绿点”来确定发生物理碰撞的范围，如下图所示。也可以通过调节“Center”和“Size”的数值来调节此参数。
- **Is Trigger②**：表示是否作为触发器，若激活此参数，此碰撞器会忽略物理碰撞，仅作为触发器来使用。
- **Material③**：用于设置物理材质。
- **Convex④**：用于表示是否与其它网格碰撞器发生碰撞，只有Mesh Collider有此参数。

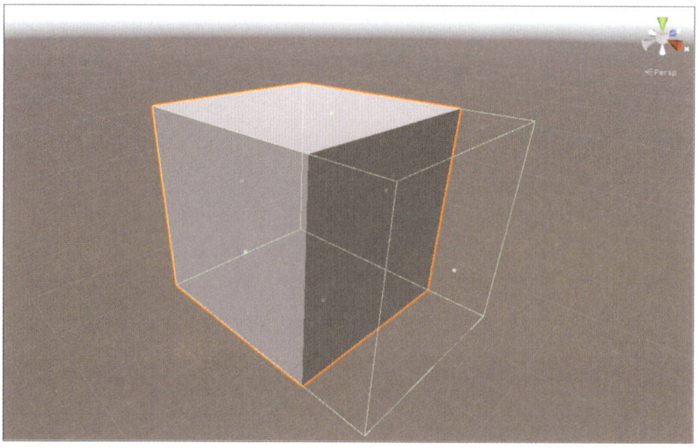

接下来将结合Rigidbody和Collider为大家示例如何发生碰撞：首先在场景中新建两个游戏对象，分别为“Cube”和“Plane”。为“Cube”添加Rigidbody和Box Collider组件，为“Plane”添加Mesh

Collider组件。然后将两个游戏对象按照下左图的位置摆放（将Cube适当倾斜）并单击运行按钮。到此步骤即可看到“Cube”由于重力作用下降并与“Plane”发生碰撞，在碰撞之后进行摇摆并逐渐静止，如下右图所示。

5.3.3 物理材质

当不同材质的物体进行碰撞时，产生的碰撞效果也不一样，物理材质（Physics Material）可以通过修改游戏对象表面的摩擦力、弹性等参数来实现不同的碰撞效果。在Project窗口创建一个新的“Physics Material”并在Inspector窗口查看其属性，如下图所示。

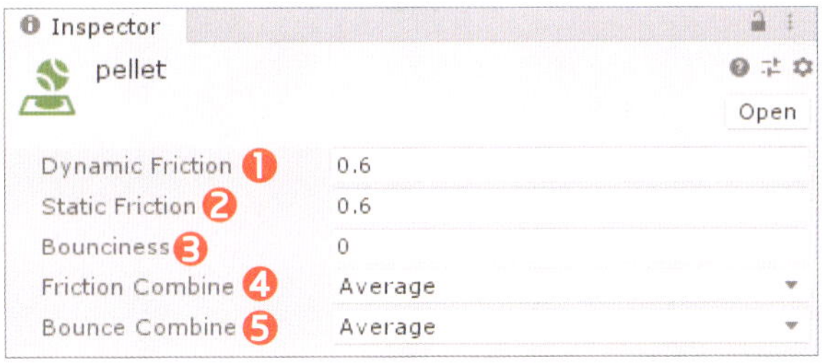

- **Dynamic Friction❶**：表示动摩擦力，取值范围为0~1：取值为0时将导致物体表面接近冰面的特性；取值为1时物体将处于静止（除非有外力或重力作用）。
- **Static Friction❷**：表示静摩擦力，取值范围为0~1。
- **Bounciness❸**：表示弹力，取值范围为0~1，当值为0时不发生反弹。
- **Friction Combine❹**：表示摩擦力组合，定义两个碰撞物体的摩擦力如何相互作用。
  - **Average**：使用两个摩擦力的平均值。
  - **Minimum**：使用两个摩擦力的最小值。
  - **Maximum**：使用两个摩擦力的最大值。
  - **Multiply**：使用两个摩擦力的乘积。
- **Bounce Combine❺**：表示弹力组合，定义两个相互碰撞的物体的相互反弹模式。

接下来将结合实例为大家讲解如何制作类似于弹珠掉在地板上反复弹起的物理材质。

步骤 01 新建物理材质并命名为“pellet”，按照下左图所示修改各个属性。在场景中分别创建“Sphere”作为弹珠，“Plane”作为地板。将“Sphere”放置在“Plane”的正上方。

步骤 02 为“Plane”添加“Mesh Collider”组件，为“Sphere”添加“Sphere Collider”和“Rigidbody”组件，然后将“pellet”拖曳到“Sphere Collider”组件的“Material”属性处，如下右图所示。到此步骤单击运行按钮即可看到“Sphere”掉落在地板上产生反复弹起直到静止的效果。

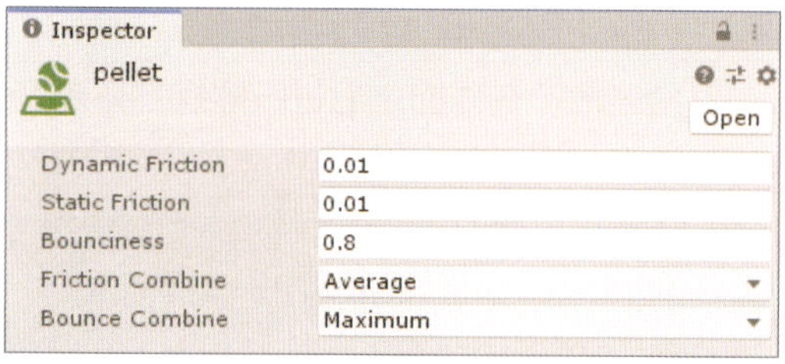

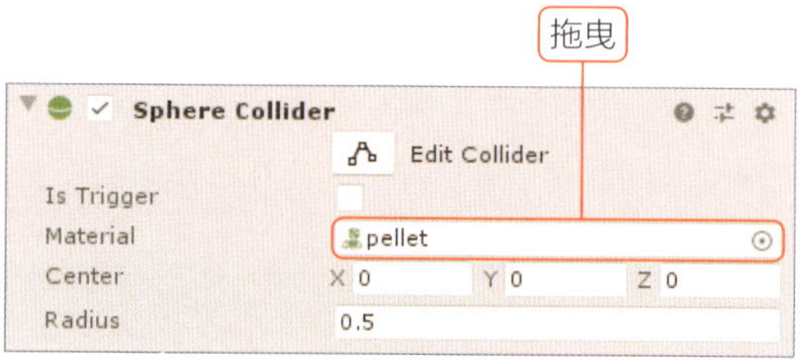

5.3.4 Ray射线

射线是大部分虚拟现实和3D游戏项目中都会使用到的一项技术，被广泛的应用在路径搜寻、命中判断等功能中。下面将结合实例来为大家讲解。

步骤 01 按照下图所示创建并摆放多个游戏对象：其中“Sphere”居中代表“主角”，四周的游戏对象代表不同的“障碍物”。射线将由主角所在位置向其正前方发射，在主角旋转的同时将与不同的障碍物发生碰撞。

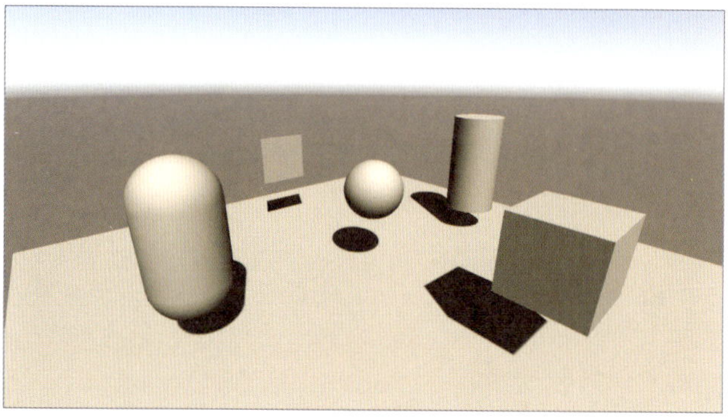

步骤 02 新建C#脚本并命名为“S5_3_4”，双击脚本文件进行编辑，代码如下：

```
using System.Collections;
using System.Collections.Generic;
using UnityEngine;
public class S5_3_4 : MonoBehaviour
{
    private float speed = 10;
    void FixedUpdate()
    {
        //主角自动旋转
transform.Rotate(new Vector3(0,1,0)*speed*Time.deltaTime);
        //新建射线，参数为（射线起始位置，射线方向为主角的正前方）
        Ray ray = new Ray(transform.position, transform.forward);
        //新建射线发生碰撞后的返回信息
RaycastHit Info;
        //发射射线并返回碰撞信息
        //Raycast将返回一个布尔值，true代表发生碰撞，false反之
        if (Physics.Raycast(ray, out Info, 10f))
        {
            //发生碰撞即输出碰撞对象的名字
Debug.Log("前方有"+Info.collider.name);
        }
        //在屏幕绘制出射线
```

```
Debug.DrawLine(ray.origin, ray.direction * 10f, Color.red);
    }
}
```

步骤 03 将上述脚本拖曳到主角的Inspector窗口后单击运行按钮，即可在Game窗口观察到主角在自转的同时向自身的正前方发射射线（如下左图所示），当射线碰撞到障碍物时会在Console窗口输出碰撞物的名字（如下右图所示）。

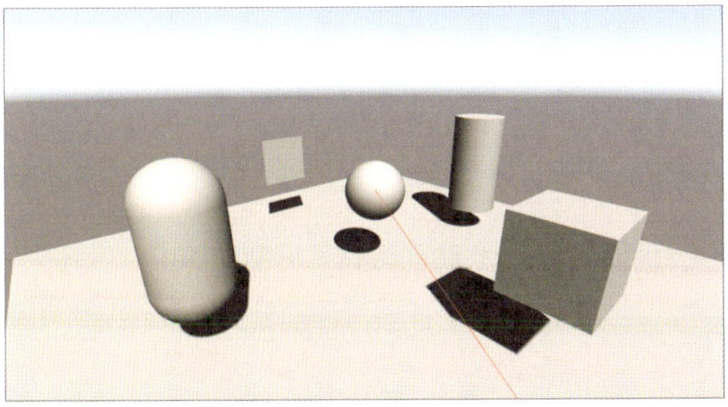

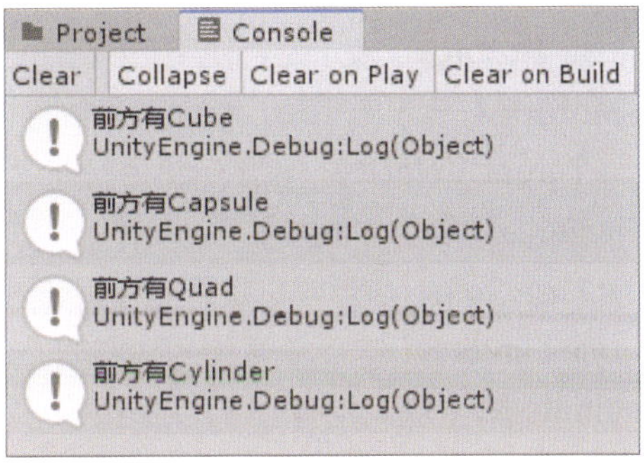

提示：绘制射线

需要注意的是：射线并不会在场景中显示，如果想在Game视图中观看到射线的轨迹，需要使用Debug.DrawLine()方法绘制射线，同时需要单击激活Game窗口右上角的“Gizmos”按钮。

5.3.5 Joint关节

Joint是模拟物体与物体之间的一种连接关系，需要注意的是关节必须依赖于刚体组件。Unity共提供了五种类型的关节组件。

- **Hinge Joint**：表示铰链关节，将两个物体以链条的形式绑在一起，当力量大于链条的固定力矩时，两个物体就会产生相互的拉力。
- **Spring Joint**：表示弹簧关节，将两个物体以弹簧的形式绑定在一起，挤压它们会得到向外的力，拉伸它们将得到向内的力。
- **Fixed Joint**：表示固定关节，将两个物体永远以相对的位置固定在一起，即使发生物理改变，它们之间的相对位置也将不变。
- **Character Joint**：表示角色关节，可以模拟角色的骨骼关节。
- **Configurable Joint**：表示可配置关节，可以模拟任意关节的效果。

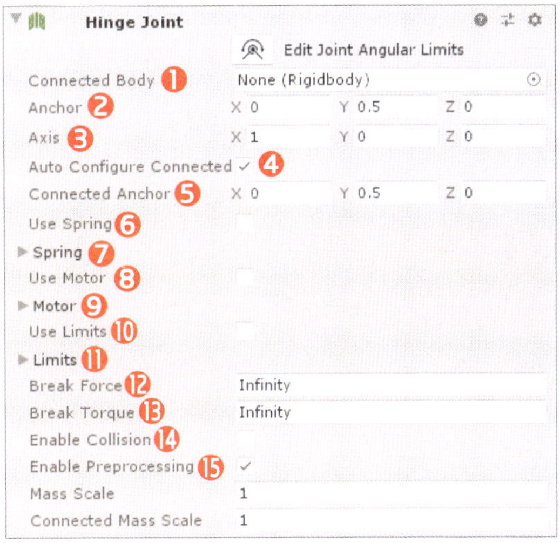

本节将着重介绍Hinge Joint，其余关节的道理与其类似。首先看一下Hinge Joint的属性。

- **Connected Body❶**：表示与此关节相连的刚体，如不设定则与世界相连。
- **Anchor❷**：表示锚点，摇摆围绕的锚点坐标，基于本地坐标系。
- **Axis❸**：表示坐标轴，摇摆围绕的轴向，基于本地坐标系。

- Auto Configure Connected Anchor❹：表示是否自动设置被连接的锚点。
- Connected Anchor❺：表示被连接的锚点坐标，基于本地坐标。
- Use Spring❻：表示是否使用弹簧项，弹簧可以使相连的刚体达到特定角度。
- Spring❼：表示弹簧项，有以下参数：
  - Spring：表示弹簧力度。
  - Damper：表示弹簧阻尼。
  - Target Position：表示弹簧的目标位置。
- Use Motor❽：表示是否使用电机项。
- Motor❾：表示电机项，有以下参数：
  - Target Velocity：表示电机目标速度。
  - Force：表示电机力度。
  - Free Spin：表示电机是否影响旋转，如果启用电机将不会制动旋转，只能加速。
- Use Limits❿：表示是否使用限制项。
- Limits⓫：表示限制项，有以下参数：
  - Min/Max：表示限制旋转的最小/最大角度。
  - Bounciness：表示限制反弹力，当物体达到最大/最小角度时会反弹多少。
  - Contact Distance：表示限制连接物体间的最远距离。
- Break Force⓬：表示当大于此力时铰链被破坏。
- Break Torque⓭：表示当大于此扭矩时铰链被破坏。
- Enable Collision⓮：表示当勾选此参数时铰链连接的碰撞体可以发生碰撞。
- Enable Preprocessing⓯：表示启用预处理。

实战练习 利用Hinge Joint实现风铃摆动的效果

使用Hinge Joint可以实现类似于风铃的摆动效果，其摆动程度比改变游戏对象的旋转角度要自然很多。同样的原理也适用于流星锤、双节棍、灯笼和绳子悬挂的物体等。下面我们来看具体操作。

步骤 01 在场景分别新建两个Cube和一个Capsule，将三个游戏对象按照如下左图所示位置摆放（从上到下分别命名为Cube1❶、Cube2❷和Capsule❸），其中Cube1和Cube2的rotation均为（45，0，0）。

步骤 02 为Cube1添加Rigidbody组件（如下右图所示），取消勾选Use Gravity❶复选框，勾选Is Kinematic❷复选框。此操作的目的是固定Cube1，不让其收到外力的影响。

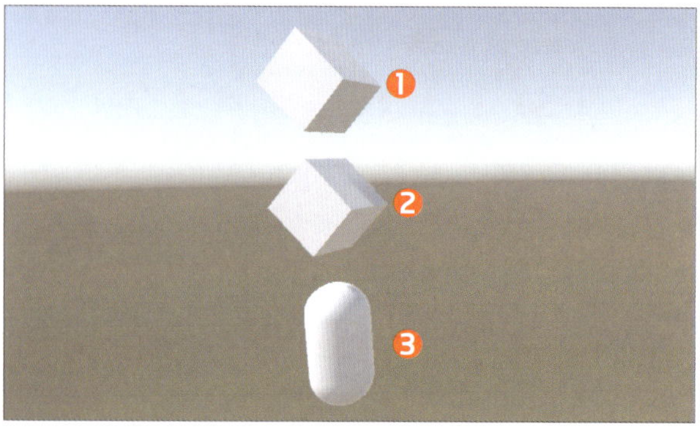

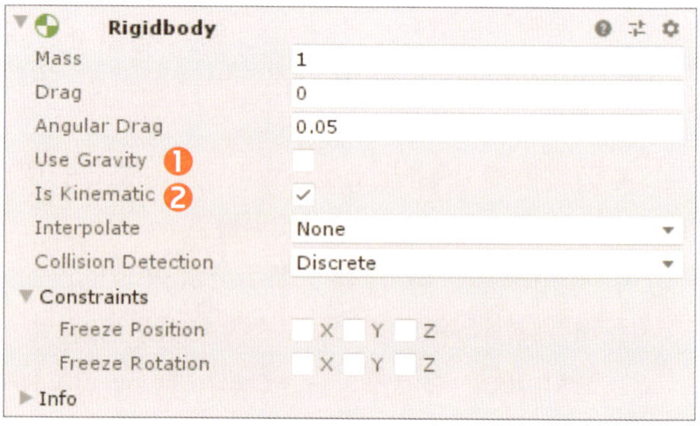

步骤 03 为Cube2和Capsule添加Hinge Joint组件，按照下左图所示修改Cube2的Connected Body、Anchor和Axis属性，其余属性参数不变。

步骤 04 按照下右图所示修改Capsule的Connected Body、Anchor和Axis属性，其余属性参数不变。

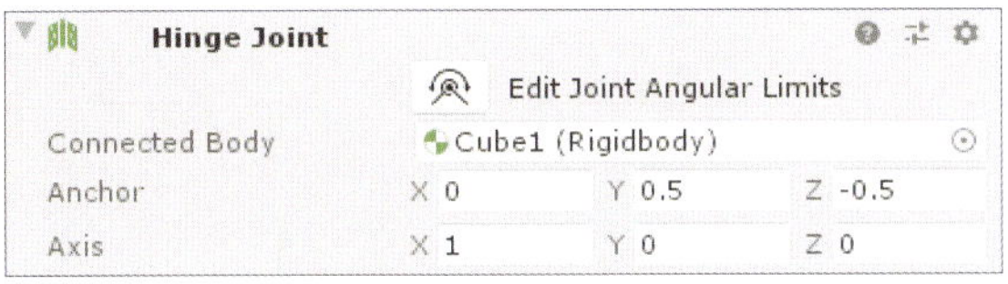

步骤 05 新建C#脚本并命名为“S5_3_5”，双击脚本文件进行编辑。代码如下：

```
using System.Collections;
using System.Collections.Generic;
using UnityEngine;

public class S5_3_5 : MonoBehaviour
{
    void OnGUI()
    {
        if (GUILayout.Button("Rotate", GUILayout.Width(200), GUILayout.Height(60)))
        {
            if (transform.eulerAngles == new Vector3(45, 0, 0))
            {
transform.Rotate(new Vector3(20, 0, 0));
            }
            else
            {
transform.Rotate(new Vector3(-20, 0, 0));
            }
        }
    }
}
```

步骤 06 将上述代码拖曳到Cube1的Inspector窗口后单击运行按钮，单击Game窗口左上角的“Rotate”按钮即可改变Cube1的旋转信息，从而带动用关节连接的Cube2和Capsule发生摇摆。

5.4 角色移动

在本节将为大家介绍Unity常用的移动方式，分别为利用控制轴进行移动和使用鼠标点击进行移动。

5.4.1 利用控制轴进行移动

利用控制轴进行移动主要用到Input.GetAxis()方法，返回“axis”也就是控制轴的值，范围在1~-1之间。接下来将通过一个实例来对控制轴进行讲解。

步骤 01 在场景中创建角色和地面，如下左图所示。此处用到的依旧是Asset store中名为“Character Pack: Free Sample”的工具包。

步骤 02 创建Animation Controller并命名为Controller_5_4_1，如下右图所示。新建参数命名为“walkBool❶”，新建idle❷和walk❸状态，并使用“walkBool”将其相连（详见本书5.2.2 Animator）。然后为角色添加“Animator”组件，将“Controller_5_4_1”拖曳至Animator组件的Controller属性处。

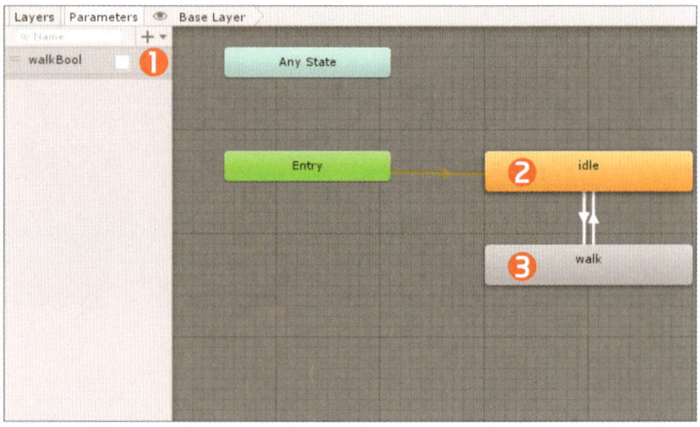

步骤 03 新建C#脚本并命名为“S5_4_1”，双击脚本文件进行编辑，代码如下：

```
using System.Collections;
using System.Collections.Generic;
using UnityEngine;

public class S5_4_1 : MonoBehaviour
{
    private Animator ani;
    float speed = 2;//移动速度
    void Start()
    {
        ani = GetComponent<Animator>();
    }
    void FixedUpdate()
    {
        //获取垂直和水平两条控制轴的返回值
        float x = Input.GetAxis("Horizontal");
        float y = Input.GetAxis("Vertical");
        if (x != 0 || y != 0)
        {
            //如果输入轴的返回值不为0，则角色开始移动，并将动画设置为“walk”
transform.Translate(new Vector3(x, 0, y) * Time.deltaTime * speed );
ani.SetBool("walkBool", true);
        }
        else
        {
ani.SetBool("walkBool", false);
        }
    }
}
```

步骤 04 将上述代码拖曳到角色的Inspector窗口后单击运行按钮，此脚本实现的功能是当用户按住键盘的WASD或上下左右键时，角色随之移动并播放相应的动画。

5.4.2 使用鼠标点击进行移动

使用鼠标点击进行移动主要用到射线（Ray），下面我们通过实例进行讲解。

步骤 01 在场景中新建角色和地面，为角色的Animator组件设置Controller属性。（同本书5.2.1实例中的Step1）。为角色添加胶囊碰撞器（Capsule Collider）并设置其参数，如下左图所示。

步骤 02 将地面的tag设为“plane”，如下右图所示。

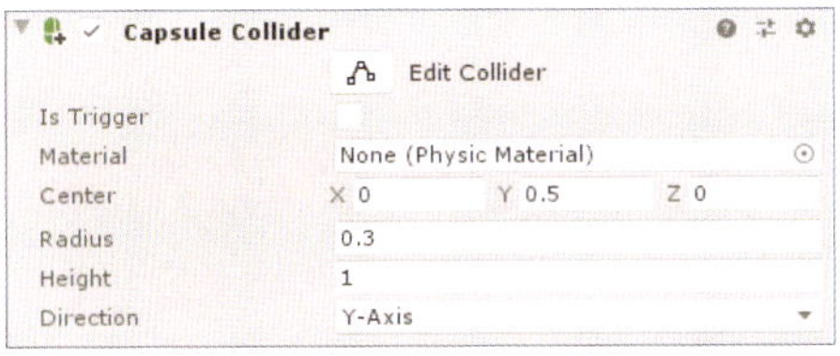

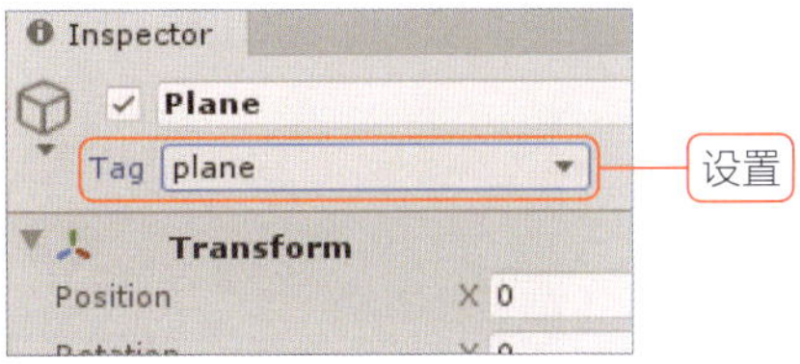

步骤 03 新建C#脚本并命名为“S5_4_2”，双击脚本文件进行编辑，代码如下：

```
using System.Collections;
using System.Collections.Generic;
using UnityEngine;

public class S5_4_2 : MonoBehaviour
{
    float speed = 0.5f;
    Vector3 des;
    Animator ani;
    void Start()
    {
        //目的地初始值为角色位置
        des = transform.position;
        ani = GetComponent<Animator>();
    }
    void Update()
    {
        //如果目的地和自身位置相同则播放静止动画
        if (des == transform.position)
        {
ani.SetBool("walkBool", false);
        }
        //如果目的地和自身位置不同则向目的地移动并播放walk动画
        else
        {
transform.position = Vector3.MoveTowards(transform.position, des, speed * Time.deltaTime);
ani.SetBool("walkBool", true);
        }
        //新建由鼠标向屏幕发射的射线
        Ray ray = Camera.main.ScreenPointToRay(Input.mousePosition);
RaycastHithitInfo;
        if (Physics.Raycast(ray, out hitInfo))
        {
            //当单击鼠标右键并且与地面碰撞时将目的地位置设为鼠标单击位置
            if (Input.GetMouseButtonDown(1)&&hitInfo.collider.CompareTag("plane"))
            {
                //将角色的旋转角度朝向鼠标单击位置
transform.LookAt(hitInfo.point);
                des = hitInfo.point;
            }
        }
    }
}
```

步骤 04 将上述代码拖曳到角色的Inspector窗口后单击运行按钮，此脚本实现的功能是当用户单击鼠标右键时，角色随之移动并播放相应的动画，如下图所示。

知识延伸：输入控制

输入控制在开发中经常被用到，比如在之前的章节中出现过“按住鼠标右键并进行拖曳”和“按方向键进行移动”等。本节将系统地为大家介绍这些输入控制方式。

1. 计算机输入

计算机输入指的是对鼠标和键盘的输入检测，一般分为“按下”“按住”和“抬起”三种方式。其代码和注释如下：

```
using System.Collections;
using System.Collections.Generic;
using UnityEngine;

public class InputControl : MonoBehaviour
{
    void Update()
    {
        if (Input.GetMouseButtonDown(0))//按下鼠标左键
        {
            //...
        }
        if (Input.GetMouseButton(0))//按住鼠标左键
        {
            //...
        }
        if (Input.GetMouseButtonUp(0))//抬起鼠标左键
        {
            //...
        }
        if (Input.GetMouseButtonDown(1))//按下鼠标右键
        {
```

```
            //...
        }
        if (Input.GetMouseButton(1))//按住鼠标右键
        {
            //...
        }
        if (Input.GetMouseButtonUp(1))//抬起鼠标右键
        {
            //...
        }
        if (Input.GetKeyDown(KeyCode.A))//按下键盘某键
        {
            //...
        }
        if (Input.GetKey(KeyCode.A))//按住键盘某键
        {
            //...
        }
        if (Input.GetKeyUp(KeyCode.A))//抬起键盘某键
        {
            //...
        }
    }
}
```

2. 自定义输入

自定义输入可以设置输入类型名称、输入设备类型和输入键位等，比如章节5.4.1中使用的就是自定义输出的“方向轴”（Horizontal和Vertical）。我们可以在主界面菜单栏单击Edit>Project Settings，然后在弹出的Project Settings窗口单击Input命令，如下左图所示。在此窗口可以对各项输入进行设置。

单击任一输出项左侧的展开按钮可以查看其参数，如下右图所示。

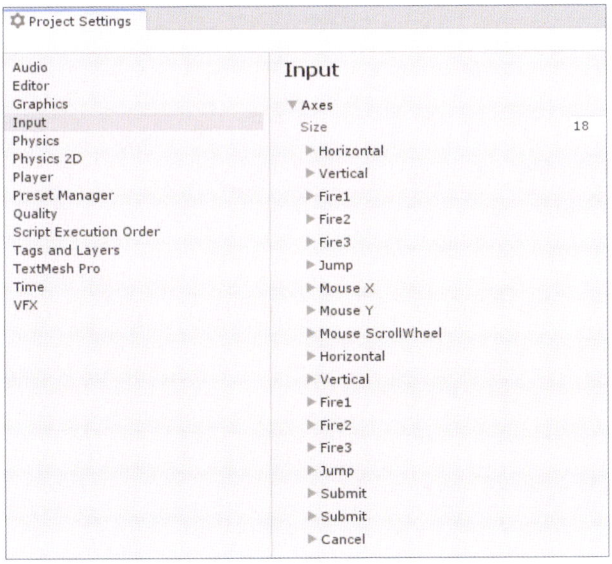

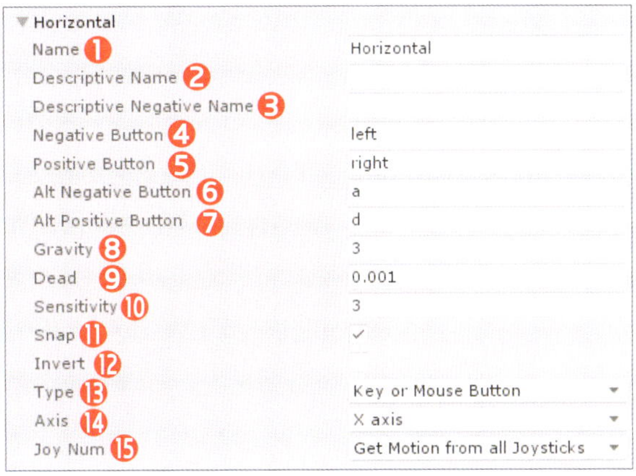

此处将以“Horizontal”为例，可供修改的参数如下：

- **Name❶**：表示名称。

- Descriptive Name②：表示正值名称。
- Descriptive Negative Name③：表示负值名称。
- Negative Button④：此按钮用于负方向移动轴。
- Positive Button⑤：此按钮用于正方向移动轴。
- Alt Negative Button⑥：此备用按钮用于负方向移动轴。
- Alt Positive Button⑦：此备用按钮用于正方向移动轴。
- Gravity⑧：表示当没有相关按钮按下时回归0的速度。
- Dead⑨：表示模拟死亡。
- Sensitivity⑩：表示灵敏度，仅用于数码设备。
- Snap⑪：若启用此参数，当按下相反方向按钮时，该轴的值设为0。
- Invert⑫：若启用此参数，负方向按钮将提供正值，正方向按钮将提供负值。
- Type⑬：表示控制轴的输入设备类型。
- Axis⑭：表示控制轴的轴向。
- Joy Num⑮：表示操纵杆将控制的轴向。

在代码中使用自定义输出，只需要执行Input.GetButtonDown()或Input.GetAxis()方法即可，括号内的参数为自定义输出项的名称。

3. 移动设备输入

移动设备指的是手机或平板等硬件设备，Unity提供了专门的接口用来检测此类设备的输入，例如检测与屏幕接触的手指的信息、重力感应和屏幕朝向等，其代码和注释如下所示：

```
using System.Collections;
using System.Collections.Generic;
using UnityEngine;

public class MobileInput : MonoBehaviour
{
    void Start()
    {
        //设置当前程序是否支持手指触控操作
Input.multiTouchEnabled = true;
        //遍历与屏幕发生触碰的手指，并输出其信息
        foreach (Touch touch in Input.touches)
        {
            //手指的编号
Debug.Log(touch.fingerId);
            //手指的状态，分为Began（开始触碰屏幕）、Moved（移动手指）、Stationary（手指静止）、Ended（手指离开屏幕）和Canceled（关闭触控系统）
Debug.Log(touch.phase);
            //手指的位置，Vector2类型
Debug.Log(touch.position);
        }
        //输出重力感应信息
Debug.Log("X:" + Input.acceleration.x);
Debug.Log("Y:" + Input.acceleration.y);
Debug.Log("Z:" + Input.acceleration.z);
        //屏幕朝向共有7种类型，分别为FaceDown（屏幕朝下）、FaceUp（屏幕朝上）、LandscapeLeft（左横向）、
```

```
LandscapeRight（右横向）、Portrait（纵向）、PortraitUpsideDown（纵向倒置）和UnKnown（未知）
        if (Input.deviceOrientation==DeviceOrientation.LandscapeLeft)
        {
Debug.Log("当前屏幕的朝向为左横向");
        }
    }
}
```

上机实训：第一人称视角

在使用Unity进行开发的过程中会发现，不是所有的项目都有“主角”。有时只需要控制摄像机进行位置和旋转的变换即可，这种操作方式成为第一人称视角。下面将为大家讲解如何利用摄像机制作第一人称视角。

步骤 01 为了更直观的观察到摄像机的位移和旋转，首先在Asset store中搜索“POLYDesert❶”环境工具包，如下图所示。然后单击导入❷将其导入项目。

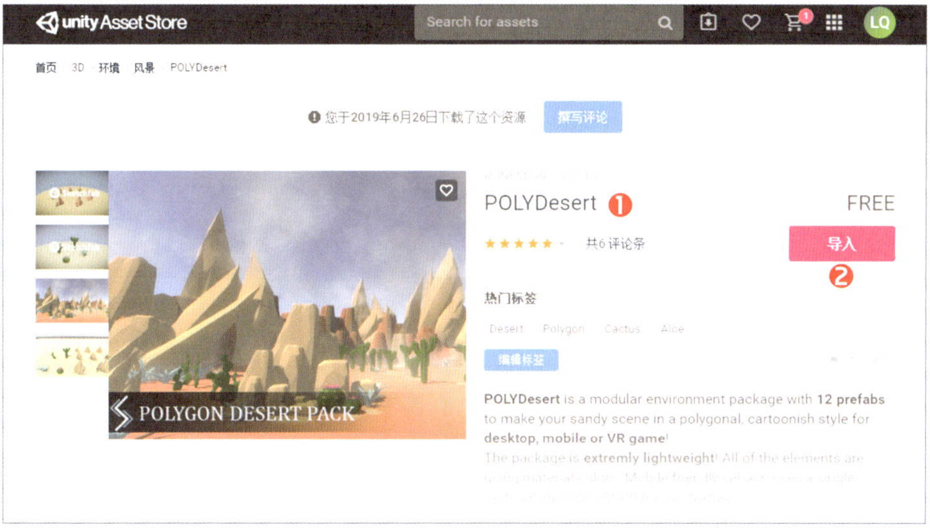

步骤 02 在Assets/Runemark Studio/Freebies/Polygon Desert Pack目录下双击打开名为“Desert-Scene”的场景，如下图所示。我们将使用第一人称视角对此场景中的环境进行观察。

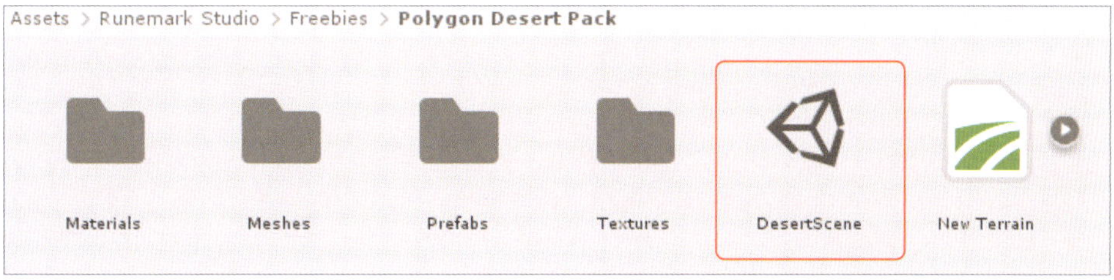

步骤 03 在场景中创建“Capsule”作为主角，并将“Main Camera”拖曳至“Capsule”下方，如下左图所示。

步骤 04 接下来按照下右图所示的数据修改“Capsule”的Transform组件，并将“Main Camera”的Transform组件重置（Reset）。

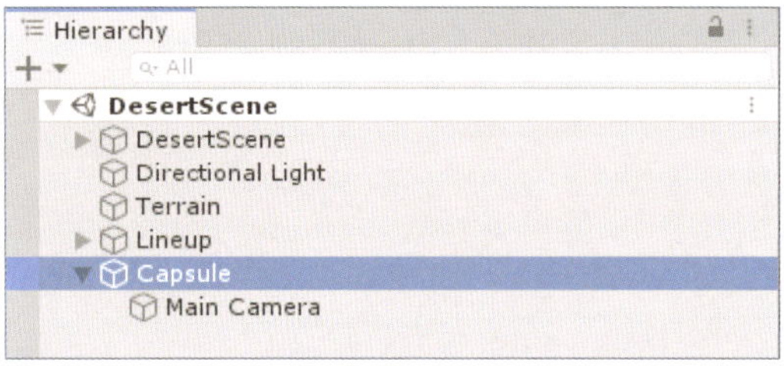

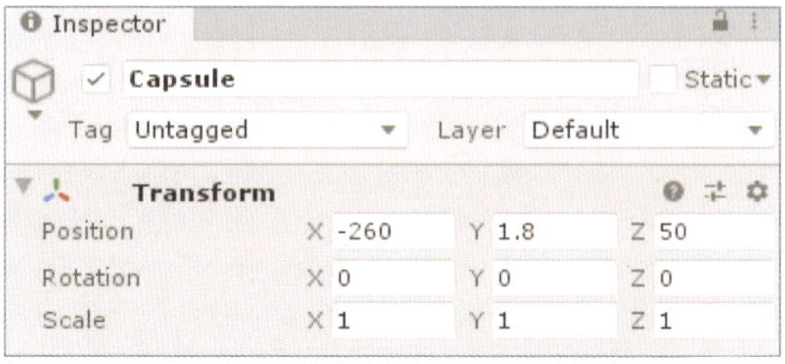

步骤 05 到此步骤准备工作全部完成，接下来将进行代码部分，此时在Scene窗口将看到如下图所示画面。

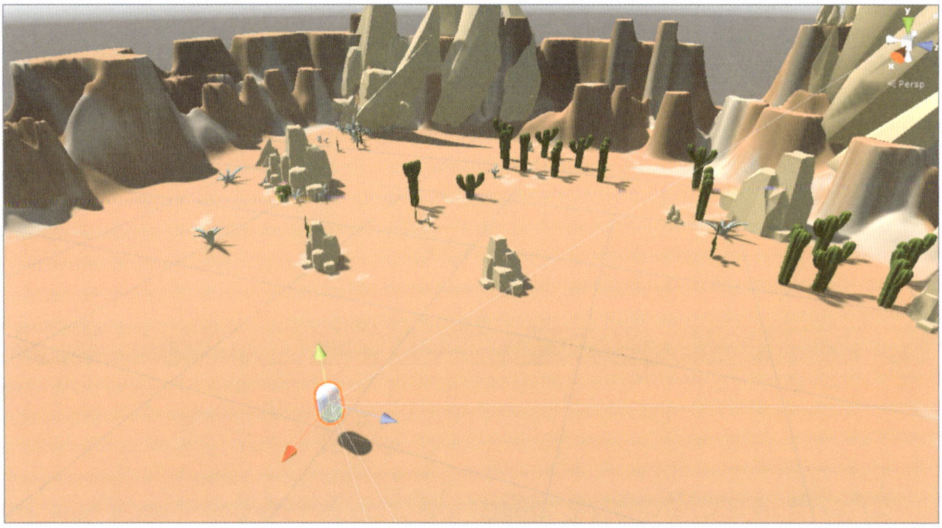

步骤 06 新建C#脚本并命名为“S5_4_3”，双击脚本文件进行编辑，代码如下：

```
using System.Collections;
using System.Collections.Generic;
using UnityEngine;

public class S5_4_3 : MonoBehaviour
{
    //方向灵敏度
    private float sensitivityX = 7;
    private float sensitivityY = 7;
    //摄像机上下转动的最大视角
    private float minY = -45f;
    private float maxY = 45f;
    float rotationY = 0f;
    //主角移动速度
    float posSpeed = 10f;
    void Update()
    {
        //设置主角和相机的旋转角度
        if (Input.GetMouseButton(1))
        {
            //根据鼠标移动速度的增量获取主角左右旋转的角度
            float rotationX = transform.localEulerAngles.y + Input.GetAxis("Mouse X") *
sensitivityX;
            //根据鼠标移动速度的增量获取相机上下旋转的角度
```

```
rotationY += Input.GetAxis("Mouse Y") * sensitivityY;
            //限制相机上下转动的角度
rotationY = Clamp(rotationY, maxY, minY);
            //设置主角左右旋转的角度
transform.localEulerAngles = new Vector3(0, rotationX, 0);
            //设置相机上下旋转的角度
transform.GetChild(0).localEulerAngles = new Vector3(-rotationY, 0, 0);
        }
        //设置主角位移
        float posY = Input.GetAxis("Vertical");
        if (posY != 0)
        {
            //主角始终向其正前方移动
transform.Translate(Vector3.forward * posY * posSpeed * Time.deltaTime);
        }
    }
    //Clamp方法用来限制并返回相机上下转动的角度
    private float Clamp(float value,floatmax,float min)
    {
        if (value > max)
            return max;
        else if (value < min)
            return min;
        else
            return value;
    }
}
```

步骤 07 将上述脚本拖曳到Capsule的Inspector窗口后，单击运行按钮即可在场景中使用第一视角漫游，如下图所示。此代码实现的功能是：以第一人称视角观察周围环境，当用户按住鼠标右键并进行拖曳时视角随之变化，当用户按住D或D键时可以前进或后退。

课后练习

1. 选择题

（1）MonoBehavior的生命周期函数不包括下列哪一选项（ ）？

A. Awake　　B. Update

C. Load　　D. FixedUpdate

（2）使用Console输出调试信息时，下列哪一选项的代码是错误的（ ）？

A. Debug.Log　　B. Debug.LogWarning

C. Debug.LogText　　D. Debug.LogError

（3）下列选项中改变游戏对象位移信息的代码是（ ）？

A. GameObject.transform.localScale = new Vector3(2,2,2)

B. GameObject.transform.Rotate(new Vector3(0,10,0))

C. GameObject.transform.RotateAround(Sphere.transform.position,Vector3.up,10f)

D. GameObject.transform.Translate(new Vector3(1,0,0))

（4）下列选项中哪一个不是Unity自带的碰撞组件（ ）？

A. Box Collider　　B. Wheel Collider

C. Circle Collider　　D. Mesh Collider

（5）下列选项中，哪一项不是Unity提供的关节组件类型（ ）？

A. Hinge Joint　　B. Character Joint

C. Bone Joint　　D. Spring Joint

（6）下列选项中，哪一项是“按下鼠标左键”的代码（ ）？

A. Input.GetMouseButtonDown(0)　　B. Input.GetMouseButton(0)

C. Input.GetMouseButtonDown(1)　　D. Input.GetMouseButton(1)

2. 填空题

（1）使用C#语言实例化游戏对象的关键代码是__________。

（2）在MonoBehavior生命周期函数中绘制UI的方法是__________。

（3）使用C#语言为游戏对象添加组件的代码是__________。

（4）在组件中__________可以使游戏对象受到重力的影响。

（5）使用控制轴进行移动的关键代码是__________。

3. 上机题

制作一个角色移动的程序，要求使用第三人称视角，角色可以使用“WSAD”键来进行上下左右四个方向的移动，在角色移动和暂停时应播放相应的动画。

操作提示

（1）读者可以在Asset Store中寻找合适的角色和地形资源。

（2）第三人称视角应使摄像机始终保持在角色后上方的位置。

（3）当角色进行旋转操作时，应“平滑地”转动摄像机视角。

（4）使用Animation Controller来控制角色动画的切换。

Chapter 06 粒子系统

本章概述

粒子系统在各个3D引擎中都是不可或缺的一部分，并且具有着相似的原理和用法。本章将为大家介绍Unity的粒子系统——Particle System。

核心知识点

1. 简单了解粒子系统
2. 简单了解粒子系统组件的各个模块
3. 使用粒子系统制作实例

6.1 粒子系统简介

粒子系统是 Unity 内的一个专门用于制作特效的系统，有几百个可以控制和设置的参数选项，相对来说是一个比较复杂的组件。

粒子系统的本质是简单微小的图片或者网格。这些简单的粒子单元被大量发射，并且以特定的规律进行运动，就可以模拟各种复杂的自然现象或者特效。下图即为使用粒子系统制作的火焰特效，其每一个粒子都是一张细小的火焰贴图。

作为Unity开发者不需要掌握粒子系统的运行原理，但是要了解其基本使用方法，这样在开发过程中才能更加自如地将各种特效与项目融合。

6.2 模块详解

在主界面菜单栏依次单击Component>Effects>Particle System即可创建粒子系统，如下左图所示。默认的粒子系统效果是一些从中心店向上飘散的白色粒子。

单击选中粒子系统后可以在Inspector窗口查看其属性，如下右图所示。每个Particle System的属性都有23个模块，其中“Particle System”模块不可禁用或被删除，其它模块可通过单击其名字前方的复选框来选择是否启用该模块。单击各个模块可展开查看其具体参数。

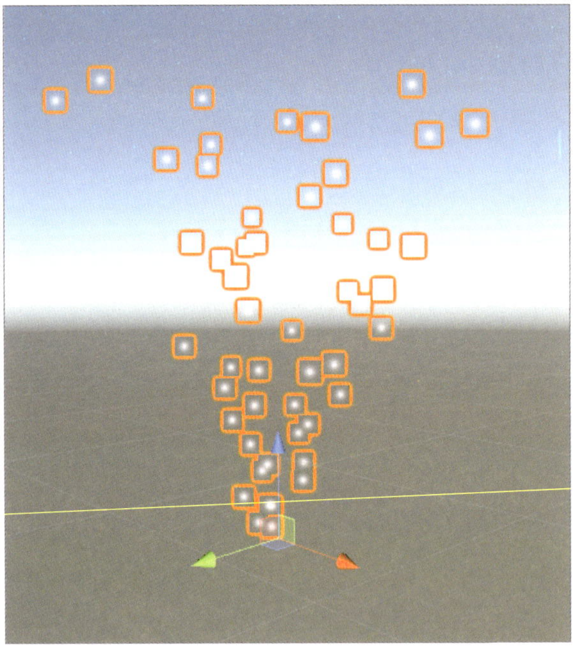

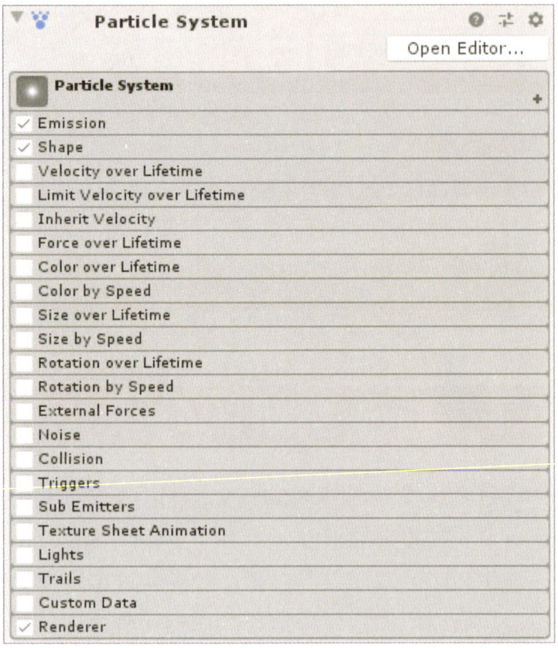

在Scene窗口或Hierarchy窗口单击选中粒子系统可以在此窗口的右下角看到“Particle Effect窗口”，如下图所示。

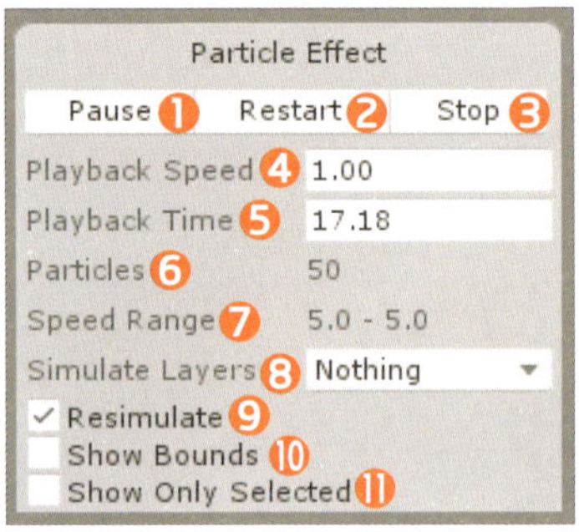

- **Pause①**：表示暂停当前粒子播放。
- **Restart②**：表示重新播放当前粒子。
- **Stop③**：表示停止播放当前粒子。
- **Playback Speed④**：表示当前粒子的播放速度。
- **Playback Time⑤**：表示当前粒子的播放时间。
- **Particles⑥**：表示当前粒子数量。
- **Speed Range⑦**：表示当前粒子播放速度的范围。
- **Simulate Layers⑧**：表示自动播放被选层级所有循环播放的粒子系统。
- **Resimulate⑨**：若启用此参数，则当粒子参数改变时，立即更新粒子效果。
- **Show Bounds⑩**：若启用此参数，则显示当前粒子的空间边界。
- **Show Only Selected⑪**：若启用此参数，则隐藏除当前被选粒子系统外的所有粒子系统。

6.2.1 Particle System

Particle System模块（如下图所示）包含了粒子的基本参数，接下来将讲解这些参数及其作用。

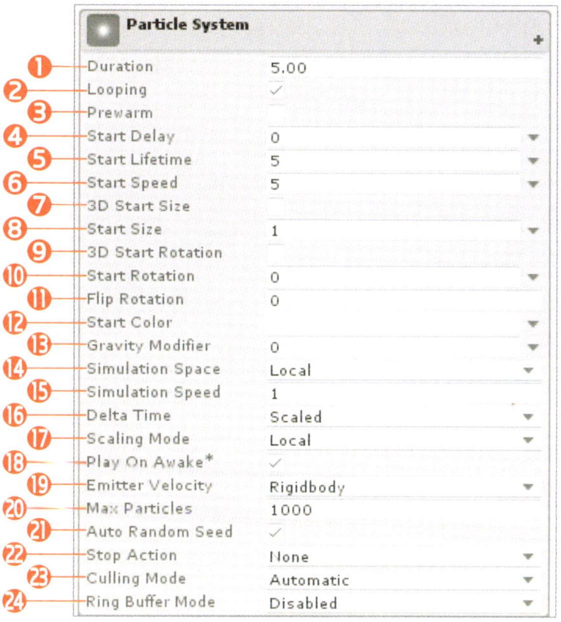

- Duration❶：表示持续时间。
- Looping❷：若启用此参数，粒子将循环播放。
- Prewarm❸：表示预热，若启用此参数，粒子系统将被初始化，就像它已经完成了一个完整的循环。只有循环模式的粒子才可以启用此参数。
- Start Delay❹：表示启动延迟，粒子将延迟发射。Prewarm和Start Delay参数不可同时启用。
- Start Lifetime❺：表示初始生命周期。
- Start Speed❻：表示初识速度。
- 3D Start Size❼：若启用此参数，则可以从三个维度调整粒子的初始尺寸。
- Start Size❽：表示粒子的初始尺寸。
- 3D Start Rotation❾：若启用此参数，则可以从三个维度调整粒子的初始旋转角度。
- Start Rotation❿：表示粒子的初始旋转角度。
- Flip Rotation⓫：表示使一些粒子向反方向旋转。参数范围0~1，数值越大发生反转的粒子越多。
- Start Color⓬：表示粒子的初始颜色。
- Gravity Modifier⓭：表示重力系数，对在Physics Manager中设置的重力进行比例缩放。
- Simulation Space⓮：表示模拟空间，可选择世界空间或本地空间。
- Simulation Speed⓯：表示覆盖粒子的默认播放速度。
- Delta Time⓰：表示是否使用增量时间。
- Scaling Mode⓱：用于选择扩展模式，控制粒子的Transform组件如何应用于粒子系统。
- Play On Awake⓲：若启用此参数，则粒子自动播放。
- Emitter Velocity⓳：用于修改粒子系统移动时，使用何种方式计算速度。
- Max Particles⓴：用于限制粒子的最大发射数量。
- Auto Random Seed㉑：若启用此参数，则使用自动生成的随机数作为随机种子。
- Stop Action㉒：用于选择当粒子系统停止时将进行的操作。
- Culling Mode㉓：用于选择当粒子在屏幕外时进行的操作。
- Ring Buffer Mode㉔：用于选择当粒子的生命周期结束后进行的操作。

提示：选择参数的输入类型

单击参数数值框右侧的展开按钮可以选择参数的输入类型，如下图所示。下面就四个常用的类型进行讲解。

- Constant❶：表示常量。
- Curve❷：表示曲线。
- Random Between Two Constants❸：表示从两个常量之间进行随机。
- Random Between Two Curves❹：表示从两个曲线之间进行随机。

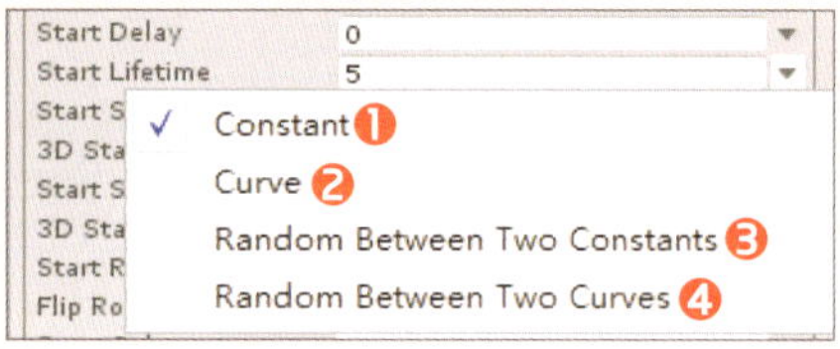

6.2.2 Emission

Emission模块（如下图所示）控制了粒子的发射量，接下来将讲解这些参数及其作用。

- Rate over Time❶：表示粒子每秒发射的数量。
- Rate over Distance❷：表示粒子在每一个距离单位发射的数量。
- Bursts❸：用于设置粒子在某一时刻发生“爆裂”。

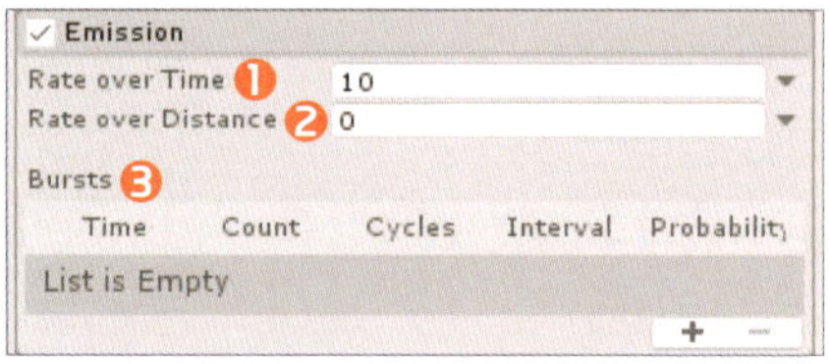

Emission模块可以实现在某一时刻发射大量粒子，对于爆炸类型的特效极为实用。

6.2.3 Shape

Shape模块（如下图所示）控制了粒子的发射形状和发射位置等，接下来将讲解这些参数及其作用。

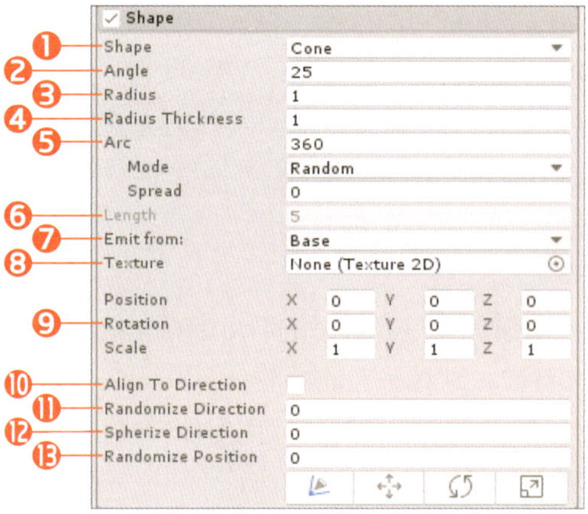

- Shape❶：表示粒子发射体的形状。有球体、圆锥体、盒子、网格等选项。
- Angle❷：表示角度。
- Radius❸：表示半径。

- Radius Thickness④：表示粒子发射形状的边缘厚度。
- Arc⑤：表示圆形粒子发射形状的弧度。
- Length⑥：表示长度。
- Emit from⑦：用于修改从哪里发射粒子。
- Texture⑧：用于修改粒子初始颜色的纹理。
- Position/Rotation/Scale⑨：用于修改粒子发射体的位置/旋转角度/缩放比例。
- Align To Direction⑩：若启用此参数，则根据粒子的初始行进方向对其粒子。
- Randomize Direction⑪：表示随机化粒子的起始方向。
- Spherize Direction⑫：表示使粒子从起始点沿球面方向移动。
- Randomize Position⑬：表示随机化粒子的起始位置。

6.2.4 Velocity over Lifetime

Velocity over Lifetime模块（如下图所示）控制了粒子在生命周期的速度，接下来将讲解这些参数及其作用。

- Linear①：用于改变粒子的线性速度。
- Space②：用于修改坐标体系，可选择世界坐标或者本地坐标。
- Orbital③：用于修改粒子的轨道速度，修改此参数将使发射的粒子轨迹围绕粒子系统的中心进行旋转。
- Offset④：用于修改旋转中心的偏移量。
- Radial⑤：用于修改粒子的曲线速度。
- Speed Modifier⑥：用于线性修改粒子基于生命周期的速度。不改变粒子的方向。

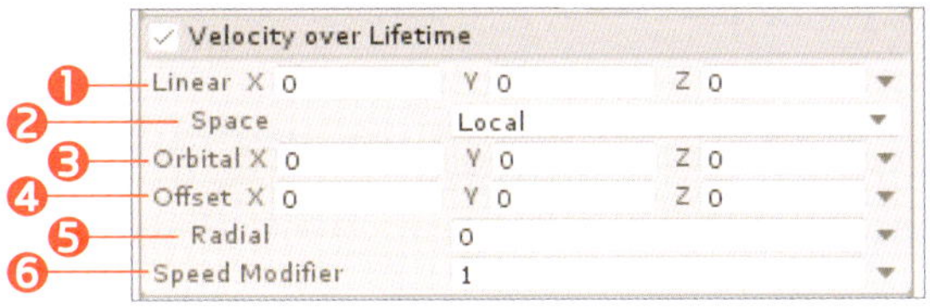

6.2.5 Limit Velocity over Lifetime

下图为Limit Velocity over Lifetime模块，主要用于限制粒子在生命周期中的速度，接下来将讲解这些参数及其作用。

- Separate Axes①：若启用此参数，则可以从三个轴向单独的进行速度限制。
- Speed②：用于限制粒子的速度。
- Dampen③：用于控制超过限制速度时应该减弱多少。
- Drag④：用于控制应用于粒子速度的阻力。
- Multiply by Size⑤：若启用此参数，则根据粒子的尺寸调整粒子的阻力。
- Multiply by Velocity⑥：若启用此参数，则根据粒子的速度调整粒子的阻力。

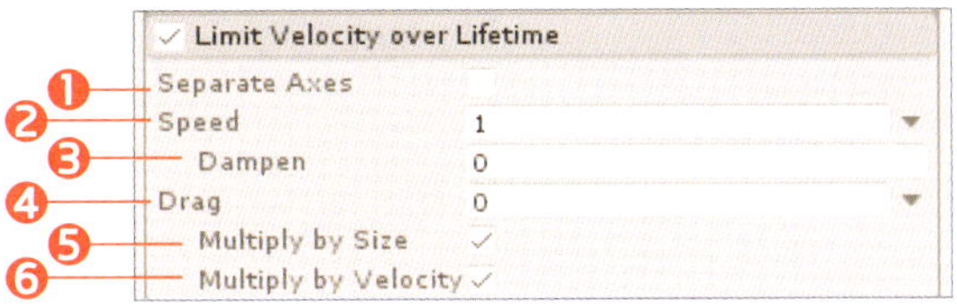

6.2.6 Inherit Velocity

Inherit Velocity模块主要用于将发射器的速度应用于粒子，其参数主要包括Mode和Multiplier，如下图所示。

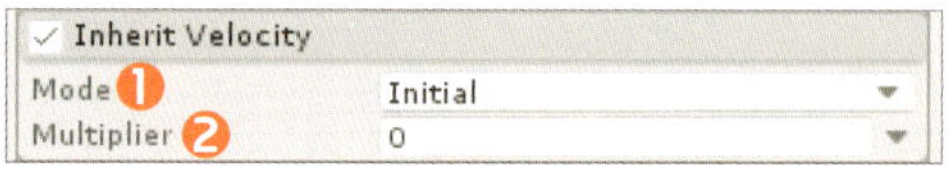

- **Mode❶**：用于修改应用模式。
- **Multiplier❷**：用于修改粒子继承的发射器速度的比例。

6.2.7 Force over Lifetime

Force over Lifetime模块主要用于对粒子施加力，包含X、Y、Z、Space和Randomize等参数，如下图所示。

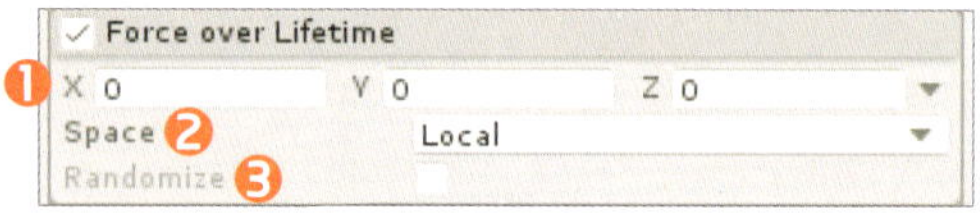

- **X、Y、Z❶**：用于修改对各个轴向施加的力。
- **Space❷**：用于修改空间坐标系。
- **Randomize❸**：若启用此参数，则进行随机化。

6.2.8 Color over Lifetime

Color over Lifetime模块主要用于修改粒子在其生命周期内的颜色变化，用户可以通过Color参数来修改粒子的颜色，如下图所示。

Color over Lifetime模块可以实现粒子的颜色随时间变化，比如爆炸的火星会在接触空气一段时间内变暗直至消失，此时就可以用到此模块。

6.2.9 Color by Speed

Color by Speed模块主要用于根据速度改变粒子的颜色，其参数包括Color和Speed Range等，如下图所示。

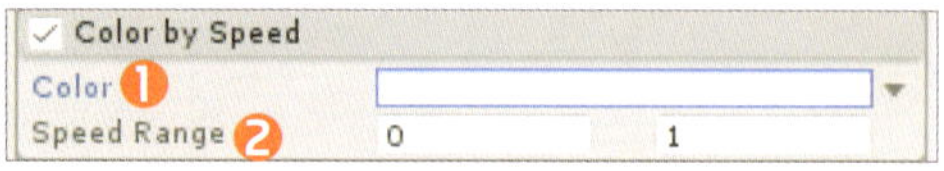

- **Color❶**：用于修改粒子的颜色。
- **Speed Range❷**：用于修改速度范围。

6.2.10 Size over Lifetime

Size over Lifetime模块主要用于控制粒子在其生命周期内的尺寸变化，包含Separate Axes和Size等参数，如下图所示。

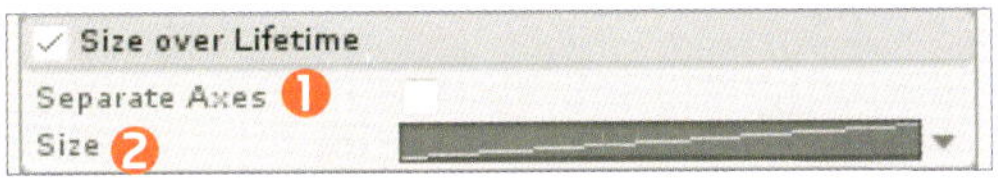

- Separate Axes❶：若启用此参数，则使用三个单独的轴向来修改粒子的尺寸。
- Size❷：用于修改粒子的尺寸。

6.2.11 Size by Speed

Size by Speed模块主要用于根据速度来修改粒子的尺寸，参数包括Separate Axes、Size和Speed Range等参数，如下图所示。

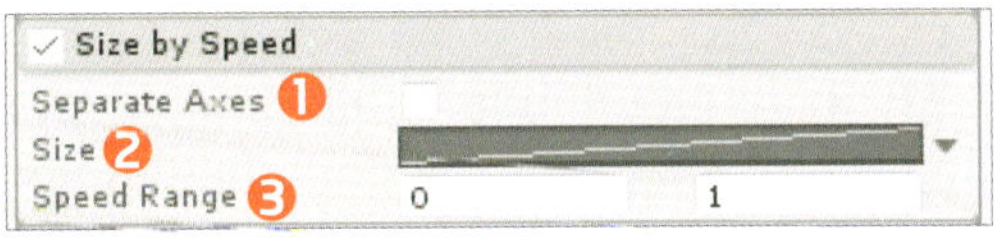

- Separate Axes❶：若启用此参数，则使用三个单独的轴向来修改粒子的尺寸。
- Size❷：用于修改粒子的尺寸。
- Speed Range❸：用于修改粒子速度变化的范围。

6.2.12 Rotation over Lifetime

Rotation over Lifetime模块主要用于控制粒子在其生命周期内的旋转变化，包含Separate Axes和Angular Velocity等参数，如下图所示。

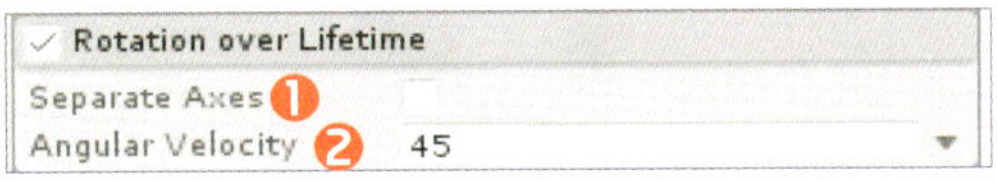

- Separate Axes❶：若启用此参数，则使用三个单独的轴向来修改粒子的旋转角度。
- Angular Velocity❷：用于修改粒子的旋转角度。

6.2.13 Rotation by Speed

Rotation by Speed模块主要用于根据速度来修改粒子的旋转角度，包含Separate Axes、Angular Velocity和Speed Range等参数，如下图所示。

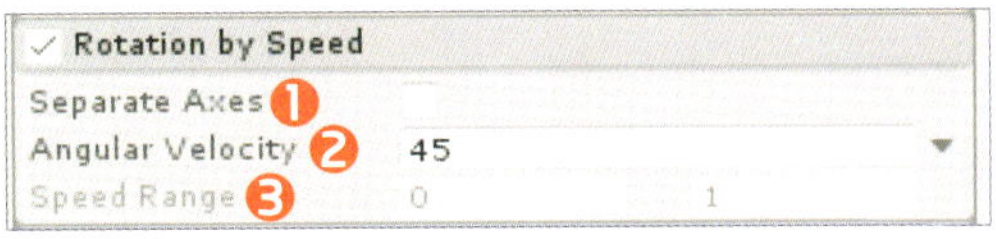

- Separate Axes❶：若启用此参数，则使用三个单独的轴向来修改粒子的旋转角度。
- Angular Velocity❷：用于修改粒子的角度。
- Speed Range❸：用于设置粒子的速度范围。

6.2.14 Externale Forces

Externale Forces模块主要用于修改Wind Zone对粒子系统的影响，当启用此模块时，风域将对粒子系统产生作用。Externale Forces模块的主要参数包括Multiplier、Influence Filter和Influence Mask等，如下图所示。

- Multiplier①：用于修改风域力量的比例。
- Influence Filter②：用于修改作用于此粒子系统的游戏对象分类方式。
- Influence Mask③：用于选择可以影响粒子系统的游戏对象层级。

6.2.15 Noise

Noise模块主要用于对粒子的运动施加干扰，下面将对该模块的主要参数及其作用进行介绍。

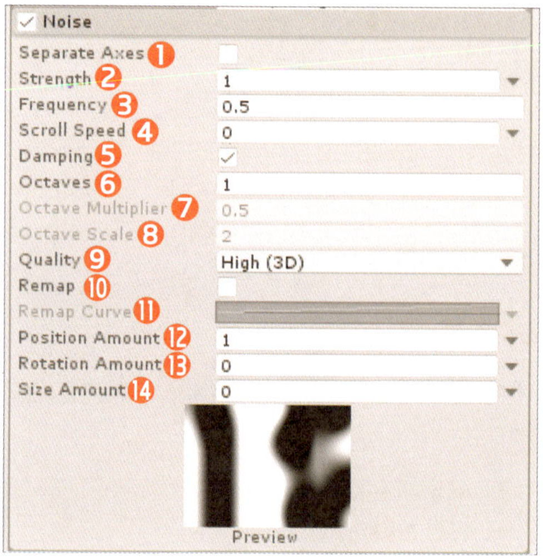

- Separate Axes①：若启用此参数，则使用三个单独的轴向进行控制。
- Strength②：用于修改整体的干扰效果。
- Frequency③：用于修改干扰的频率。
- Scroll Speed④：表示滚动干扰纹理。
- Damping⑤：若启用此参数，则干扰强度与频率成一定比例。
- Octaves⑥：表示产生最终干扰的干扰层数量。
- Octave Multiplier⑦：表示组合每一个Octave时，将乘以此数值。
- Octave Scale⑧：表示组合每一个Octave时，按此数值进行比例缩放。
- Quality⑨：用于修改质量。
- Remap⑩：用于重新映射最终的干扰数值。
- Remap Curve⑪：表示重映射曲线。
- Position Amount⑫：表示干扰对粒子位置的影响程度。
- Rotation Amount⑬：表示干扰对粒子旋转角度的影响程度。
- Size Amount⑭：表示干扰对粒子尺寸的影响程度。

6.2.16 Collosion

Collosion模块用于控制粒子和场景中其它游戏对象进行碰撞。当Type为Planes时，粒子将与特定的游戏对象发生碰撞，此时的参数设置如下图所示。

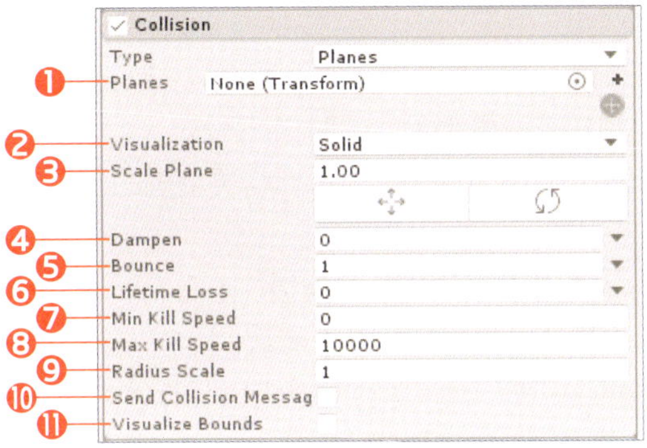

- **Planes①**：与粒子发生碰撞的游戏对象列表。
- **Visualization②**：用于修改碰撞平面可视化的显示方式。Gird表示以网格方式显示；Solid表示以图形方式显示。
- **Scale Plane③**：用于缩放可视化平面。
- **Dampen④**：表示发生碰撞后由于摩擦造成的消耗，值为0时表示不消耗，值为1时表示粒子发生碰撞速度为0。
- **Bounce⑤**：表示弹性。
- **Lifetime Loss⑥**：表示发生碰撞后对粒子生命周期的消耗，0表示不消耗，1表示完全消耗，即碰撞后粒子立即消失。
- **Min Kill Speed⑦**：表示当粒子速度小于此值时立即消失。
- **Max Kill Speed⑧**：表示当粒子速度大于此值时立即消失。
- **Radius Scale⑨**：表示按此数值缩放粒子边界以获得更精确的碰撞。
- **Send Collision Message⑩**：若启用此参数，则当发生碰撞时会发送消息调用脚本中的OnParticle-Collision()方法。
- **Visualize Bounds⑪**：若启用此参数，则渲染粒子的碰撞边界。

当Type为World时，粒子将与场景内所有游戏对象发生碰撞，此时的参数设置如下图所示。

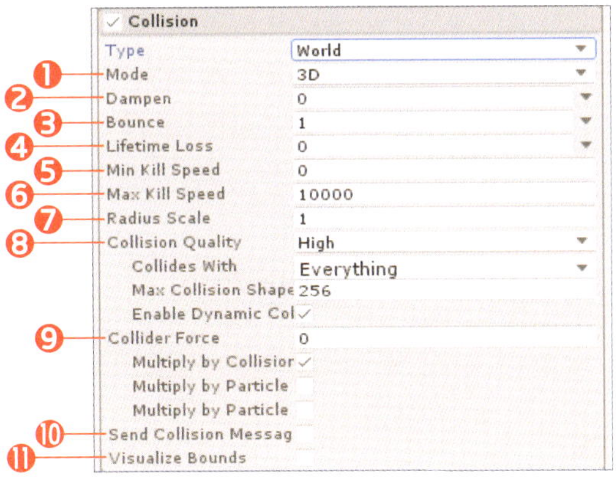

- **Mode①**：用于选择2D或者3D碰撞模式。
- **Dampen②**：表示发生碰撞后由于摩擦造成的消耗，值为0时表示不消耗，值为1时表示粒子发生碰撞速度为0。
- **Bounce③**：表示弹性。
- **Lifetime Loss④**：表示发生碰撞后对粒子生命周期的消耗，0表示不消耗，1表示完全消耗，即碰撞后粒子立即消失。

- Min Kill Speed⑤：表示当粒子速度小于此值时立即消失。
- Max Kill Speed⑥：表示当粒子速度大于此值时立即消失。
- Radius Scale⑦：表示按此数值缩放粒子边界以获得更精确的碰撞。
- Collision Quality⑧：表示发生碰撞的品质。
  - Collides With：用于选择与粒子发生碰撞的层级。
  - Max Collision Shapes：表示发生碰撞的最大面数。
  - Enable Dynamic Colliders：表示粒子是否与动力学物体发生碰撞。
- Collider Force⑨：用于控制发生碰撞时粒子的力。
  - Multiply by Collision Angle：若启用此参数，则力与碰撞角度成比例。
  - Multiply by Particle Speed：若启用此参数，则力与粒子速度成比例。
  - Multiply by Particle Size：若启用此参数，则力与粒子尺寸成比例。
- Send Collision Message⑩：若启用此参数，则当发生碰撞时会发送消息调用脚本中的OnParticle-Collision()方法。
- Visualize Bounds⑪：若启用此参数，则渲染粒子的碰撞边界。

Collision模块在粒子系统中经常会被用到，例如水或一些实体粒子的特效遇到墙的时候会被阻挡，而不是穿过去。

6.2.17 Triggers

Collosion模块激活后将作为碰撞体的触发器来使用，其参数设置界面如下图所示。

- Colliders①：表示用作触发器的碰撞器列表。
- Inside②：表示当粒子在触发器内部时执行的操作。
- Outside③：表示当粒子在触发器外部时执行的操作。
- Enter④：表示当粒子进入触发器时执行的操作。
- Exit⑤：表示当粒子离开触发器时执行的操作。
- Radius Scale⑥：表示按此数值缩放粒子边界以获得更精确的碰撞。
- Visualize Bounds⑦：若启用此参数，则渲染粒子的碰撞边界。

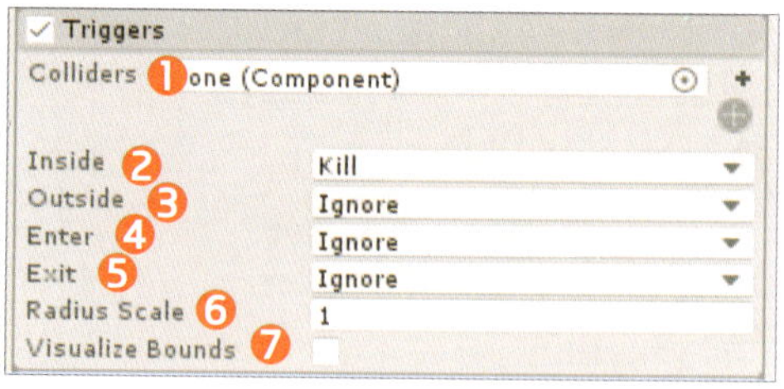

6.2.18 Sub Emitters

Collosion模块主要用于将作为子发射器来使用，其参数设置界面如下图所示。

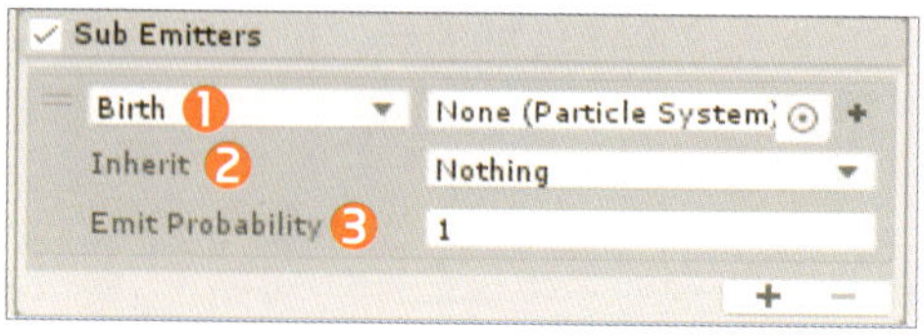

- **类型**❶：用于选择子发射器的类型。
  - Birth：在粒子系统的起始阶段创建子粒子系统。
  - Collision：在粒子系统发生碰撞时创建子粒子系统。
  - Death：在粒子系统生命周期结束时创建子粒子系统。
  - Trigger：在粒子系统与触发器发生碰撞时创建子粒子系统。
  - Manual：在脚本中触发创建新的子粒子系统。
- Inherit❷：用于选择从父粒子系统中继承的属性。
- Emit Probability❸：表示发射概率。

6.2.19 Texture Sheet Animation

此模块主要用于使粒子的图形不再是静止的图像，而是用帧动画显示动态的图像，其参数设置界面如下图所示。

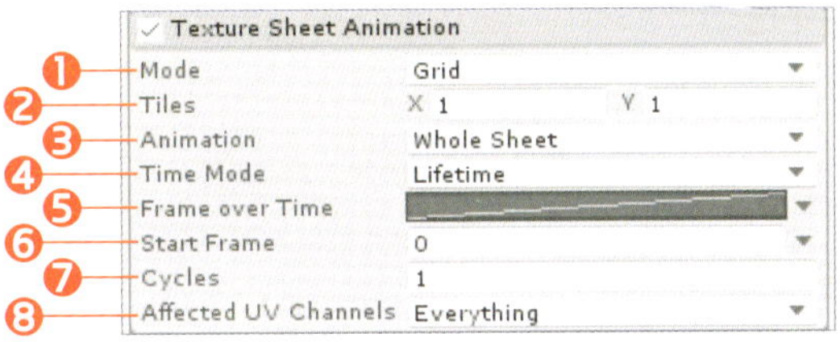

- Mode❶：用于选择Grid或Sprites模式。
- Tiles（**Grid模式下参数**）❷：用于定义纹理在X，Y轴方向的平铺量。
- Animation（**Grid模式下参数**）❸：用于设置动画模式（整张或单行）。
- Time Mode❹：用于选择动画模式（生命周期、速度或FPS）。
- Frame over Time❺：表示动画帧随时间推移而增加的曲线。
- Start Frame❻：用于确定动画从哪帧开始播放。
- Cycles❼：表示动画序列在粒子生命周期内重复的次数。
- Affected UV Channels❽：用于指定UV通道。

6.2.20 Lights

Lights模块主要用于控制附着在粒子上的光源，其参数设置界面如下图所示。

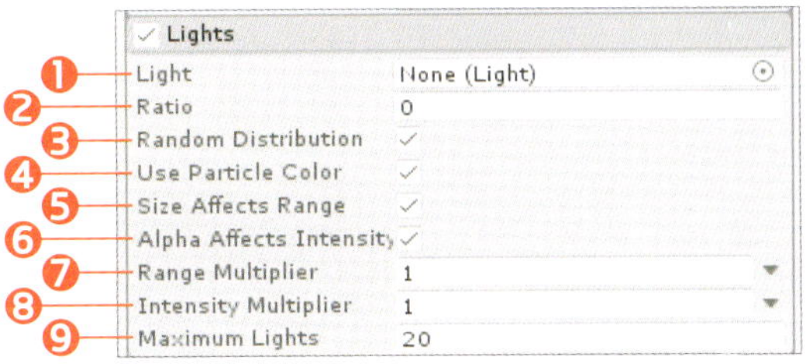

- Light❶：用于指定光源。
- Ratio❷：表示附着光源信息的粒子的比例。
- Random Distribution❸：若启用此参数，灯光将随机分配到粒子。
- Use Particle Color❹：若启用此参数，光线的最终颜色将被其附着的粒子颜色调节。
- Size Affects Range❺：若启用此参数，light中指定的range（范围）属性将乘以粒子的尺寸。

- **Alpha Affects Intensity❻**：若启用此参数，light中指定的intensity（强度）属性将乘以粒子的阿尔法值。
- **Range Multiplier❼**：表示此值将乘以粒子生命周期中的灯光范围。
- **Intensity Multiplier❽**：表示此值将乘以粒子生命周期中的灯光强度。
- **Maximum Lights❾**：表示最大灯光数量。

6.2.21 Trails

Trails模块主要用于为粒子附加轨迹。Trails可选Particles模式或Ribbon模式，选择Particles模式时，其参数设置界面如下左图所示。

- **Ratio❶**：表示粒子附加轨迹的比率。
- **Lifetime❷**：表示轨迹的生命周期。
- **Minimum Vertex Distance❸**：表示Trail在添加新顶点之前的最小距离。
- **World Space❹**：若启用此选项，即使使用Local Simulation Space（本地模拟空间），轨迹顶点也不会相对于粒子系统的游戏对象移动。
- **Die with Particles❺**：若启用此选项，轨迹将随着粒子的死亡而立即消失。
- **Texture Mode❻**：用于修改纹理模式。
- **Size affects Width❼**：若启用此参数，轨迹的宽度将由粒子的尺寸控制。
- **Size affects Lifetime❽**：若启用此参数，轨迹的生命周期将由粒子的尺寸控制。
- **Inherit Particle Color❾**：若启用此参数，轨迹的颜色将由粒子的颜色控制。
- **Color over Lifetime❿**：表示粒子生命周期中所附加的轨迹的颜色。
- **Width over Trail⓫**：表示轨迹的宽度。
- **Color over Trail⓬**：表示轨迹的颜色。
- **Generate Lighting Data⓭**：若启用参数，则建立包含法线和切线的Trail几何。
- **Shadow Bias⓮**：表示阴影误差。

选择Ribbon模式时，其参数设置界面如下右图所示。

- **Ribbon Count❶**：表示Ribbon（丝带）的数量。
- **Split Sub Emitter Ribbons❷**：表示在用作子发射器的系统上启用时，从同一父系统粒子派生的粒子共享一个条带。
- **Attach Ribbons to Transform❸**：表示将每一条ribbon连接到transform组件的position。

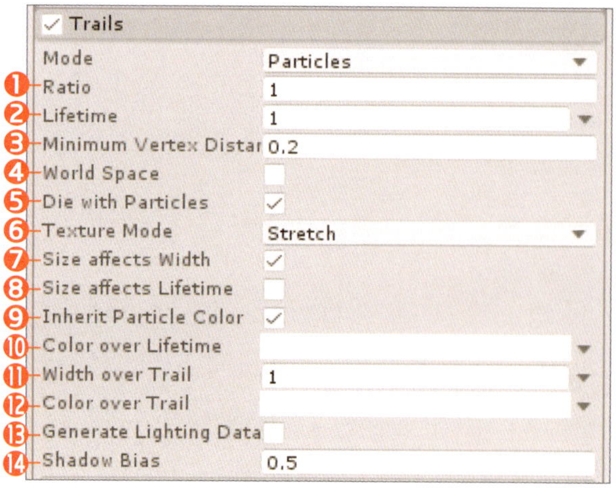

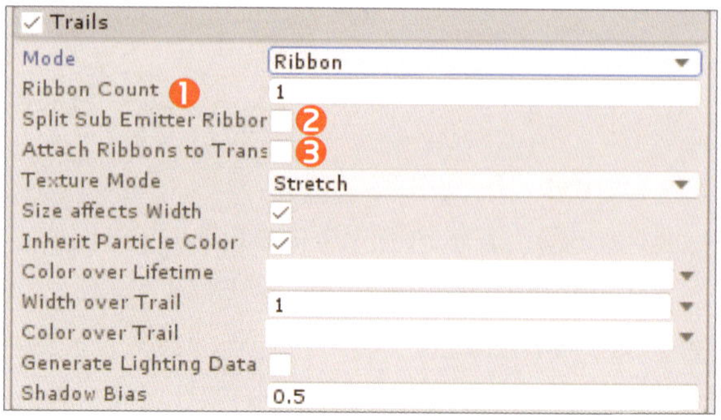

6.2.22 Custom Data

Custom Data模块主要用于允许用户在编辑器中编辑自定义数据格式并附加到粒子系统，如下左图所示。此模块提供两种自定义选项，分别为Vector（数据）模式和Color（颜色）模式，如右下图所示。

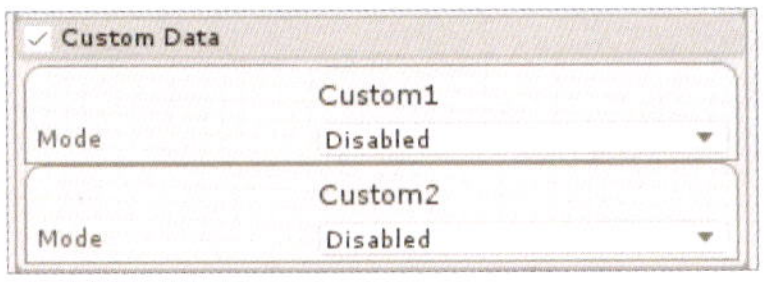

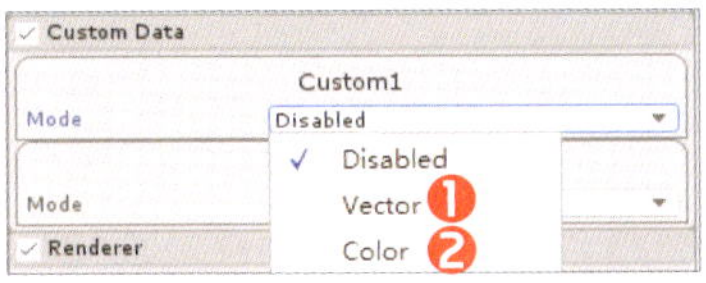

6.2.23 Renderer

Renderer模块主要用于定义如何渲染粒子，下面将对其参数的含义和应用进行详细讲解。

- Render Mode❶：用于选择渲染模式。
  - Billboard：广告板模式，粒子总是面向相机。
  - Stretched Billboard：伸拉广告板模式，粒子面向相机并可以应用各种缩放。
  - Horizontal Billboard：水平广告板模式，粒子平面平行于XZ底平面。
  - Vertical Billboard：垂直广告板模式，粒子在Y轴上是直立的。
  - Mesh：网格模式。
- Normal Direction❷：表示粒子的法线偏移。值为1时法线指向相机，值为0时法线指向屏幕中心（仅限广告板模式）。
- Material❸：表示粒子的材质。
- Trail Material❹：表示粒子轨迹的材质，该参数只有当Trials模块激活时才有效。
- Sort Mode❺：用于修改粒子的的排序模式。
- Sorting Fudge❻：表示粒子系统排序的偏差。
- Min Particle Size❼：表示粒子的最小尺寸。
- Max Particle Size❽：表示粒子的最大尺寸。
- Render Alignment❾：用于修改渲染对齐方式。

- View：表示粒子面向相机平面。
- World：表示粒子与世界轴线对齐。
- Local：表示粒子与游戏对象的Transform组件对齐。
- Facing：表示粒子面向相机游戏对象的直接位置。

- Flip⑩：表示翻转指定轴上的一部分粒子。
- Allow Roll⑪：若启用此参数，则允许广告板围绕相机翻转。
- Pivot⑫：用于修改粒子旋转时的中心店。
- Visualize Pivot⑬：若启用此参数，则将粒子中心点可视化。
- Masking⑭：用于设置粒子系统渲染的粒子在与Sprite Mask交互时的行为方式。
  - No Masking：表示无遮罩，默认选项。
  - Visible Inside Mask：表示在Sprite Mask覆盖的地方可以看到粒子。
  - Visible Outside Mask：表示粒子在Sprite Mask外部可见。
- Apply Active Color Space⑮：若启用此模式，则在线性渲染模式中，系统会在将粒子颜色上传到GPU之前转换其颜色。
- Custom Vertex Streams⑯：表示是否将自定义粒子的数据发送至Shader。
- Cast Shadows⑰：用于选择投射阴影的方式。
  - On：表示启用阴影。
  - Off：表示不启用阴影。
  - Two Sided：表示可以从网格的任何一边投射阴影。
  - Shadows Only：表示仅显示阴影，网格本身不可见。
- Receive Shadows⑱：表示是否将阴影投射到粒子。
- Shadow Blas⑲：若启用此参数，则阴影随着灯光的方向移动。
- Motion Vectors⑳：用于指定此渲染器是否具有每个对象的运动矢量通道。
- Sorting Layer ID㉑：表示渲染器排序图层的ID。
- Order in Layer㉒：表示此渲染器在排列图层中的顺序。
- Light Probes㉓：表示光照探头。
- Reflection Probes㉔：表示反射探头。

实战练习 制作数字雨特效

下面将通过具体的操作实例，介绍制作数字雨特效的详细操作方法，具体如下：

步骤 01 首先要设置粒子材质，即将number.png导入项目中，单击选中图片后在Inspector窗口将Texture Type更改为Sprite（2D and UI），如下左图所示。

步骤 02 在Project窗口创建Material并命名为NumberMaterial，单击选中材质后在Inspector窗口将Shader改为Additive（Soft），将Particle Texture改为number.png，如下右图所示。

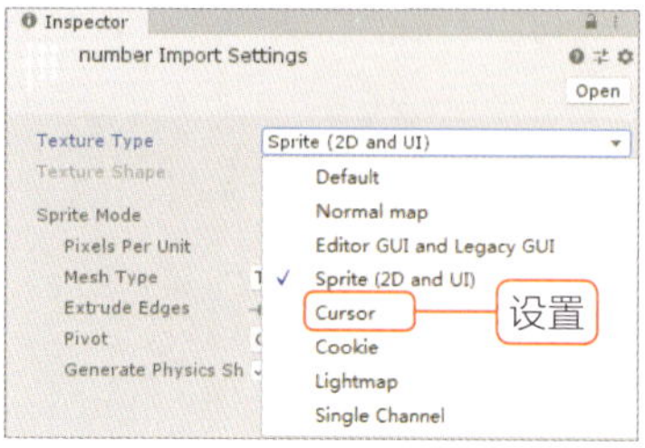

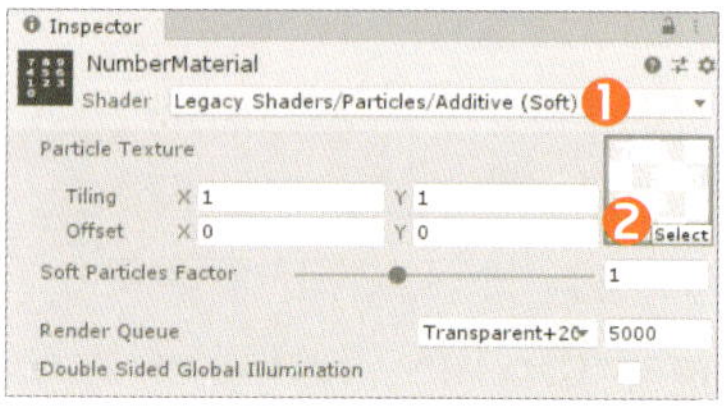

步骤 03 在场景中新建Particle System并命名为“NumberParticle”，在Inspector窗口修改其属性。启用将基础参数的“Looping”和“Prewarm”，如下图所示。

步骤 04 激活Emission模块，按照下左图所示设置其参数。

步骤 05 激活Color over Lifetime模块，将粒子的颜色改为绿色渐变色，如下右图所示。

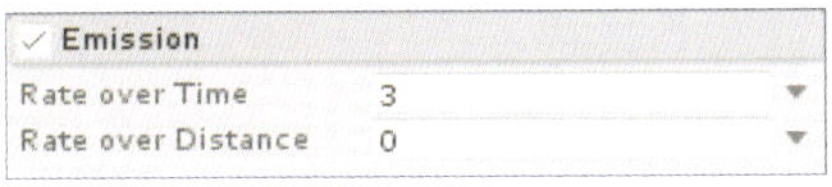

步骤 06 激活Texture Sheet Animation模块，按照下左图所示设置其参数。根据素材图片的矩阵分布将Tile设置为3×4❶；为了生成不同的数字，将Start Frame的范围设置为0~11.999❷；为了让数字粒子变得更加活泼，将Cycles设为10❸。

步骤 07 激活Renderer模块将Material改为NumberMaterial即可，如下右图所示。

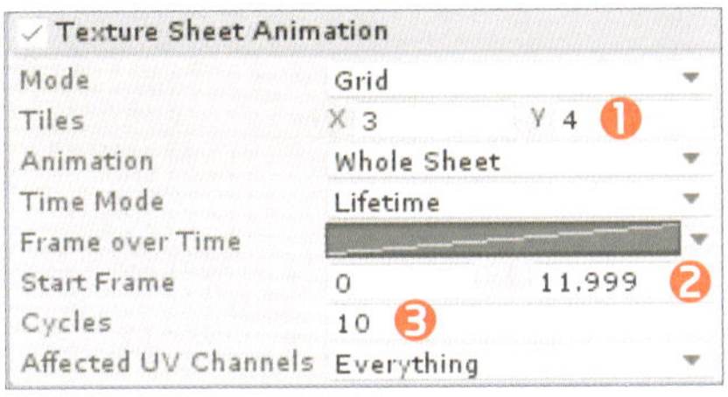

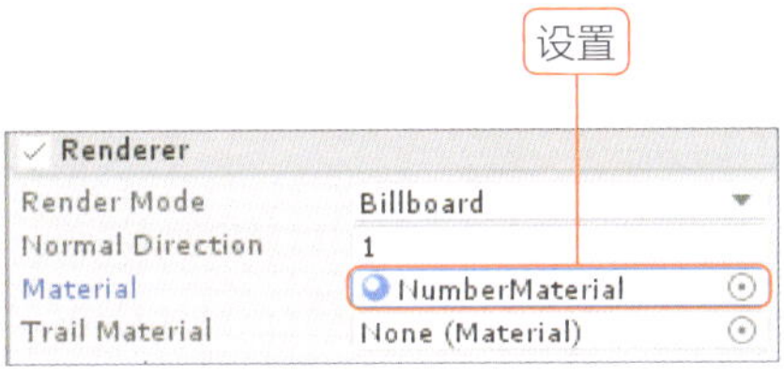

步骤 08 到此步骤一支“数字雨”就制作完成了，接下来将此粒子系统复制粘贴多次，如下左图所示。

步骤 09 然后进行排列，如下右图所示。

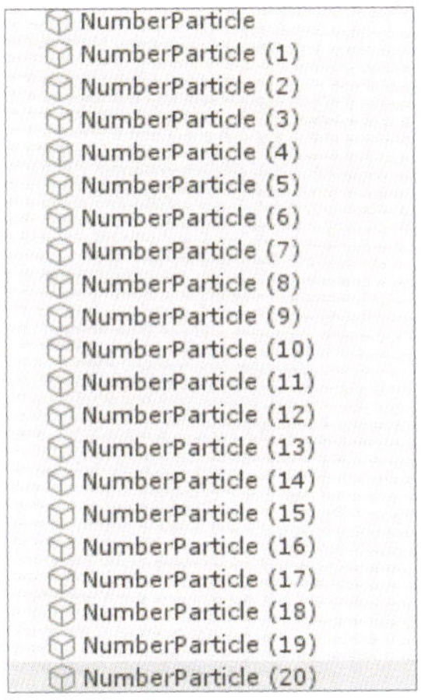

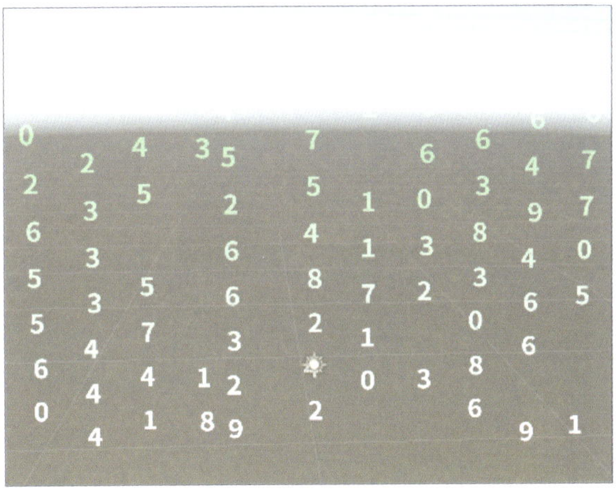

步骤 10 为了使观察更明显，将Camera中的Clear Flags更改为“Solid Color”❶，Background更改为黑色❷，如下左图所示。

步骤 11 最后调整好摄像机位置并单击运行按钮，即可在Game窗口看到此数字雨特效。如下右图所示。

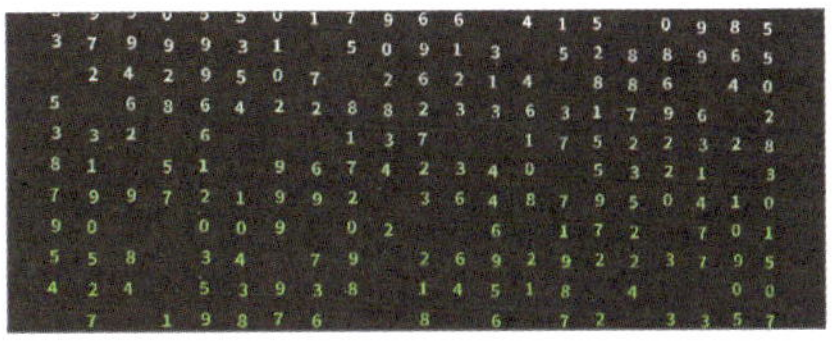

知识延伸：Line Renderer和Trail Renderer

在使用Unity渲染一些相对简单的特效时，可以用到Line Renderer或Trail Renderer组件。

在Hierarchy窗口右击鼠标，依次单击Effects>Trail❶可以添加Trail Renderer组件，单击Line❷可以添加Line Renderer组件，如下图所示。

其中Line Renderer在世界坐标中通过两个或多个点来渲染线段，同时可以为线段添加各个参数，如宽度、颜色和材质等。

Trail Renderer主要用来渲染移动物体的拖尾特效，例如鼠标在屏幕上移动时产生的拖尾，或者流星在夜空高速划过时产生的拖尾特效等。

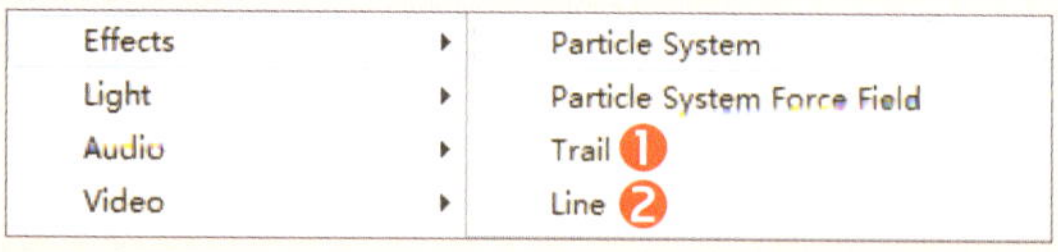

上机实训：制作喷射的火焰特效

本次实训将结合Particle System的各个模块来制作喷射的火焰特效，此特效分为两部分，分别为火焰部分和烟雾部分。

步骤 01 首先制作材质，将Fire.png、Smoke.png和AdditiveTintable.shader导入项目中，创建两个新的Material分别命名为FireMaterial和SmokeMaterial并进行设置。在FireMaterial中将Shader修改为AdditiveTintable❶、贴图修改为Fire.png❷、Soft Particles Factor修改为2❸，如下左图所示。

步骤 02 在SmokeMaterial中将Shader修改为Multiply❶、贴图修改为Smoke.png❷即可，如下右图所示。

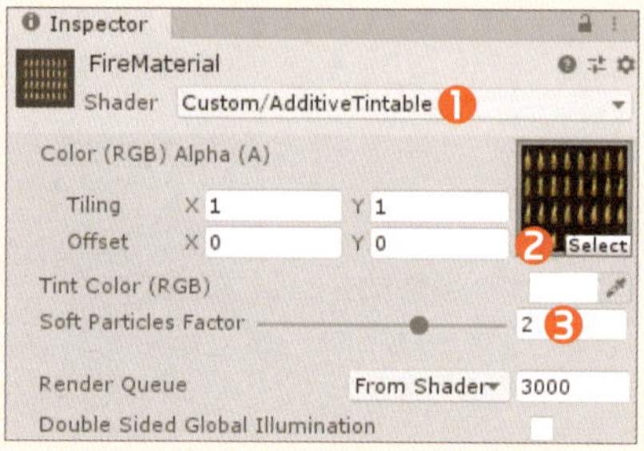

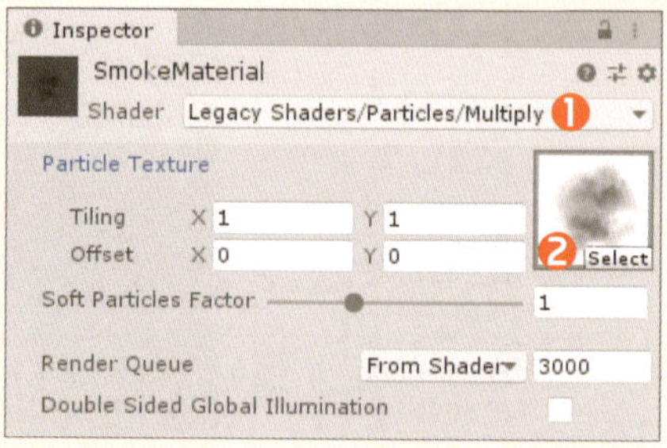

步骤 03 新建Particle System并命名为FlameFire，单击选中后在Inspector窗口修改其参数。设置During为5、Start Delay为0.01、设置Start Lifetime为1、设置Start Speed为20、设置Start Size（Random Between Two Constants）为1~3、设置Start Rotation（Random Between Two Constants）为80~100、设置Start Color（Random Between Two Colors）为（255,255,255,100）~（255,255,255,200)、设置Scaling Mode为Shape、设置Culling Mode为Always Simulate。

启用Emission模块，设置Rate over Time为100；启用Shape模块，设置Angle为2、设置Radius为0.01；启用Force Over Lifetime模块，设置X、Y、Z为（-3,-5,-3）~（3,8,3）、设置Space为World；启用Color Over Lifetime模块，将Color按下左图颜色进行修改。启用Size Over Lifetime模块，将Size按下右图曲线进行修改。

启用Rotation Over Lifetime模块，设置Angular Velocity（Random Between Two Constants）为-25~25；启用Texture Sheet Animation模块，设置Tiles为8（X）、4（Y）；设置Frame over Time为0~31.997。启用Renderer模块，设置Material为FileMaterial，设置Apply Active Color Space为false，设置Light Probes为Off。

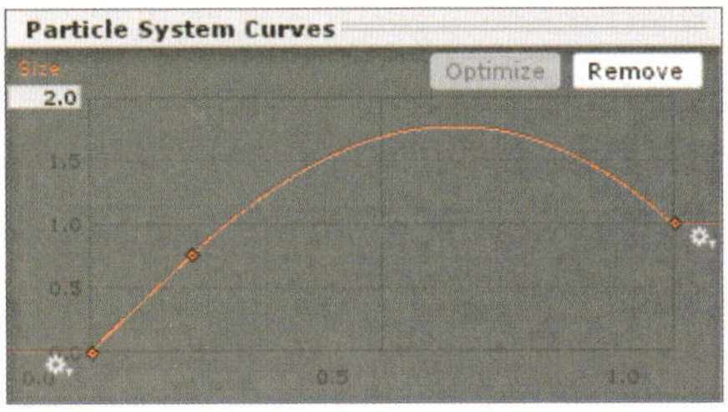

步骤 04 新建Particle System并命名为FlameSmoke，单击选中后在Inspector窗口修改其参数。设置Start Delay为0.01，设置Start Lifetime为1.25，设置Start Size为1~3，设置Start Rotation为0~360，设置Start Color为（0,0,0,35）~（255,0,0,70），设置Scaling Mode为Shape，设置Max Particles为200，设置Culling Mode为Always Simulate。启用Emission模块，设置Rate over Time为15；启用Shape模块，设置Angle为2，设置Radius为0.01；启用Force Over Lifetime模块，设置X、Y、Z为（-8,0,-8）~（8,20,8）、设置Space为World；启用Color Over Lifetime模块，将Color按下左图颜色进行修改。启用Size Over Lifetime模块，将Size按下右图曲线进行修改。

启用Rotation Over Lifetime模块，修改Angular Velocity为：-180~180；启用Renderer模块，设置Material为SmokeMaterial、设置Sorting Fudge为99、设置Apply Active Color Space为false。

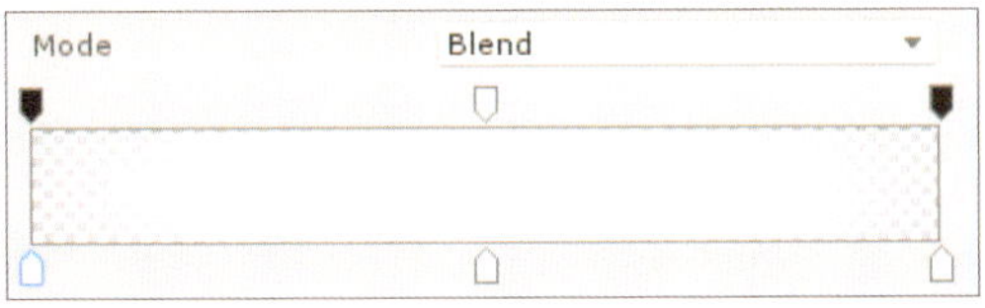

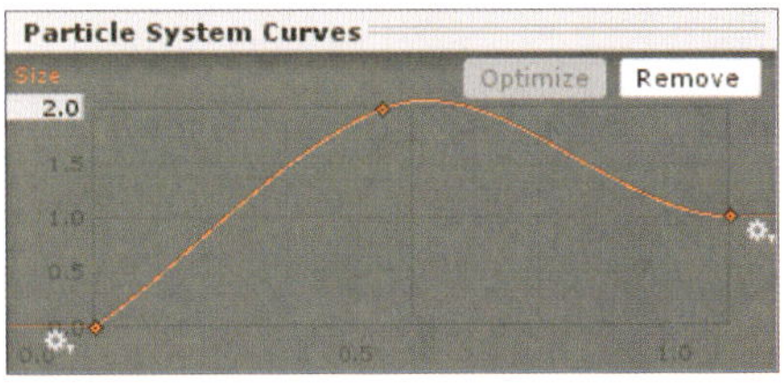

步骤 05 到此步骤喷射的火焰特效已经制作完成，调整好摄像机位置后单击运行按钮即可在Game窗口看到此特效，如下图所示。

课后练习

1. 选择题

（1）控制粒子在生命周期内速度的模块是以下哪一选项（　　）？

A. Velocity over Lifetime　　B. Inherit Velocity

C. Externale Forces　　D. Renderer

（2）下列渲染模式中哪一选项不是广告板模式（　　）？

A. Billboard　　B. Stretched Billboard

C. Mesh　　D. Horizontal Billboard

（3）在粒子系统的灯光（Lights）模块中，下列哪一选项是用来修改其灯光强度（　　）？

A. Range Multiply　　B. Intensity Multiply

C. Ratio　　D. Size AFFects Range

2. 填空题

（1）粒子系统中不可禁用或删除的模块是__________。

（2）在粒子系统中，粒子的材质应指定在__________模块。

（3）在粒子系统中，Color over Lifetime模块的作用是__________。

3. 上机题

使用粒子系统模拟鼠标轨迹，当鼠标划过屏幕时留下一段逐渐消失的粒子轨迹。

操作提示

（1）首先制作粒子系统，模拟鼠标轨迹的粒子数量应尽量少，材质可以选择雪花或者炫光等。

（2）调整粒子系统的生命周期长度，使鼠标轨迹逐渐消失。

（3）使用Input.mousePosition来确定鼠标位置。

（4）使用Camera.ScreenToWorldPoint()来将屏幕坐标转换为世界坐标。

Chapter 07 UI详解

本章概述

用户界面（User Interface，简称UI）是程序的重要组成部分之一，在一定程度上决定了用户的操作体验。早期使用较多的是NGUI插件，而现在Unity已经发布了官方UGUI插件，所以本书将以UGUI作为UI系统进行讲解。

核心知识点

1. 了解UGUI中的精灵和画布
2. 掌握Rect Transform
3. 掌握基础类型的UI元素
4. 了解其他类型的UI元素

7.1 Sprite 精灵

Sprite（精灵）是UI的基本元素，在UI系统中，所有的图片显示都是通过sprite显示到屏幕上，因此将UI素材导入项目后第一步就是将图片类型改为Sprite。

在Project窗口单击选中图片，在Inspector窗口即可更改其Texture Type，如下图所示。首先单击Texture Type选项右侧的下拉按钮后选中“Sprite（2D and UI）❶”，然后单击右下角的Apply❷按钮，即可完成设置。

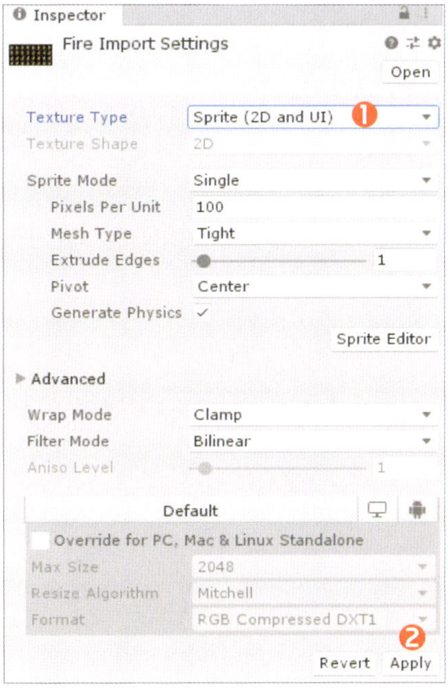

7.2 Canvas 画布

Canvas（画布）是承载着所有UI元素的区域，所有的UI元素都必须是Canvas的子对象。如果场景中没有Canvas，那么当新建任意一个UI元素时，系统将自动创建画布并将此元素作为Canvas的子物体。

Canvas实际上就是包含了Canvas组件的游戏对象，接下来为大家讲解Canvas的各个参数。

- 当Canvas的Render Mode为Screen Space-Overlay时表示画布将铺满整个屏幕，并且此画布所显示画面将覆盖其他3d画面。此时有以下参数，如下图所示。

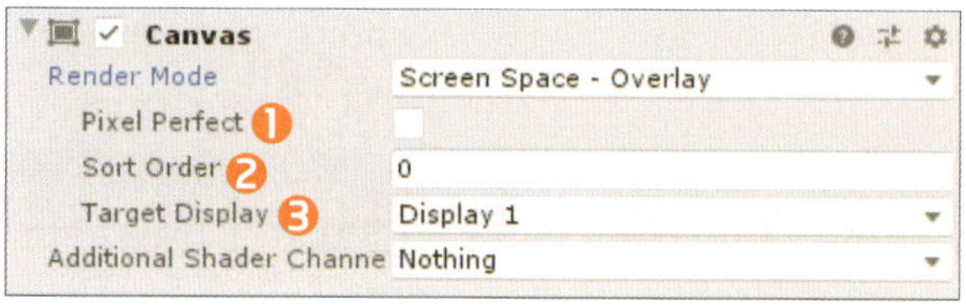

  - **Pixel Perfect❶**：表示对其像素，启用此参数会使UI元素边缘看起来更清晰。但如果对UI元素进行大量缩放或旋转等操作，建议不启用此选项。
  - **Sort Order❷**：表示画布的深度。
  - **Target Display❸**：用于修改显示屏幕。
- 当Canvas的Render Mode为Screen Space-Camera时表示画布将放置在摄像机的正前方，在这种模式下所有UI元素都将由摄像机渲染，因此摄像机的设置会影响UI画面的显示。此模式下比Screen Space-Overlay模式多出以下参数，如下图所示。

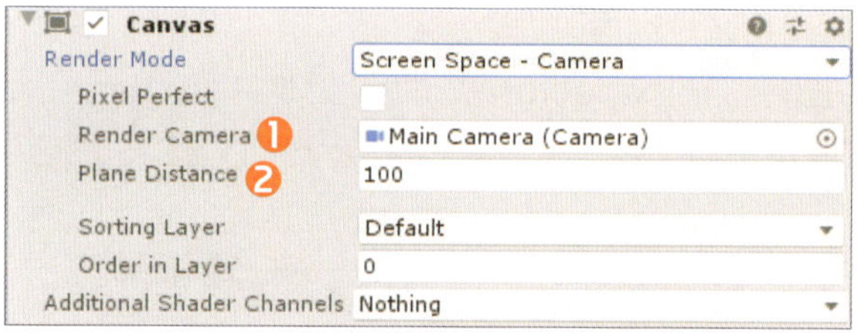

  - **Render Camera❶**：表示渲染UI的摄像机。
  - **Plane Distance❷**：表示画布距摄像机的距离。
- 当Canvas的Render Mode为World Space时表示世界空间模式（如下图所示），在此模式下UI元素将被当作和场景中其他游戏对象性质相同的plane来渲染，并且所有UI元素都可以位于其他3d游戏对象的前/后方。此模式通常用于虚拟现实程序中。

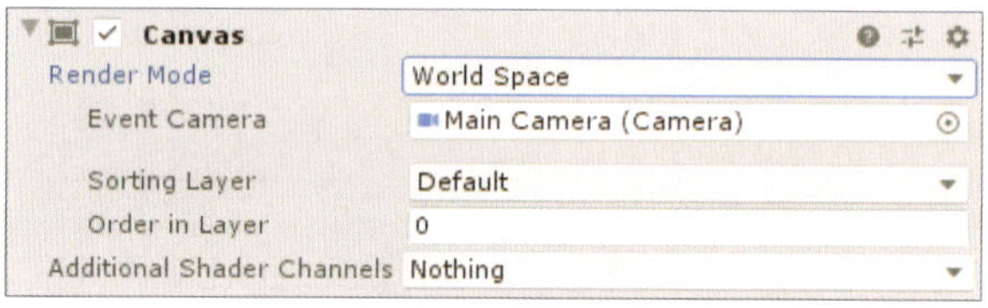

7.3 Rect Transform

在Hierarchy窗口创建任一UI元素后即可在Inspector窗口查看其属性。可以发现原先熟悉的Transform组件已经被替换成Rect Transform组件，其中的各个参数也发生了改变，如下图所示。

从Unity官方文档可知：Rect Transform主要提供一个矩形的位置、尺寸、锚点和中心信息，以及操作这些属性的方法，同时提供多种基于父级Rect Transform的缩放形式。因此可以说Rect Transform提供了更加强大的功能来对矩形进行操作，接下来看一下Rect Transform的各个参数。

- **Pos X、Y、Z❶**：用于确定UI元素的位置。
- **Width/Height❷**：用于确定UI元素的宽度/高度。

- **Anchors❸**：用于确定UI元素的锚点。
- **Pivot❹**：用于确定UI元素的轴心。
- **Rotation❺**：用于确定UI元素的旋转。
- **Scale❻**：用于确定UI元素的缩放比例。

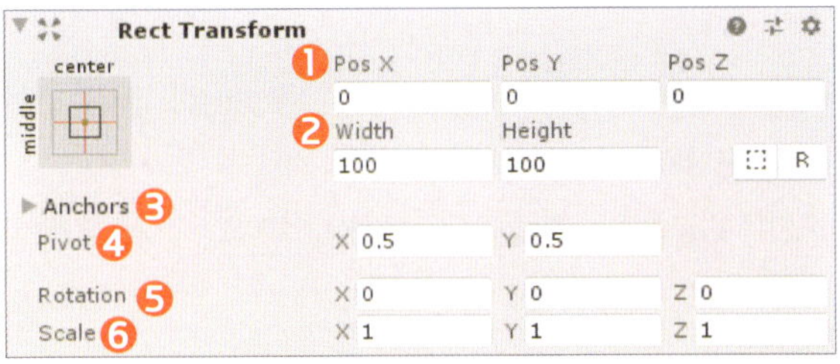

提示：2D布局

在进行UI制作时，将窗口调整成为2D视图，可以更直观的观察到各个UI元素。调整方法：单击Scene窗口右上角的“2D”按钮，如下图所示。

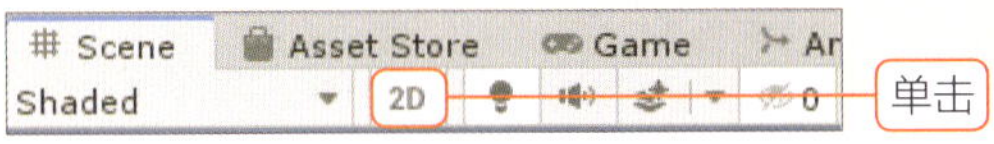

7.4 Image

Image是使用频率较高的一个UI元素，在Hierarchy窗口右击鼠标，依次单击UI>Image即可创建一个Image元素，可在Inspector查看其组件及参数，如下图所示。

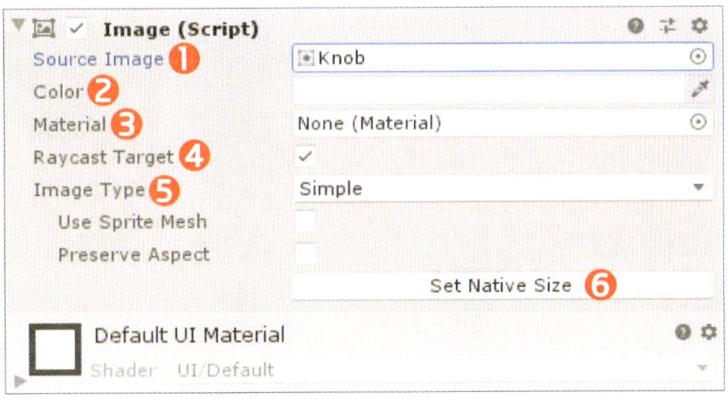

Image组件有如下参数：

- **Source Image❶**：表示显示的图片纹理，类型为Sprite。
- **Color❷**：表示图片的颜色。
- **Material❸**：表示图片的材质。
- **Raycast Target❹**：表示是否标记为射线碰撞目标。
- **Image Type❺**：表示图片类型。
  - **Simple**：简单类型，将精灵缩放至符合Image的尺寸。
  - **Sliced**：切片类型，将边框固定，精灵中间做拉伸（缩放）。
  - **Tiled**：平铺类型，保持精灵原尺寸并在Image区域重复绘制直至填满区域。
  - **Filled**：填充类型，可以将精灵按照一定比例逐渐显示。
- **Set Native Size❻**：表示将Image的大小设为精灵原始尺寸。

7.5 Raw Image

与Image只能显示sprite精灵不同的是，Raw Image 可以用来显示Texture2D贴图。在Hierarchy窗口右击鼠标，依次单击UI>Raw Image即可创建一个Raw Image元素，可在Inspector查看其组件及参数，如下图所示。

Raw Image的参数和Image的大致相同，在此不做多余介绍，但是相比Image多出一个UI Rect参数，此参数用于设置Texture在矩形中的偏移和大小，范围为0~1。

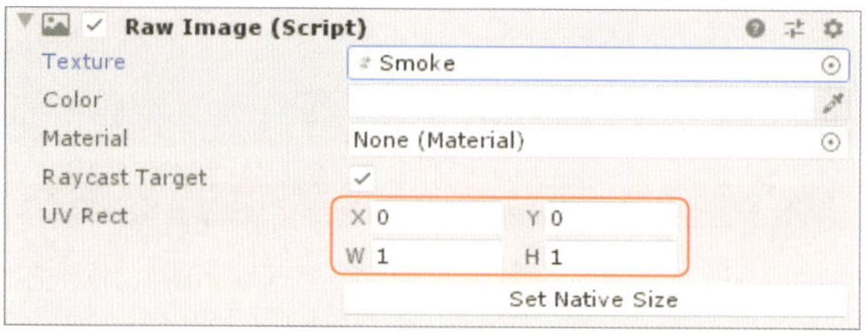

实战练习 使用Raw Image映射摄像机画面

Raw Image常被用来显示在网络上下载的图片，或者用来在UI上映射摄像机照射到的画面。接下来通过一个实例来讲解如何使用Raw Image来映射摄像机画面。

步骤 01 创建任一模型作为参照物，创建相机并分别命名为Main Camera和UI Camera，如下左图所示。

步骤 02 调整摄像机位置，使Main Camera在从正前方照射到模型，照射画面如下中图所示。

步骤 03 使UICamera在从正上方照射到模型，照射画面如下右图所示。

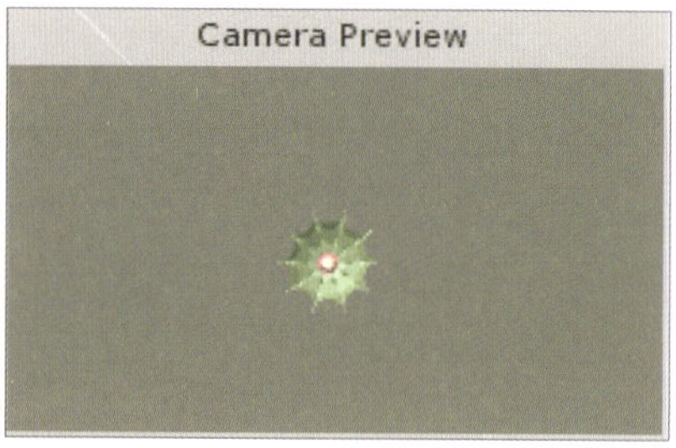

步骤 04 在Project窗口创建Render Texture并命名为Camera Texture，如下左图所示。

步骤 05 在Inspector窗口修改Camera Texture的Size属性为500×500，如下右图所示。

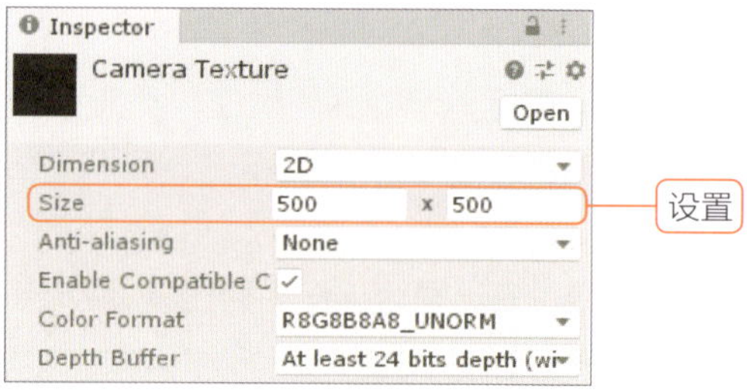

步骤 06 在Hierarchy窗口创建Raw Image，将Camera Texture拖曳至Raw Image的Texture参数，如下左图所示。

步骤 07 将Camera Texture拖曳至UI Camera的Target Texture参数处，如下右图所示。

步骤 08 调整好Raw Image的尺寸并移动至合适位置，将其移动到左上角，如下左图所示。

步骤 09 为了方便观察可以将Game窗口的分辨率调整为1920×1080。到此步骤即可在Game窗口观察到如下右图所示画面，画面中心显示的是Main Camera照射到的画面，左上角是UI Camera映射到UI上的画面。此功能常被用于制作小地图或用于对物体进行多角度观察。

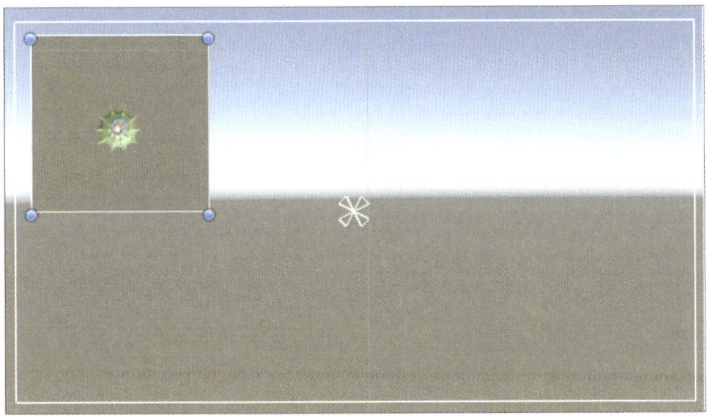

提示：Console窗口弹出提示

进行上述实战练习时会在Console窗口发现提示，如下图所示。此时只要将两个摄像机的其中一个Audio Listener组件删除即可。

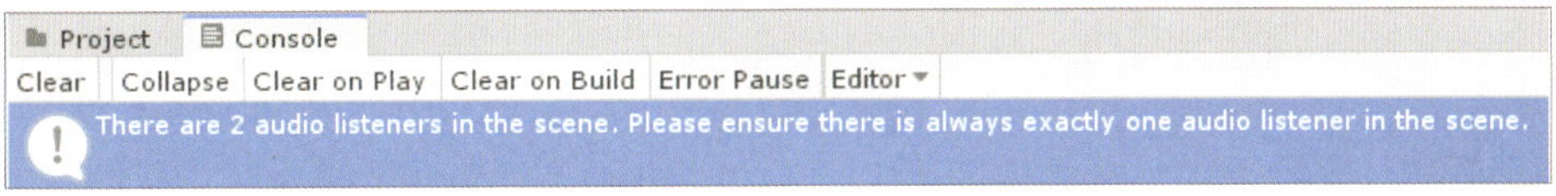

7.6 Text

Text是用来显示文本的UI元素，在Hierarchy窗口右击鼠标，依次单击UI>Text即可创建一个Text元素，可在Inspector查看其组件及参数，如下图所示。

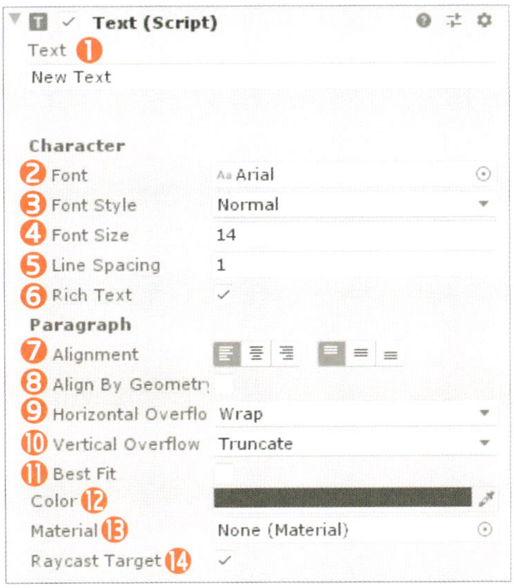

- Text①：表示显示的文本内容。
- Font②：表示字体。

- **Font Style③**：表示文字样式，可以设置为加粗、斜体等。
- **Font Size④**：表示文字大小。
- **Line Spacing⑤**：表示行间隔。
- **Rich Text⑥**： 表示是否使用富态字。
- **Alignment⑦**：用于修改文本对齐方式。
- **Align By Geometry⑧**：表示使用字形几何的范围来执行水平对齐。
- **Horizontal Overflow⑨**：表示水平溢出。
- **Vertical Overflow⑩**：表示垂直溢出。
- **Best Fit⑪**：若启用此参数，则忽略字体大小，将所有文字全部显示在Text元素区域范围内。
- **Color⑫**：用于设置文字颜色。
- **Material⑬**：用于设置Text的材质。
- **Raycast Target⑭**：表示是否标记为射线碰撞目标。

为文本添加阴影：单击Inspector窗口的Add Component按钮，搜索并添加“Shadow”组件（如下左图所示）即可为文本添加阴影。添加后的效果如下右图所示。

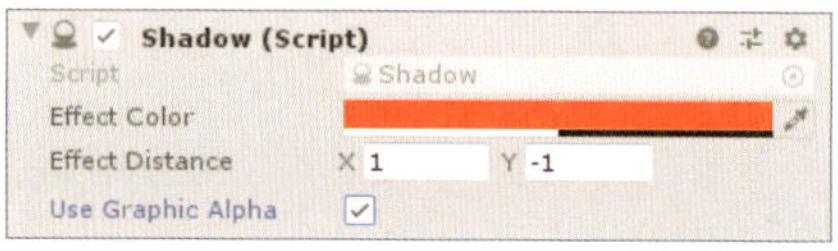

为文本添加轮廓：单击Inspector窗口的Add Component按钮，搜索并添加“Outline”组件（如下左图所示）即可为文本添加轮廓。添加后的效果如下右图所示。

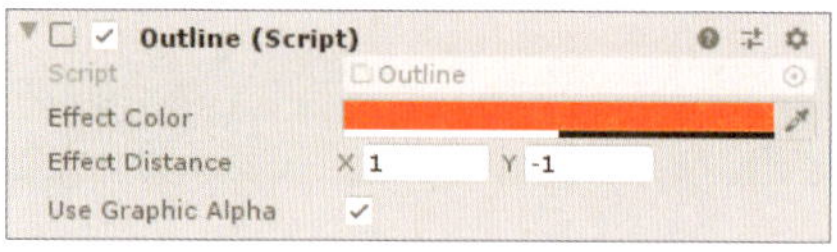

7.7 Button 按钮

Button在UI制作过程中经常被用到，在Hierarchy窗口右击鼠标，依次单击UI>Button即可创建一个Button元素，如下左图所示。

按钮是由两部分组成的（如下右图所示），分别是Button和Text。

- **Button①**：包含Image和Button组件，Image可显示按钮的背景。
- **Text②**：包含Text组件，可在按钮上显示文字。

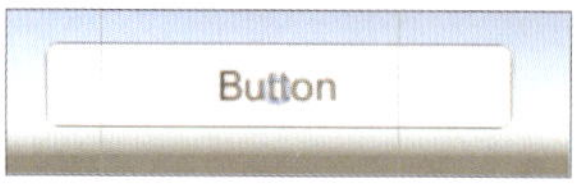

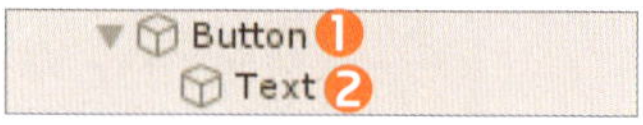

7.7.1 参数讲解

Button组件（如下图所示）有以下参数：

- **Interactable①**：若禁用此参数，则此按钮将被禁用。
- **Transition②**：用于修改响应用户操作的可视化方式，可选Color Tint（颜色）、Sprite Swap（精灵）和Animation（动画）。

- Navigation❸：用于修改导航系统的属性。
- On Click❹：用于添加按钮点击事件。

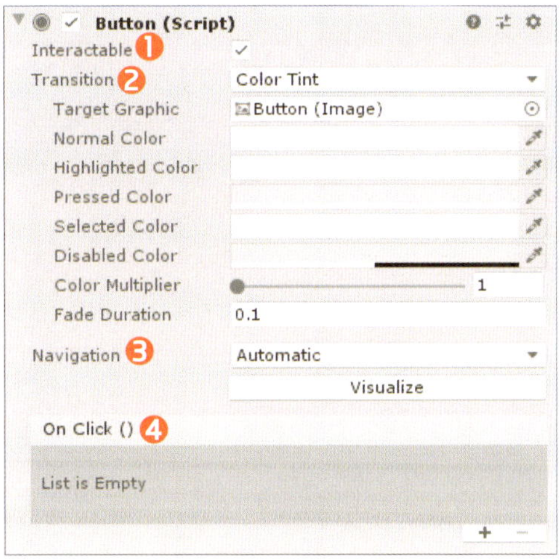

7.7.2 添加点击事件

为按钮添加点击事件共有两种方式，第一种是在Inspector窗口添加，第二种是在代码中添加。

1. 在Inspector窗口添加点击事件

步骤 01 新建C#脚本并命名为“S7_7_2”，双击脚本文件进行编辑，代码如下：

```
using System.Collections;
using System.Collections.Generic;
using UnityEngine;

public class S7_7_2 : MonoBehaviour
{
    public void Button_Debug()
    {
        Debug.Log("此按钮被点击");
    }
}
```

步骤 02 创建Empty游戏对象并命名为ClickManage，将上述脚本拖曳至ClickManage上，如下左图所示。

步骤 03 单击选中Button后在Inspector窗口单击OnClick()右下角的“+”按钮添加点击事件，如下中图所示。

步骤 04 将ClickManage拖曳至Object处❶；单击No Function右侧的下拉按钮，在下拉菜单中依次选择S7_7_2.Button_Debug()❷。

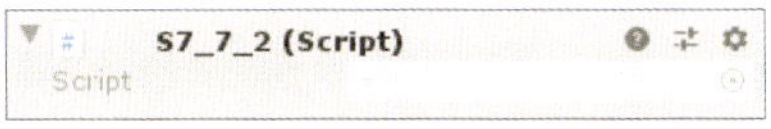

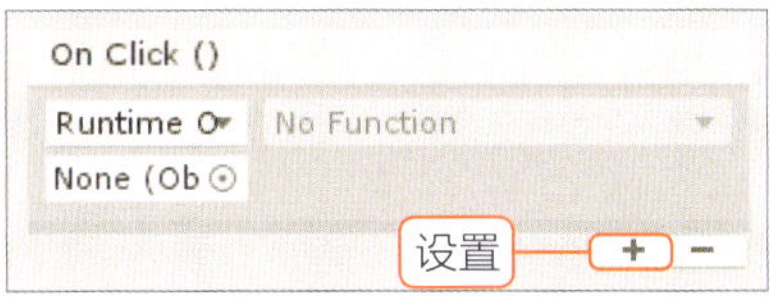

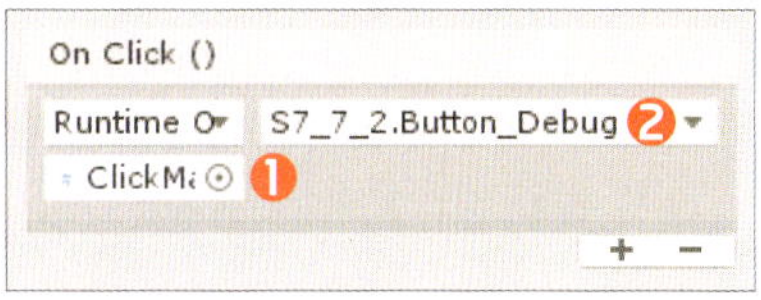

步骤 05 单击运行按钮运行程序，单击Button（如下左图所示）即可在Console窗口观察到点击事件中写入的方法（如下右图所示）。

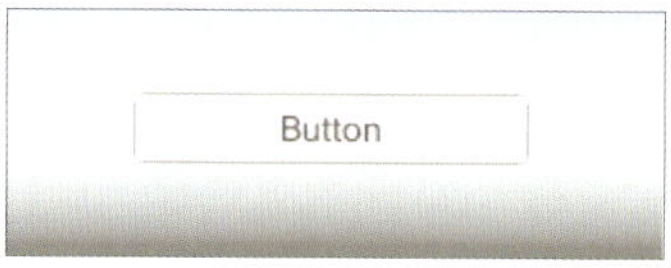

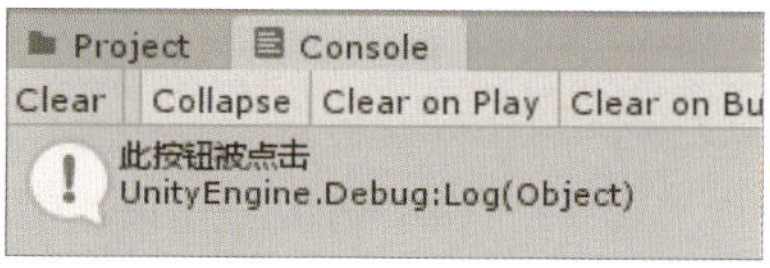

2. 在代码中添加点击事件

步骤 01 新建C#脚本并命名为“S7_7_2”，双击脚本文件进行编辑，代码如下：

```
using System.Collections;
using System.Collections.Generic;
using UnityEngine;
//引入命名空间
using UnityEngine.UI;

public class S7_7_2 : MonoBehaviour
{
    Button button;
    public void Start()
    {
        button = transform.GetComponent<Button>();
        //添加点击事件
        button.onClick.AddListener(Button_Debug);
    }
    public void Button_Debug()
    {
        Debug.Log("此按钮被点击");
    }
}
```

步骤 02 将上述代码拖曳至Button上单击运行按钮即可。

提示：用delegate添加事件

上述脚本的点击事件都单独声明了一个方法，当使用Button.onClick.AddListener方法时也可以使用Delegate（委托），代码如下：

```
button.onClick.AddListener(
    delegate
    {
        Debug.Log("此按钮被点击");
    }
);
```

7.8 其它UI元素

除了基础的图片、文本和按钮UI元素外，还有输入框、开关、下拉框、滑动条和滚动区域等UI元素。这些元素有很多相似的参数，也比较好理解。

7.8.1 Input Field 输入框

在Hierarchy窗口右击鼠标，依次单击UI>Input Field即可创建一个输入框元素，如下左图所示。

Input Field共由三个元素组成，分别为InputField、Placeholder和Text，如下右图所示。

- **InputField①**：包含Image和Input Field组件。Image可显示输出框的背景。
- **Placeholder②**：包含Text组件，Text的文本内容为未输入文本时所显示的文字。
- **Text③**：包含Text组件，Text的文本内容为输入文本时所显示的文字。

Input Field组件的参数如下所示。

- **Interactable①**：若禁用此参数，则此按钮将被禁用。
- **Transition②**：用于修改响应用户操作的可视化方式，可选Color Tint（颜色）、Sprite Swap（精灵）和Animation（动画）。
- **Navigation③**：用于修改导航系统的属性。
- **Text④**：表示已输入的文本信息。
- **Character Limit⑤**：用于修改可输入的字数限制。
- **Content Type⑥**：表示输入文本类型。有Standard（标准）、Autocorrected（自动）、Integer Number（整数）、Decimal Number（小数）、Alphanumeric（字母和数字）、Name（名字）、Email Address（电子邮箱地址）、Password（密码）和Custom（自定义）。
- **Line Type⑦**：表示行数类型，默认为单行。
- **Caret Blink Rate⑧**：表示输入光标闪烁频率。
- **Caret Width⑨**：表示输入光标的宽度。
- **Custom Caret Color⑩**：用于修改输入光标的颜色。
- **Selection Color⑪**：表示被选中文本的颜色。
- **Read Only⑫**：如启用此选项，则输入框文本内容不能被修改。
- **On Value Changed⑬**：表示当值被修改时调用的响应事件。
- **On End Edit⑭**：表示编辑结束时调用的响应事件。

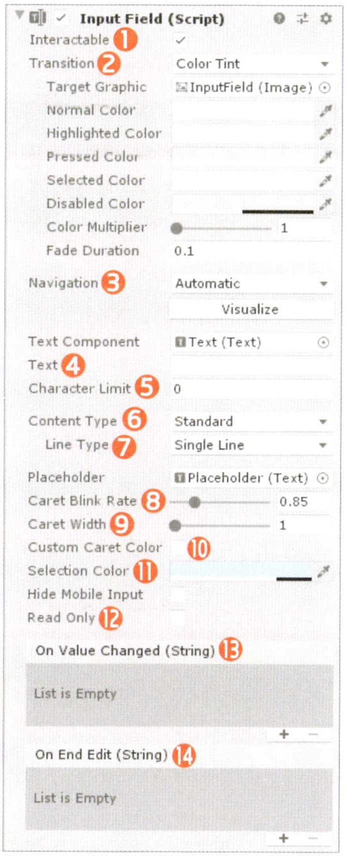

7.8.2 Toggle 开关

在Hierarchy窗口右击鼠标，依次单击UI>Toggle即可创建一个开关元素，如下左图所示。Toggle共由四个元素组成，分别为Toggle、Background、Checkmark和Label，如下右图所示。

- **Toggle①**：包含Toggle组件。
- **Background②**：包含Image组件，可显示确认框背景。
- **Checkmark③**：包含Image组件，可显示确认图片（默认是对号）。
- **Label④**：包含Text组件，可显示Toggle的文本。

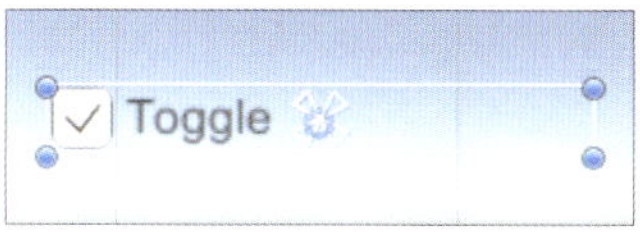

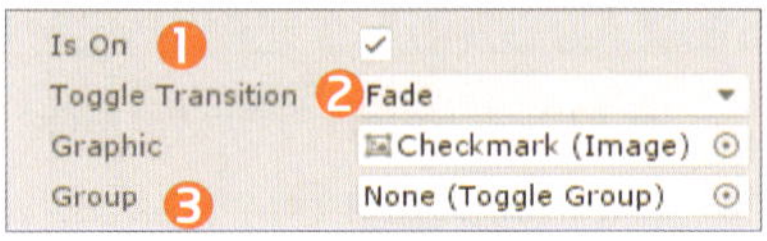

Toggle组件的参数如右图所示（与其它UI元素相同的参数将不再赘述）。

- **Is On❶**：表示开关是否处于激活模式。
- **Toggle Transition❷**：表示开关在切换状态时的效果，None表示无效果，Fade表示淡化。
- **Group❸**：表示Toggle Group。

7.8.3 Dropdown 下拉框

在Hierarchy窗口右击鼠标，依次单击UI>Dropdown即可创建一个下拉框元素，如下左图所示。Downdrop共由四个元素组成，分别为Dropdown、Label、Arrow和一个未激活的Template，如下中图所示。

- **Dropdown❶**：包含Image和Dropdown组件，Image可显示下拉框的背景。
- **Label❷**：包含Text组件，Text文本内容显示的是为进行下拉选择时的文字。
- **Arrow❸**：包含Image组件，可显示下拉框右侧的下拉按钮。

Dropdown组件的参数如下所示（与其它UI元素相同的参数将不再赘述）。

- **Value❶**：表示未选择时显示的选项，从0开始。
- **Alpha Fade Speed❷**：表示下拉菜单淡出/入速度。
- **Options❸**：表示下拉选项。

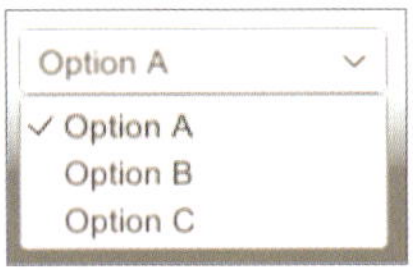

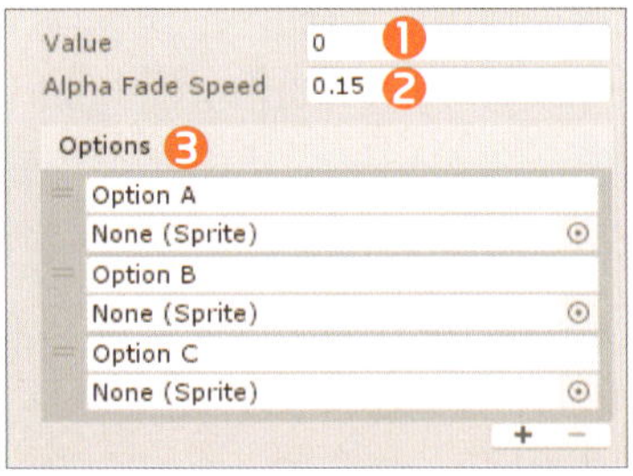

提示：添加/删除下拉列表的选项

在Dropdown组件的Options参数处可以单击“+”或者“-”来添加或删除下拉列表中的选项，如下图所示。

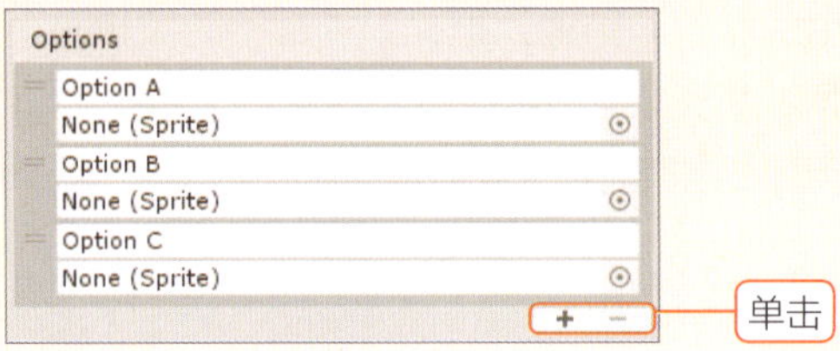

7.8.4 Slider 滑动条

在Hierarchy窗口右击鼠标，依次单击UI>Slider即可创建一个滑动条元素，如下左图所示。Slider共由四个元素组成，分别为Slider、Background、Fill Area和Handle Slide Area，如下右图所示。

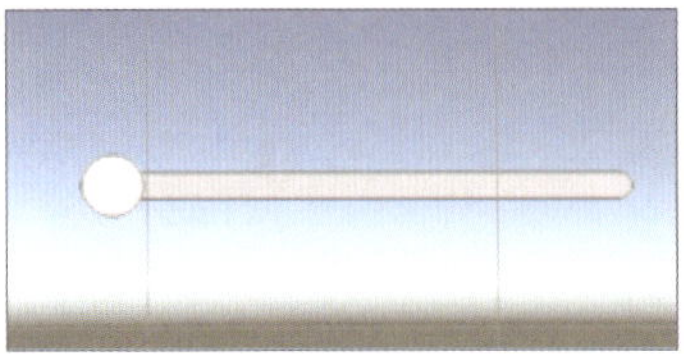

- Slider❶：包含Slider组件。
- Background❷：包含Image组件，可显示滑动条的背景。
- Fill Area❸：包含Image组件，可显示滑动条已滑动位置的贴图。
- Handle Slide Area❹：包含Image组件，可显示滑动条按钮。

Slider组件的参数如下所示（与其它UI元素相同的参数将不再赘述）。

- Direction❶：表示滑动条的方向。
- Min Value❷：表示最小值。
- Max Value❸：表示最大值。
- Whole Numbers❹：用于限制当前值是整数。
- Value❺：表示当前值。

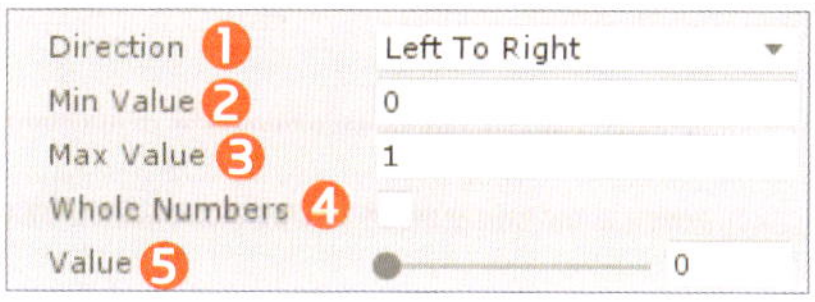

实战练习 使用Slider控制物体旋转

本次实战练习将使用UI元素Slider来控制游戏对象的旋转角度，当滑动Slider的滑动模块时，对应的游戏对象将随之旋转。

步骤 01 创建任一3D游戏对象作为被控制物体，将摄像机调整为在正前方正对此物体，如下左图所示。

步骤 02 同时创建Slider和Text元素并摆放至合适位置，如下右图所示。

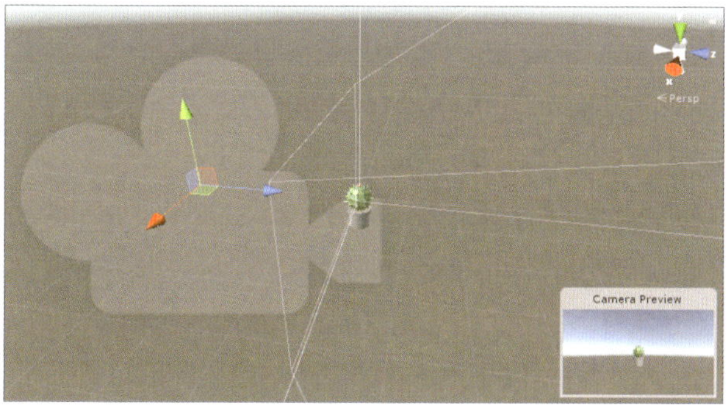

步骤 03 新建C#脚本并命名为“S7_8_4”，双击脚本文件进行编辑，代码如下：

```
using System.Collections;
using System.Collections.Generic;
using UnityEngine;
using UnityEngine.UI;

public class S7_8_4 : MonoBehaviour
{
    public Slider slider;
    public Text text;
    void Start()
    {
        text.text = "0° ";
        slider.onValueChanged.AddListener(
```

```
            delegate
            {
                float tempY = slider.value * 360f;
                this.transform.localEulerAngles = new Vector3(0, tempY, 0);
                text.text = (int)tempY + "° ";
            }
            );
        }
}
```

步骤 04 将上述代码拖曳到被控制物体的Inspector窗口，将Slider和Text分别指定为场景中的Slider和Text元素，如下左图所示。

步骤 05 单击运行按钮运行程序，即可观察到下右图所示画面。当用鼠标拖动滑动条时仙人掌会随之旋转，其Y轴角度将在滑动条右侧的Text中显示。

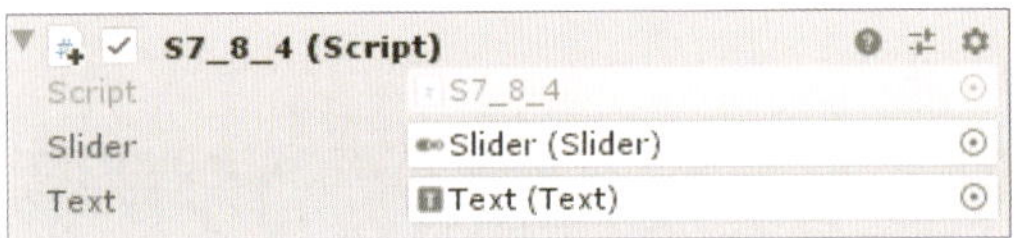

7.8.5 Scroll View 滚动区域

在Hierarchy窗口右击鼠标，依次单击UI>Scroll View即可创建一个滚动区域元素，如下左图所示。Scroll View共由四个元素组成，分别为Scroll View、Viewport、Scrollbar Horizontal和Scrollbar Vertical，如下右图所示。

- **Scroll View❶**：包含Image和Scroll Rect组件，其中Image组件可显示滚动区域的背景，Scroll Rect组件使滚动区域内的内容可以被拖曳。
- **Viewport❷**：将滚动区域中要显示的内容放到此游戏对象下。
- **Scrollbar Horizontal❸**：包含Scrollbar组件，表示水平滚动条。
- **Scrollbar Vertical❹**：包含Scrollbar组件，表示垂直滚动条。

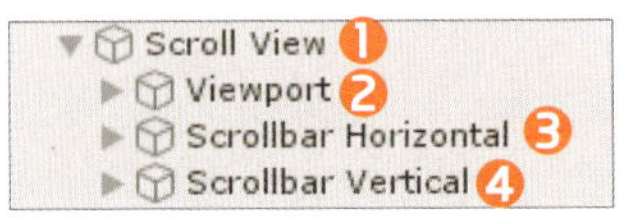

知识延伸：Toggle Group

开关组（Toggle Group）指的是将多个开关放到同一个组里，在该组下的开关只能有一个处于被勾选状态，下面通过一个实例来具体讲解。

步骤 01 新建Panel，将背景颜色调整为白色不透明，然后在Panel下新建一个Text和四个Toggle，如下左图所示。

步骤 02 将所有组件按照下右图所示进行摆放。

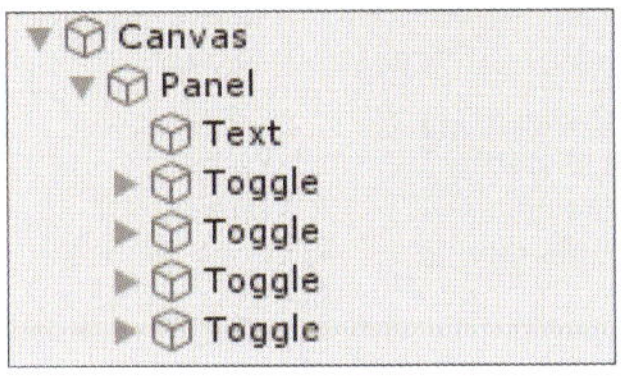

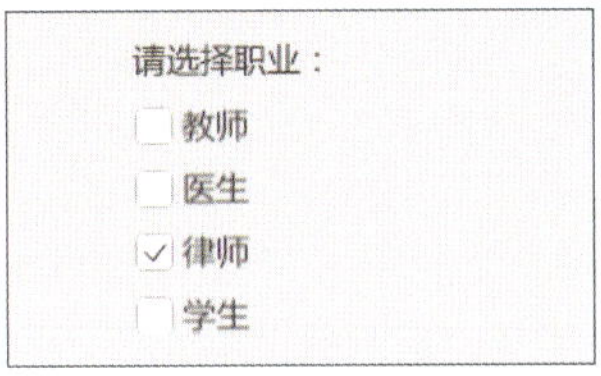

步骤 03 为Panel添加Toggle Group组件，如下左图所示。

步骤 04 将四个Toggle游戏对象Toggle组件下的Group组件修改为Panel，如下右图所示。

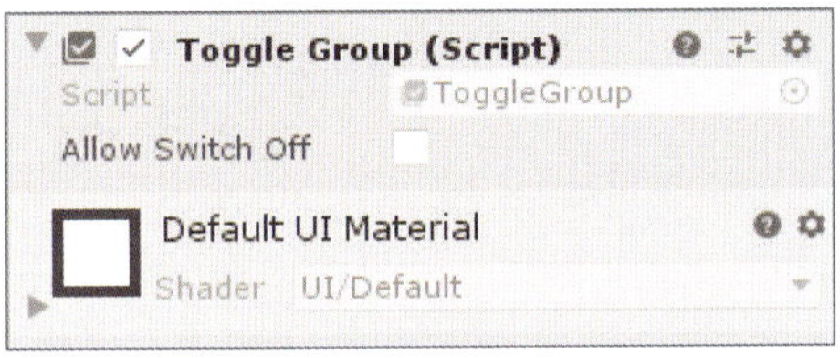

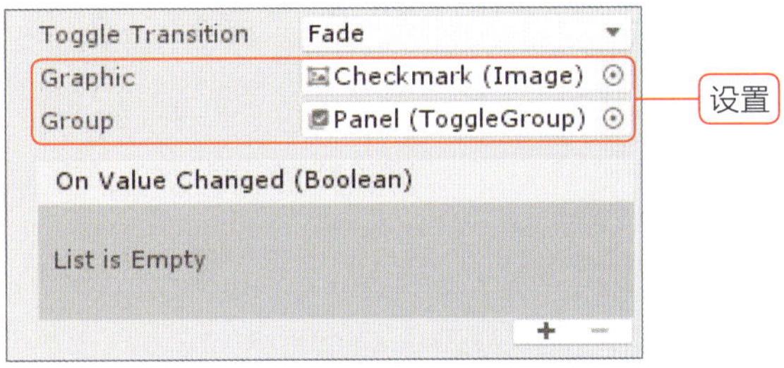

步骤 05 调整好Game窗口的分辨率（本例使用960×540），单击运行按钮运行程序，即可看到如下图所示画面。当选择任一职业时此职业前方的复选框将被勾选，同时其他职业的复选框将被设置为不被勾选状态。

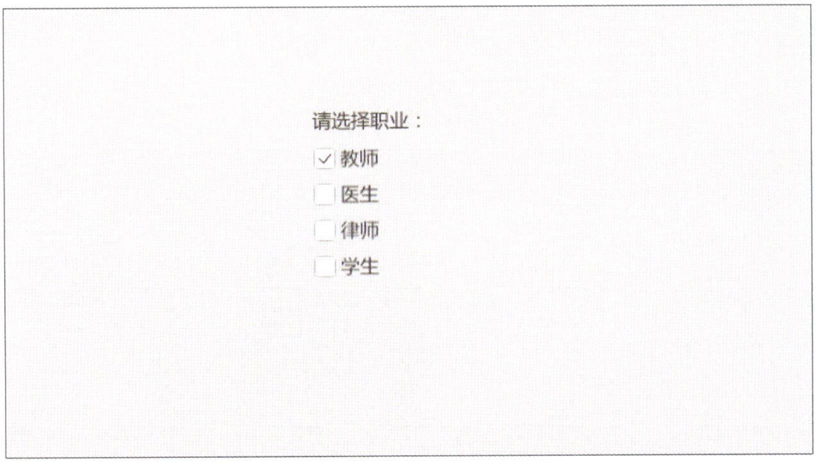

提示：Allow Switch Off

若激活Toggle Group组件上的Allow Switch Off参数（如下图所示），则允许此开关组的开关全部处于“关”的状态。

上机实训：制作用户登录界面

本次实训内容是制作用户登录界面，将实现如下功能：用户输入用户名和密码即可成功登陆，若输错则登录失败；用户可注册用户名和密码，将用户名和密码保存至本地文件中。具体操作步骤如下。

步骤 01 首先布局LoginPanel（登录界面）部分，在场景中新建一个Panel（设置其颜色为白色不透明）、三个Text、两个Input Field和两个Button，如下图所示。

步骤 02 将上述UI元素按照由下图所示进行摆放。

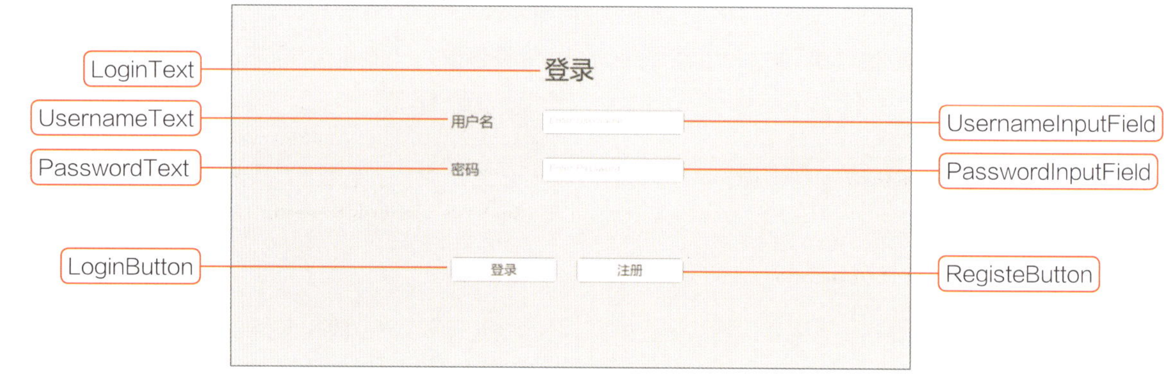

步骤 03 接下来布局RegistePanel（注册界面）部分，在场景中新建一个Panel（设置其颜色为白色不透明）、四个Text、三个Input Field和两个Button，如下图所示。

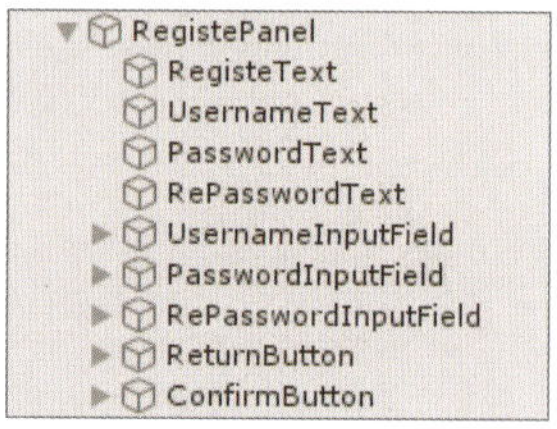

步骤 04 将上述UI元素按照由下图所示进行摆放。

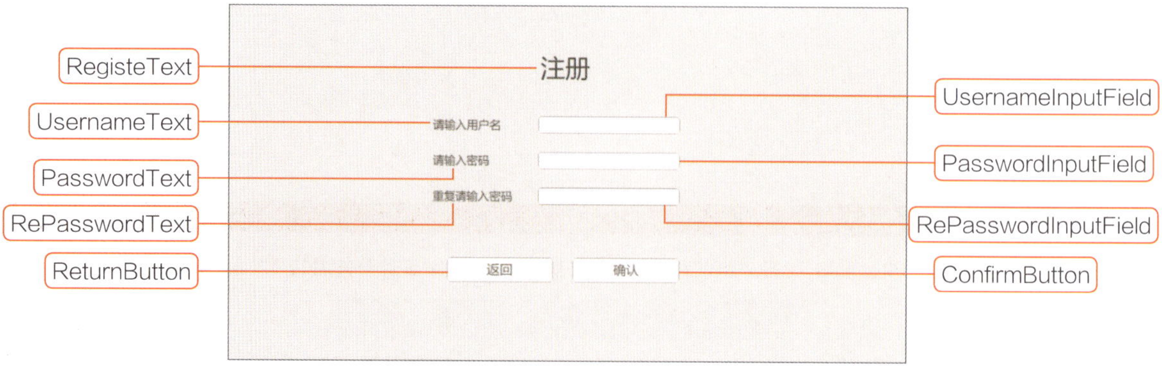

步骤 05 最后进行TipsPanel部分的布局，在场景中新建一个Panel（设置其颜色为白色半透明）、一个Image、一个Text和一个Button，如下图所示。

步骤 06 将上述UI元素按照由下图所示进行摆放。

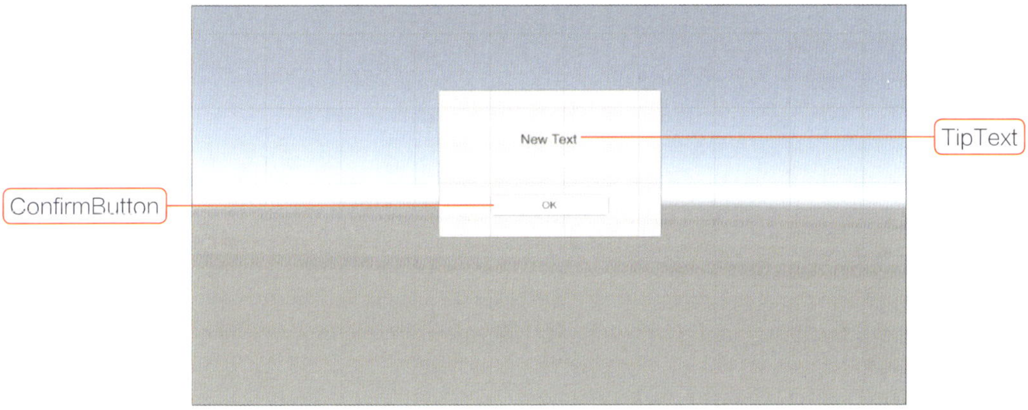

步骤 07 将所有密码输入框的Input Field组件中的Content Type参数修改为Password，如下图所示。

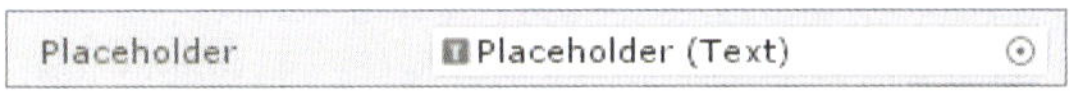

步骤 08 在Project窗口新建文件夹并命名为“StreamingAssets❶”，在“StreamingAssets”文件夹下新建User.json❷文件，如下左图所示。

步骤 09 在Project窗口新建文件夹并命名为“Plugins❶”，将LitJson.dll❷拖曳至“Plugins”文件夹下，如下右图所示。

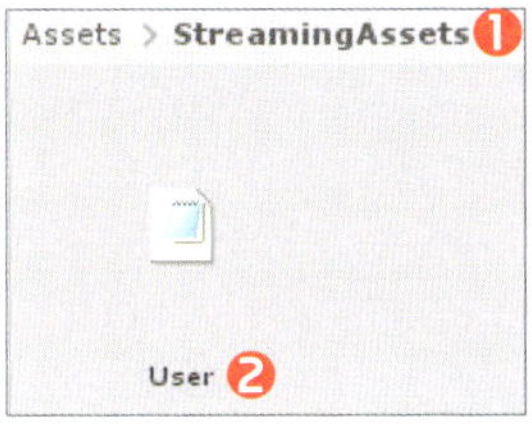

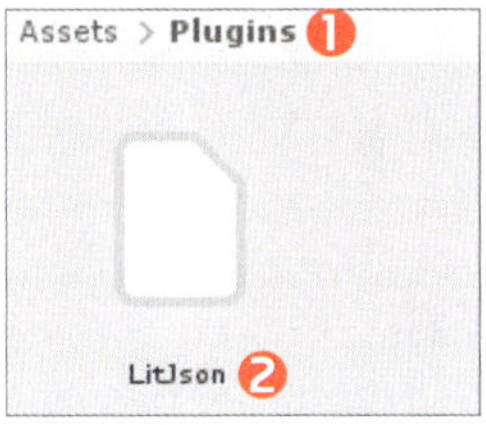

步骤 10 新建C#脚本并命名为“UIController”，双击脚本文件进行编辑，代码如下:

```
using System.Collections;
using System.Collections.Generic;
using UnityEngine;
using UnityEngine.UI;
using System.IO;
using LitJson;
public class UIController : MonoBehaviour
{
    GameObject loginPanel, registePanel, tipsPanel;
    InputField login_Username, login_Password, registe_Username, registe_Password, registe_
RePassword;
    Text tipText;
```

```
Button login_Login, login_Registe, registe_Return, registe_Confirm, tip_Confirm;
//Json文件的路径
string path;
//用于临时储存数据
Data data;
//注册用户是否已经存在
bool userExist = false;
public void Awake()
{
    //初始化GameObject变量
    loginPanel = GameObject.Find("LoginPanel");
    registePanel = GameObject.Find("RegistePanel");
    tipsPanel = GameObject.Find("TipsPanel");
    //初始化InputFieldl变量
    login_Username=loginPanel.transform.Find("UsernameInputField").GetComponent<InputField>();
    login_Password=loginPanel.transform.Find("PasswordInputField").GetComponent<InputField>();
    registe_Username=registePanel.transform.Find("UsernameInputField").GetComponent<InputField>();
    registe_Password=registePanel.transform.Find("PasswordInputField").GetComponent<InputField>();
    registe_RePassword=registePanel.transform.Find("RePasswordInputField").GetComponent<InputField>();
    //初始化Text变量
    tipText = tipsPanel.transform.Find("TipText").GetComponent<Text>();
    //初始化Button变量
    login_Login = loginPanel.transform.Find("LoginButton").GetComponent<Button>();
    login_Registe = loginPanel.transform.Find("RegisteButton").GetComponent<Button>();
    registe_Return=registePanel.transform.Find("ReturnButton").GetComponent<Button>();
    registe_Confirm=registePanel.transform.Find("ConfirmButton").GetComponent<Button>();
    tip_Confirm = tipsPanel.transform.Find("ConfirmButton").GetComponent<Button>();
    //本地Json文件储存路径
    path = Application.dataPath + "/StreamingAssets/User.json";
    data = new Data();
    data.users = new List<User>();
}
void Start()
{
    //为各个按钮添加点击事件
    registe_Confirm.onClick.AddListener(Login_Registe);
    tip_Confirm.onClick.AddListener(Tip_Confirm);
    login_Login.onClick.AddListener(Login_Login);
    login_Registe.onClick.AddListener(delegate {
        loginPanel.SetActive(false);
        registePanel.SetActive(true);
        registe_Username.text = "";
        registe_Password.text = "";
        registe_RePassword.text = "";
    });
    registe_Return.onClick.AddListener(delegate {
        loginPanel.SetActive(true);
        registePanel.SetActive(false);
        login_Username.text = "";
        login_Password.text = "";
    });
    loginPanel.SetActive(true);
    registePanel.SetActive(false);
```

```
        tipsPanel.SetActive(false);
    }
    void Tip_Confirm()
    {
        if (tipText.text == "注册成功")
        {
            tipsPanel.SetActive(false);
            loginPanel.SetActive(true);
            registePanel.SetActive(false);
        }
        else
        {
            tipsPanel.SetActive(false);
        }
    }
    //登录
    void Login_Login()
    {
        //用户名和密码应不为空，否则将弹出提示
        if (login_Username.text != "" && login_Password.text != "")
        {
            StreamReader sr = new StreamReader(path);
            string json = sr.ReadToEnd();
            sr.Close();
            sr.Dispose();
            Data temp = JsonMapper.ToObject<Data>(json);
            //遍历json文件
            for (int i = 0; i < temp.users.Count; i++)
            {
                //判断用户名是否存在
                if (login_Username.text == temp.users[i].username)
                {
                    //如果用户名存在则判断密码是否对应
                    if (login_Password.text == temp.users[i].password)
                    {
                        tipsPanel.SetActive(true);
                        tipText.text = "登录成功！";
                        break;
                    }
                    //密码错误则弹出提示
                    else
                    {
                        tipsPanel.SetActive(true);
                        tipText.text = "密码错误！";
                        break;
                    }
                }
                if (i == temp.users.Count - 1 && login_Username.text != temp.users[i].username)
                {
                    tipsPanel.SetActive(true);
                    tipText.text = "此用户不存在！";
                    break;
                }
```

```
                }
            }
            else
            {
                tipsPanel.SetActive(true);
                tipText.text = "用户名或密码不能为空! ";
            }
        }
        //注册
        void Login_Registe()
        {
            if (registe_Username.text != "" && registe_Password.text != "" && registe_RePassword.text
!= "" )
            {
                if (registe_Password.text == registe_RePassword.text)
                {
                    userExist = false;
                    data.users.Clear();
                    //首先检测此用户名是否存在
                    StreamReader sr = new StreamReader(path);
                    string json = sr.ReadToEnd();
                    sr.Close();
                    sr.Dispose();
                    Data temp = JsonMapper.ToObject<Data>(json);
                    data.users = temp.users;
                    for (int i = 0; i < data.users.Count; i++)
                    {
                        if (registe_Username.text == data.users[i].username)
                        {
                            tipText.text = "此用户存在";
                            tipsPanel.SetActive(true);
                            userExist = true;
                            break;
                        }
                    }
                    //如果用户名不存在则把信息储存至Json文件中
                    if (!userExist)
                    {
                        User newUser = new User(registe_Username.text, registe_Password.text);
                        data.users.Add(newUser);
                        string jsonDada = JsonMapper.ToJson(data);
                        StreamWriter sw = new StreamWriter(path);
                        sw.Write(jsonDada);
                        sw.Close();
                        sw.Dispose();
                        tipText.text = "注册成功";
                        tipsPanel.SetActive(true);
                    }
                }
                else
                {
                    tipText.text = "密码不一致";
                    tipsPanel.SetActive(true);
```

```
            }
        }
        else
        {
            tipText.text = "选项不能为空";
            tipsPanel.SetActive(true);
        }
    }
}
//json数据类
public class User
{
    public string username,password;
    public User(string _username, string _password)
    {
        username = _username;
        password = _password;
    }
    public User()
    {
    }
}
public class Data
{
    public List<User> users;
}
```

步骤 11 将上述脚本拖曳至Canvas游戏对象的Inspector窗口并运行程序，即可进行用户登录/注册操作，如下图所示。

课后练习

1. 选择题

（1）若想让图片显示到Image元素上，在导入时需将图片的模式更改为下列哪一选项（　　）？

A. Normal Map　　B. Sprite

C. Lightmap　　D. Cookie

（2）下列选项中哪一个不是Image元素的图片类型（　　）？

A. Slide　　B. Simple

C. Normal　　D. Filled

（3）有关UI元素“Text”，下列说法中错误的是（　　）？

A. 为Text添加“Shadow”组件可使文字带有阴影效果

B. 修改Text组件中的Font Style参数可以更换字体

C. 为Text添加“Outline”组件可使文字带有描边效果

D. 修改Text组件中的Font Size参数可以更换字体

2. 填空题

（1）画布（Canvas）的三种渲染模式分别为__________、__________和__________。

（2）使用C#语言来为按钮添加点击事件的代码是__________。

（3）控制各个UI元素位置、旋转和大小的组件是__________。

3. 上机题

制作一个UI程序来模拟个人信息登记系统，需要填写的信息有：姓名、性别、年龄、手机号、学历、职业、家庭住址等信息。

操作提示

（1）部分信息（如学历）可使用多选项或下拉选项让用户进行选择，相对手动填写而言体验感更好。

（2）需对手动填写的内容进行识别，例如手机号，应全部为数字才可以进行提交。

Chapter 08 Unity与虚拟现实结合

本章概述

通过前几章的学习，大家对Unity的基本操作有了一定了解。在本章将介绍如何将Unity制作的程序转换为虚拟现实项目，并使用头显和手柄进行互动。

核心知识点

1. 将场景映射到头显
2. 使用虚拟现实手柄进行互动
3. 虚拟现实中的UI交互

8.1 将场景映射到头显

使用Unity制作虚拟现实的第一步就是将场景映射到头显中，在此讲解过程中使用的头显设备为HTC VIVE。

8.1.1 Unity 3d对虚拟现实的支持

在Unity 3d中，只需要进行一些简单的设置即可使项目支持虚拟现实头显，其步骤及讲解如下。

首先在主界面菜单栏依次单击Edit>Project Settings弹出Project Settings对话框，然后单击“Player❶”按钮切换至Play选项卡，最后单击XR Settings❷按钮展开其下拉属性菜单，如下图所示。其中Virtual Reality Supported❸属性即表示Unity对虚拟现实的支持。勾选其右侧的复选框即可激活此参数。

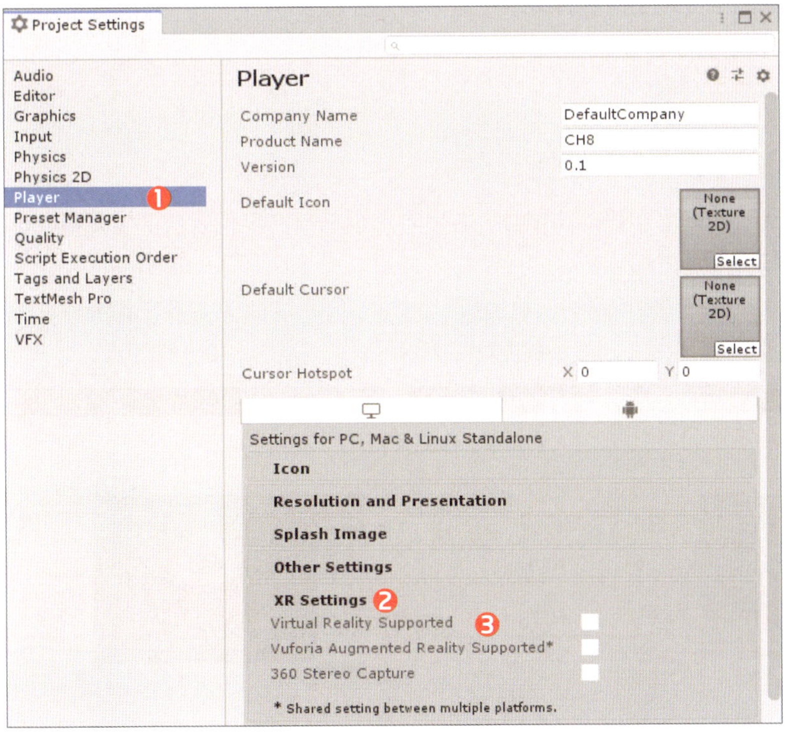

启用Virtual Reality Supported参数后将多出两个新的参数，如下左图所示。

- **Virtual Reality SDKs❶**：用于管理虚拟现实SDK，单击其右下角的“+”或“-”可以添加或删除SDK。

- Stereo Rendering Mode②：表示渲染模式。
  - Multi Pass：表示虚拟现实的参考渲染路径。
  - Single Pass：表示比Multi Pass更快的渲染路径。
  - Single Pass Instanced：表示Single Pass的优化版本渲染路径。

使用HTC Vive需要为Virtual Reality Supported添加“OpenVR”，如下中图所示。

关闭Project Setting对话框，鼠标单击选中摄像机后可以发现Camera组件下多出三个参数，如下右图所示。

- Stereo Separation①：表示瞳距（两只虚拟眼睛之间的距离）。
- Stereo Convergence②：表示焦点。
- Target Eye③：表示将画面渲染至左右眼。
  - Both：表示左右眼全部渲染。
  - Left：表示只渲染左眼。
  - Right：表示只渲染右眼。

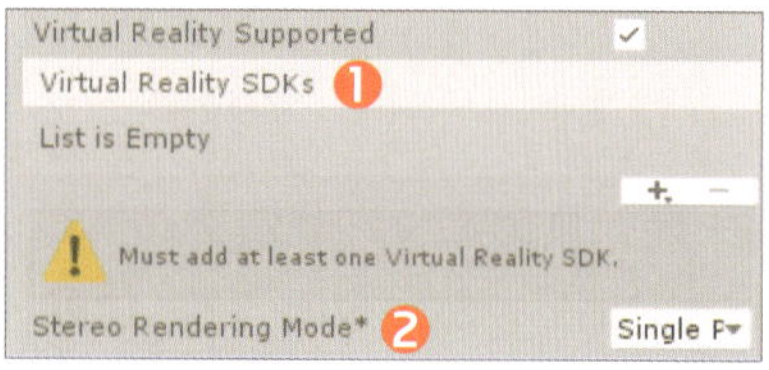

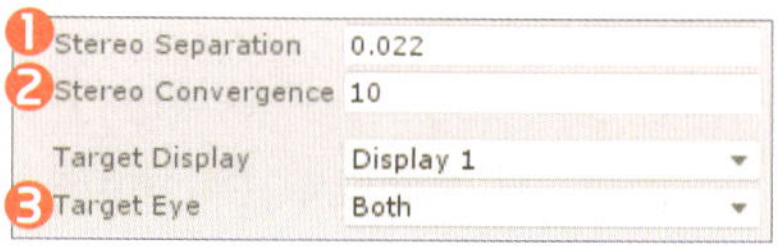

单击运行按钮运行程序，此时即可在虚拟现实头显中观察到场景中的环境画面。头显中所显示的画面即为摄像机所照射到的画面，当使用者转头时摄像机也会随之转动。

此外，Unity自身还提供了手柄和其他外设的接口供开发者使用，感兴趣的读者可以去Unity的官网详细了解，此处将不做重点介绍。

8.1.2 使用二次软件开发包

一般来说，各大虚拟现实头显厂商都会为开发者提供与其产品相对应的工具包。这些工具包封装了一些基础功能，可以简化开发流程。

以HtcVive为例，我们需要用到的工具包有Steam VR Plugin（如下左图所示）和VIVE Input Utility（如下右图所示），直接在Asset Store中搜索名字即可获取两种软件的开发包。

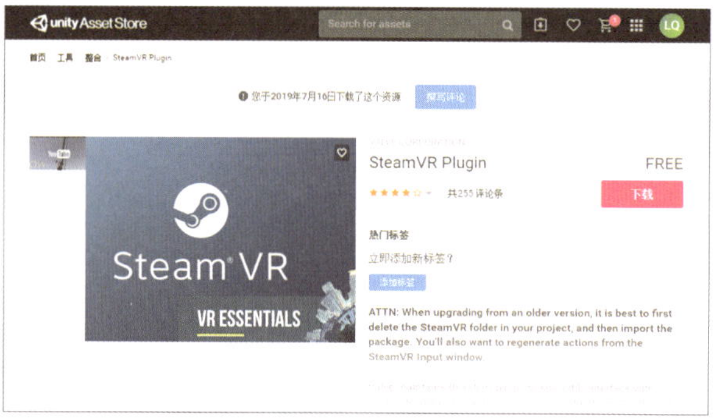

提示：通过菜单命令进行视图切换

两种工具包的版本不同，在兼容性以及操作上会存在些许差别，因此光盘中附赠本书所使用版本的工具包，名为SteamVRPlugin2.2.0.unitypackage和ViveInputUtility1.10.4.unitypackage。

将两种工具包全部导入项目后，依次单击主界面菜单栏中的Window>SteamVR Input按钮调出SteamVR Input选项卡，如下左图所示。单击选项卡中的Save and generate按钮，则会自动生成并导入SteamVR的输入文件夹，如下右图所示。

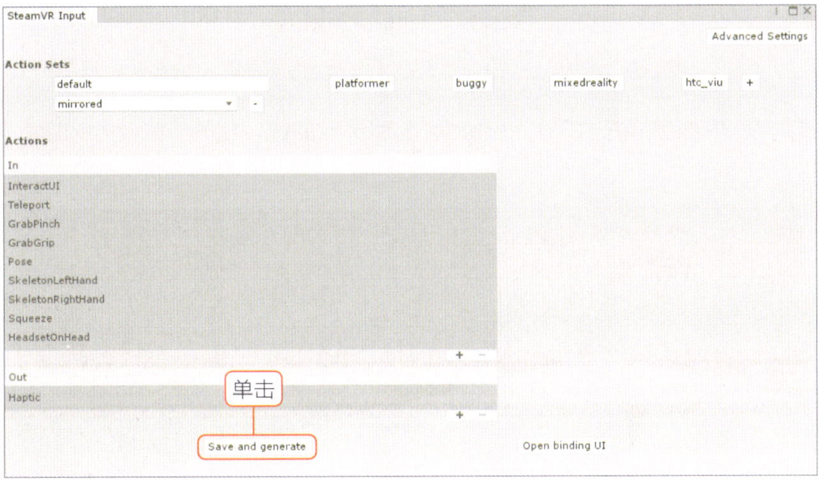

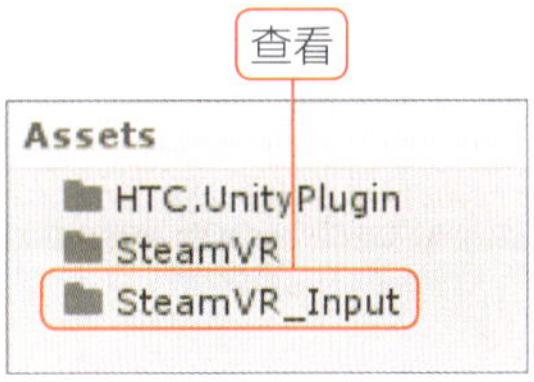

在Project窗口中找到Assets/HTC.UnityPlugin/ViveInputUtility/Prefabs路径下的ViveCamera-Rig.prefab文件，如下左图所示。

将ViveCameraRig拖曳至场景中并删除原相机（Main Camera），如下中图所示。到此步骤运行程序，即可在虚拟现实头显中观察到场景中的环境画面。

在Game窗口的右上角可以调节Game窗口显示头显中哪个眼睛所看到的画面，如下右图所示。

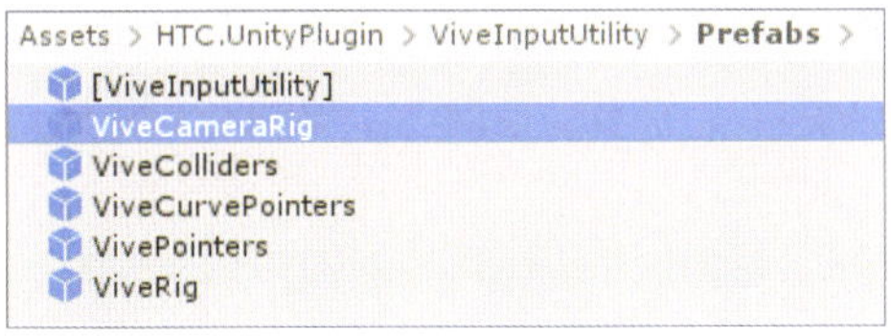

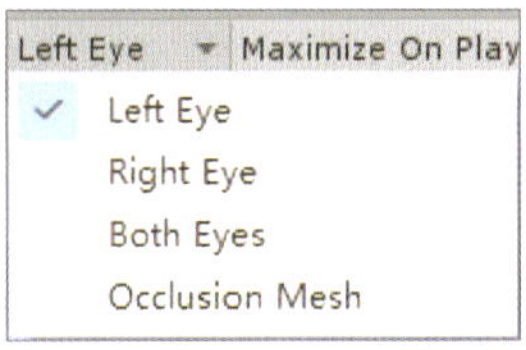

8.2 用手柄进行VR互动

虚拟现实使人机交互的方式不在局限于鼠标和键盘，其中最常见的交互方式就是VR手柄。本章将讲解如何使用手柄进行瞬移和如何使用手柄抓取物体。

8.2.1 使用手柄在场景中“瞬移”

“瞬移”指的是利用手柄发射射线，当触发指定条件时主角移动至射线与地面发生碰撞的位置。使用Steam VR Plugin和VIVE Input Utility可轻松实现此功能，具体步骤如下：

首先按照本书8.1.2所示导入两种工具包，删除场景中的相机（Main Camera），Create Empty并命名为VR Orgin❶，如下左图所示。

找到Assets/HTC.UnityPlugin/ViveInputUtility/Prefabs路径下的ViveCameraRig.prefab❷文件和ViveCurvePointers.prefab❸文件。创建上述两个预制体并将其拖曳至VR Orgin目录下。

Create Empty并命名为Walkable❹，在Walkable目录下新建“plane❺”，即可以在虚拟现实环境中使用手柄瞬移到的地点。最后在Walkable的Inspector窗口为其添加Teleportable组件，如下右图所示。

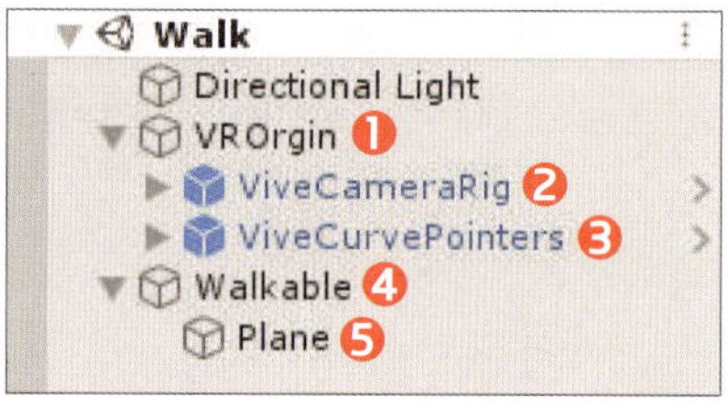

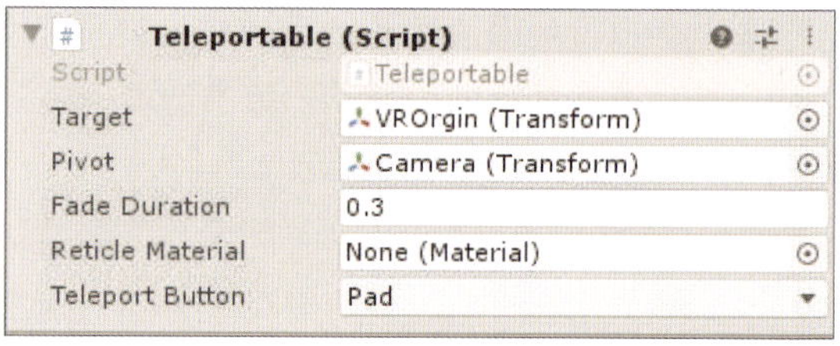

单击运行按钮运行程序，此时在VR眼镜中按住Touchpad可出现示意曲线，松开Touchpad后即可瞬移至指定地点，如下图所示。

8.2.2 使用手柄抓取物体

使用鼠标抓取物体指的是当手柄接触到指定物体时使其跟随手柄进行移动，具体步骤如下：

按照本书8.1.2所示导入两种工具包，删除场景中的相机（Main Camera），Create Empty并命名为VR Orgin❶，如下图所示。

找到Assets/HTC.UnityPlugin/ViveInputUtility/Prefabs路径下的ViveColliders.prefab❷文件和ViveCameraRig.prefab❸文件。创建上述两个预制体并将其拖曳至VR Orgin目录下。分别创建Cube❹和Sphere❺。

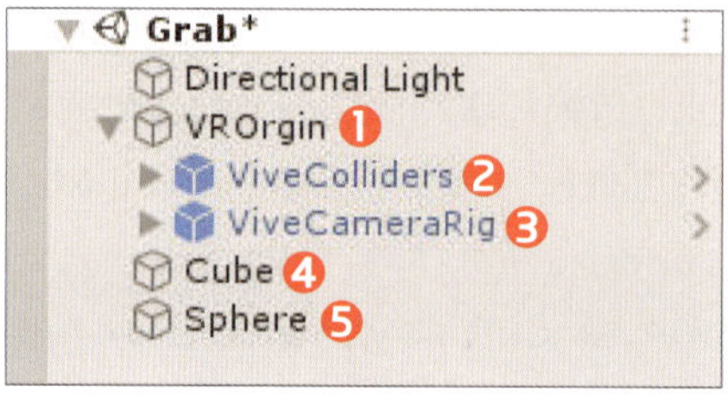

为Cube添加Basic Grabbable组件，如下左图所示。为Sphere添加Sticky Grabbable组件，如下右图所示。

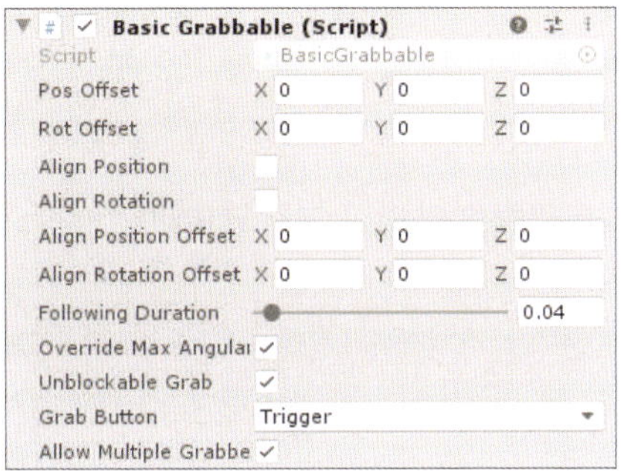

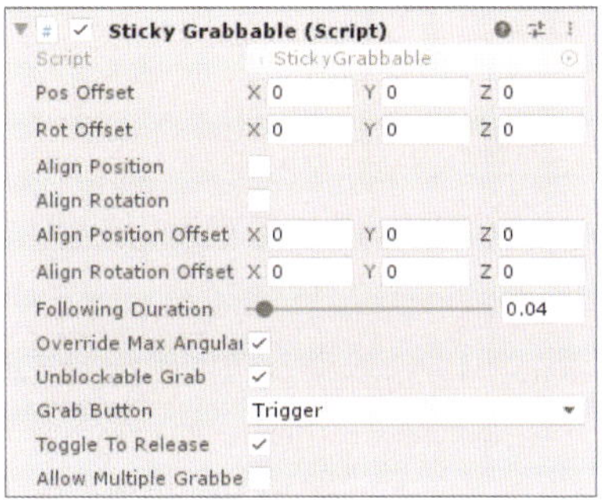

单击运行按钮运行程序，此时在VR眼镜中可使用Trigger（扳机）键抓取物体，如下图所示。当手柄与Cube发生碰撞时扣住扳机键，Cube会随着手柄移动，当松开扳机键时Cube停止移动；当手柄与Sphere发生碰撞时扣动扳机键，Sphere会随着手柄移动，当再次扣动扳机键时手柄停止移动。

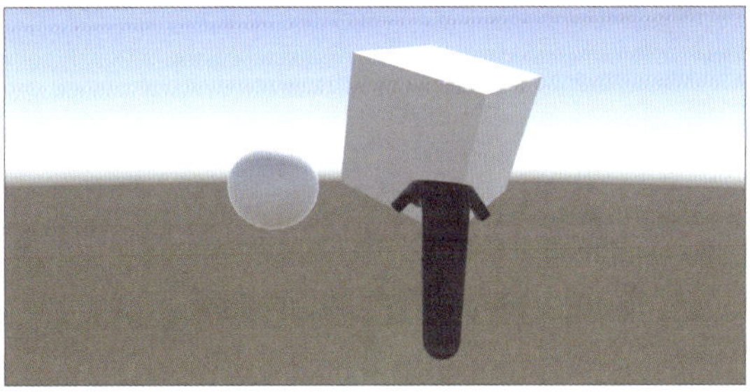

8.3 UI与虚拟现实技术结合

PC或移动端的UI界面一般会默认覆盖3D物体，显示在屏幕的最上层。但在虚拟现实中UI元素将被当作和场景中其他游戏对象性质相同的一张片来渲染，并且所有UI元素都可以位于其他3d游戏对象的前/后方。

8.3.1 将UI映射到头显

将UI映射到虚拟现实头显中主要修改的是Canvas（画布）的参数，如下图所示。

新建场景，首先删除原相机并将ViveCameraRig.prefab拖曳至场景中。创建任一UI元素，将其Canvas组件中的Render Mode改为World Space❶模式，Event Camera改为场景中的Camera❷。将Canvas的缩放比例更改为0.01❸。

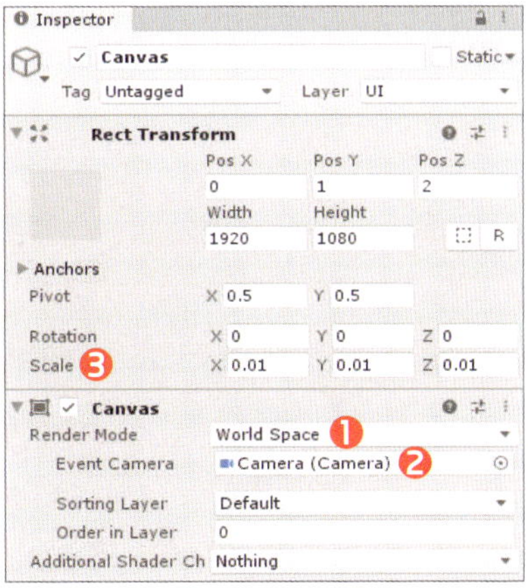

将Canvas调整至合适位置，单击运行按钮即可在VR眼镜中观察到UI界面。

8.3.2 使用手柄点击按钮

使用手柄点击按钮的原理即从手柄发射射线与UI元素发生碰撞，在此节将以Button（按钮）作为示例进行讲解，其他UI元素的交互与其相同。

步骤 01 首先按照本书8.1.2所示导入两种工具包，删除场景中的相机（Main Camera）后Create Object❶，如下图所示。找到Assets/HTC.UnityPlugin/ViveInputUtility/Prefabs路径下的ViveCameraRig.prefab❷文件和VivePointers.prefab❸文件。创建上述两个预制体并将其拖曳至VR Orgin目录下。创建Button❹，将Canvas按照8.3.1章节中所示修改其参数。

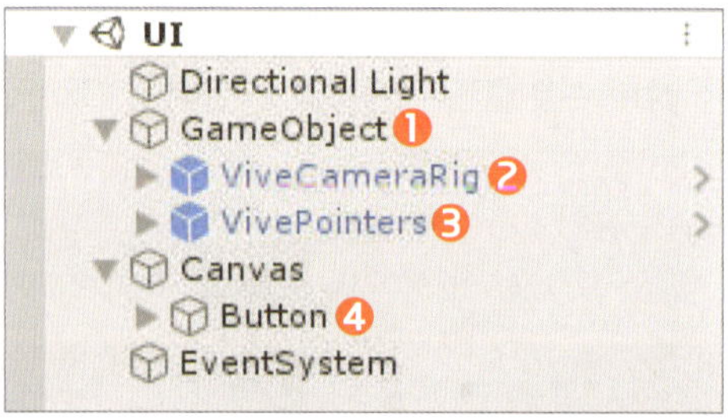

步骤 02 选中Canvas，在其Inspector窗口将原有的Canvas Scaler❶组件和Graphic Raycaster❷组件删除，然后为其添加Canvas Raycast Target❸组件，如下图所示。

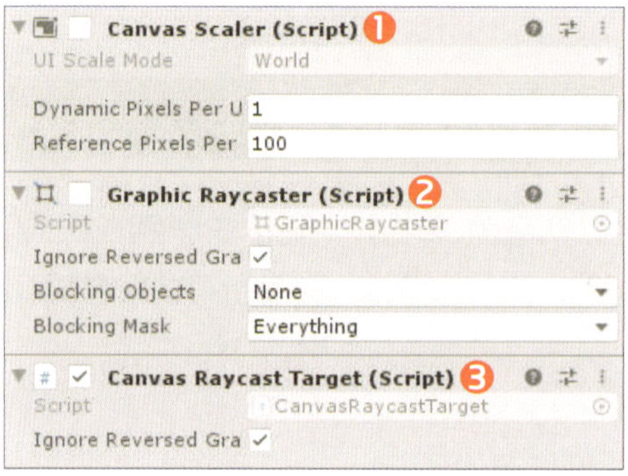

到此步骤单击运行按钮运行程序，即可在虚拟现实头显中使用手柄点击按钮，如下图所示。

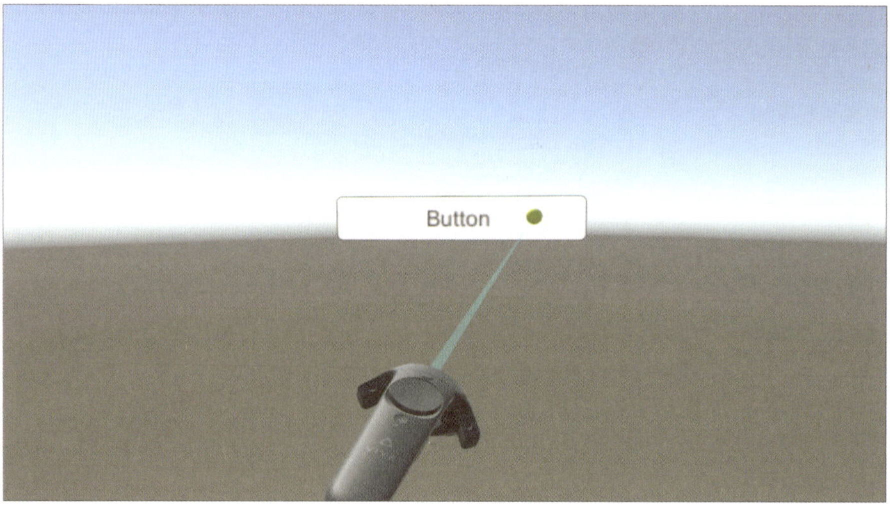

知识延伸：HTC Vive手柄按键

HTC Vive手柄（如下图所示）上有多个实体按键，了解这些按键的名称可以让用户更快的完成开发及使用。

下面将介绍这些按键的名称及可进行的操纵方式：

- Menu Button❶：菜单按钮，可进行点击操纵。
- TouchPad❷：触摸板，可进行触摸和按下两种操纵方式。
- System Button❸：系统按钮，单击后可呼出系统菜单，一般情况下不进行设置。
- Grip Button❹：握持按钮，手柄两侧各有一个此按钮，但是按下任一按钮均调用同一事件。
- Trigger Button❺：扳机键，分为两段式按键，同时会返回一个float的值。

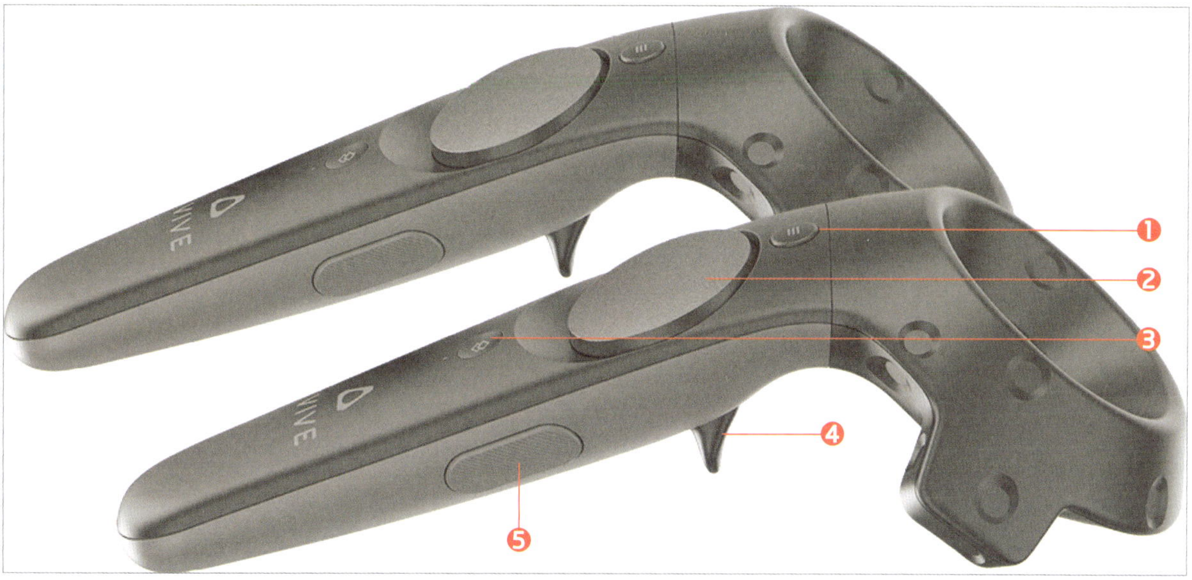

上机实训：为虚拟现实手柄添加点击事件

为按键添加自定义的点击事件在开发过程中经常会用到，在前面的学习中已经了解过如何为鼠标和键盘添加点击事件，本次实训将为虚拟现实手柄添加点击事件。

步骤 01 导入两种工具包，然后删除场景中的相机（Main Camera）。找到Assets/HTC.UnityPlugin/ViveInputUtility/Prefabs路径下的ViveCameraRig.prefab文件，在场景中创建上述预制体。

步骤 02 新建C#脚本并命名为“ViveClickEvent”，双击脚本文件进行编辑，代码如下：

```
using System.Collections;
using System.Collections.Generic;
using UnityEngine;
using HTC.UnityPlugin.Vive;

public class ViveClickEvent : MonoBehaviour
{
    void Update()
```

```
    {
        if (ViveInput.GetPressDown(HandRole.RightHand, ControllerButton.DPadUp))
        {
Debug.Log("按下右手柄TouchPad的上键");
        }
        if (ViveInput.GetPressDown(HandRole.RightHand, ControllerButton.DPadDown))
        {
Debug.Log("按下右手柄TouchPad的下键");
        }
        if (ViveInput.GetPressDown(HandRole.RightHand, ControllerButton.DPadLeftTouch))
        {
Debug.Log("触摸右手柄TouchPad的左键");
        }
        if (ViveInput.GetPressDown(HandRole.RightHand, ControllerButton.DPadRightTouch))
        {
Debug.Log("触摸右手柄TouchPad的右键");
        }
        if (ViveInput.GetPressDown(HandRole.RightHand, ControllerButton.Menu))
        {
Debug.Log("按下右手柄的菜单键");
        }
        if (ViveInput.GetPressDown(HandRole.RightHand, ControllerButton.HairTrigger))
        {
Debug.Log("轻按右手柄的Trigger键");
        }
        if (ViveInput.GetPressDown(HandRole.RightHand, ControllerButton.FullTrigger))
        {
Debug.Log("完全按下右手柄的Trigger键");
        }
        if (ViveInput.GetPressDown(HandRole.RightHand, ControllerButton.Grip))
        {
Debug.Log("按下右手柄的Grip键");
        }
    }
}
```

步骤03 将上述脚本拖曳至场景中任一游戏对象的Inspector窗口，单击运行按钮运行程序。到此步骤可按下任一HTC Vive右手柄的按键，在Console窗口会输入代码中对应的提示语句，如下图所示。

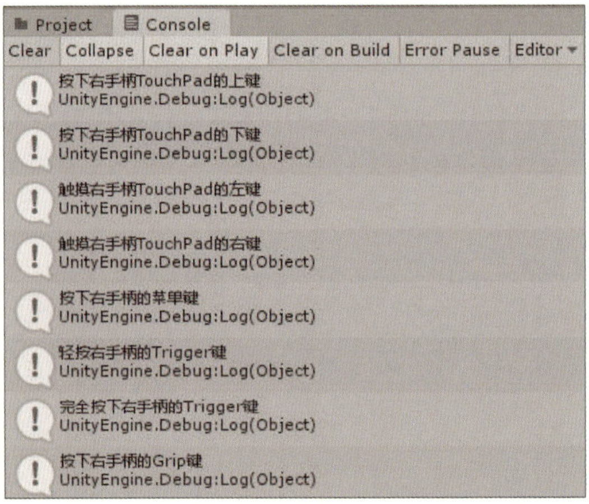

课后练习

1. 选择题

（1）使用HTC Vive作为测试头显时，需要添加以下哪个Virtual Reality SDK（　　）？

A. None　　B. Open VR

C. Oculus　　D. Mock HMD

（2）想要Unity支持虚拟现实头显，首先需开启Project Setting的哪个参数（　　）？

A. Virtual Reality Supported

B. ARCore Supported

C. Vuforia Augmented Reality Supported

D. Custom Keystore

（3）下列参数中，哪一个不是开启虚拟现实支持后相机才有的参数（　　）？

A. Allow Dynamic Resolution　　B. Stereo Separation

C：Target Eye　　D. Stereo Convergence

2. 填空题

（1）在本章讲解中，用到的两个工具包分别是__________和__________。

（2）使用手柄与UI发生交互时，需为Canvas添加__________组件。

（3）若要使UI在虚拟现实头显中和普通3D物体一样显示，需要将Render Mode调整为__________。

3. 上机题

在场景中新建两个VideoPlayer游戏对象，使两个VideoPlayer游戏对象播放不同的视频并分别渲染至虚拟现实眼镜的左右眼。

操作提示

（1）在Project窗口创建Render Texture，首先将视频渲染至Render Texture，再将Render Texture指定到相机；

（2）需要在场景中创建两个相机；

（3）修改相机组件的Target Eye参数来指定虚拟现实的两只眼镜分别播放哪一视频。

Chapter 09 Audio（音效）

本章概述

音效是虚拟现实程序中不可或缺的一部分，它能使用户获得更加真实的沉浸感。Unity的音频系统功能强大且易于上手，同时支持通过麦克风等设备录制音频。本章仅介绍Audio的基础知识。

核心知识点

❶ 了解Video Clip（音频文件）
❷ 了解Audio Source（声源）
❸ 了解Audio Listener（音频监听器）
❹ 掌握基本的2D/3D音效实现方式

9.1 音频文件（Video Clip）

Unity支持四种常用类型的音频文件，分别是WAV、MP3、OGG和AIFF，本书将以WAV为例进行讲解。

将音频文件导入Unity后首先进行的是导入设置（Import Setting），在Project窗口单击选中音频文件，在Inspector窗口即可对其进行设置，如下图所示。

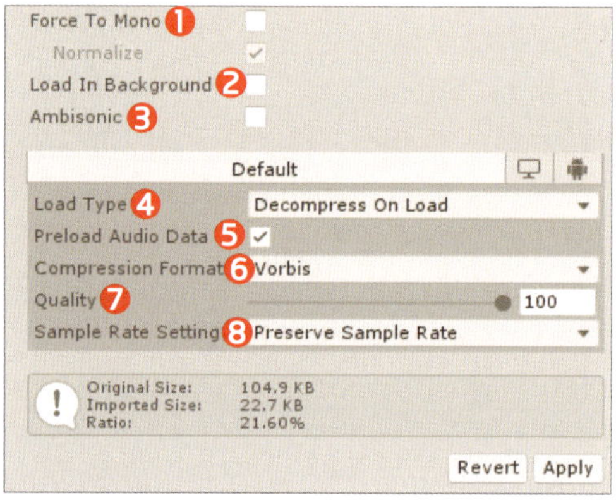

可进行修改的参数有：

- **Force To Mono❶**：表示强制转为单声道。
- **Load In Background❷**：表示后台加载，不阻塞主线程。
- **Ambisonic❸**：表示环绕声。
- **Load Type❹**：用于修改音频的加载方式。
  - **Decompress On Load**：表示在加载的时候解压缩（而不是在播放时，适合较短音频文件）。
  - **Compressed In Memory**：表示在播放的时候解压缩。
  - **treaming**：表示播放时从硬盘读取数据流，适合较大的背景音乐文件。
- **Preload Audio Data❺**：表示是否预加载音频数据。
- **Compression Format❻**：用于修改数据压缩格式。
- **Quality❼**：用于修改音频品质，当Compression Format设置为Vorbis时，可将此参数设置为0~100。
- **Sample Rate Setting❽**：表示采样率设置。
  - **Preserve Sample Rate**：表示保留原有采样率。

■ **Optimize Sample Rate**：表示优化采样率。

■ **Override Sample Rate**：表示重新设置采样率。

9.2 声源（Audio Source）

声源（Audio Source）即播放Video Clip的组件，为场景内的任一游戏对象添加Audio Source组件即可查看其参数，如下图所示。

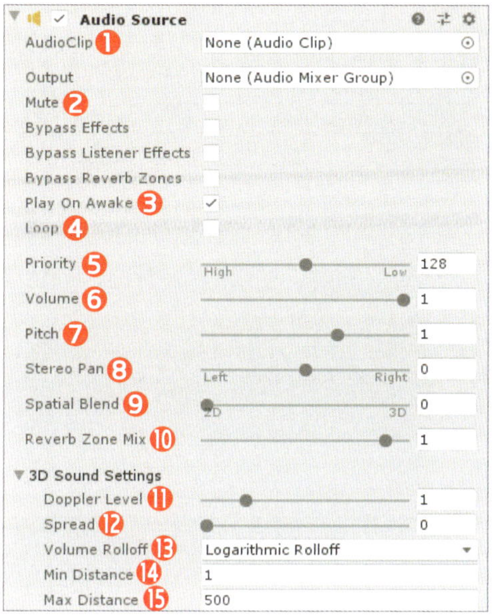

下面就Audio Source的部分参数进行讲解。

- **Audio Clip❶**：用于指定即将播放的音频文件。
- **Mute❷**：表示静音。
- **Play On Awake❸**：表示自动播放。
- **Loop❹**：表示循环播放。
- **Priority❺**：用于确定此Audio Source在场景中共存的其它所有音源中的优先级。
- **Volume❻**：表示与音频侦察器（Audio Listener）相距一个坐标单位处的音量。
- **Pitch❼**：表示Audio Clip减慢/加快播放时形成的音调变化量。
- **Stereo Pan❽**：表示声道占比，对纯3D声源无效。
- **Spatial Blend❾**：表示空间混和，用于指定当前音源是2D音源、3D音源还是二者插值的复合型音源。此参数决定了3D Sound Setting作用在此音源上的程度，当此值为0时，3D Sound Setting将不起作用。
- **Reverb Zone Mix❿**：表示回音混合，用于设置输出到混响区域的信号量。
- **Doppler Level⓫**：表示多普勒等级。
- **Spread⓬**：表示传播角度。
- **Volume Rolloff⓭**：表示声音在距离上的衰减速度。
- **Min Distance⓮**：表示音量曲线中的最大音量位置。超越此值时，声音将逐渐衰减。
- **Max Distance⓯**：表示当超出此距离时，声音将停止衰减。

9.3 音频侦察器（Audio Listener）

音频侦察器（如下图所示）可以接收当前场景中所有来自Audio Source（声源）的声音，Unity经过处理后将其传递至扬声器进行播放。

在同一场景中Audio Listener只能有一个，一般来说将其添加至“主角”或者“相机”上。当在场景中创建相机时，Unity将会自动为Camera添加Audio Listener组件。

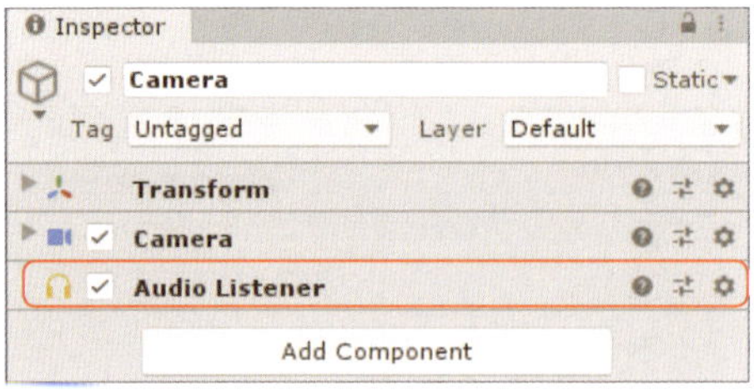

Audio Listener组件没有任何可被设置的参数，直接添加即可使用。当场景中有多个Audio Listener时会输出错误提示（如下图所示），此时只需要将多余的Audio Listener组件删除即可。

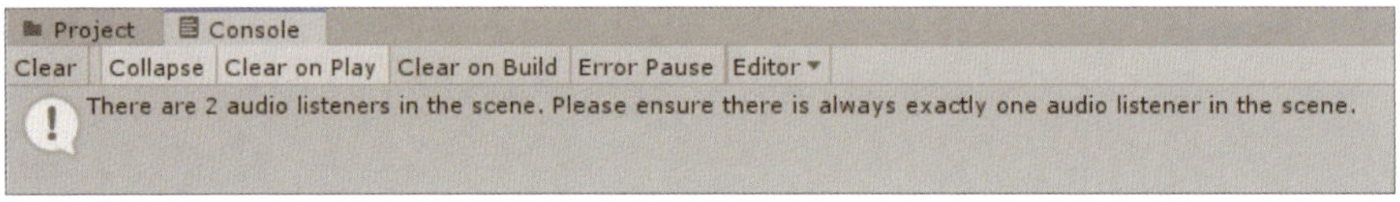

9.4 2D/3D音效

2D音效将忽略空间位置，因此将Audio Listener和Audio Source组件添加至同一游戏对象上即可。

实现2D音效的具体方法如下：

为摄像机分别添加Audio Listener❶组件和Audio Source❷组件，如下图所示。

将音频文件（Audio Clip）拖曳至AudioClip❸参数处；将Spatial Blend❹参数调整为“0”。

单击运行按钮，此时Unity将会自动循环播放此音频。

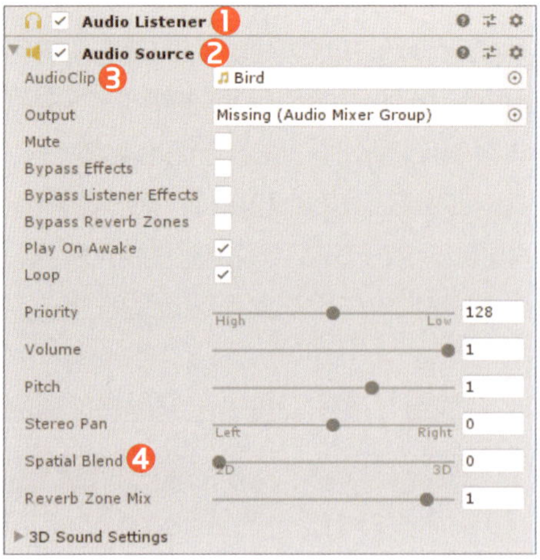

3D音频系统最重要的一点就是系统空间位置，因此将Audio Source组件添加至发出声音的游戏对象上，并将Spatial Blend参数调整为“1”即可。

除此之外，Unity还有混响区域（Audio Reverb Zone）和音频混合器（Audio Mixer）等组件用来制作和控制各种类型的音效。本书将不再深入讲解这些组件，感兴趣的读者可以查阅Unity的官方文档并进行学习。

知识延伸：Video Player

音频监听器（Audio Listener）除了监听Audio Source的声音之外，还可以监听Video Player中播放的视频配音。

依次在主界面上方菜单栏中执行GameObject>Video>Video Player命令，创建一个Video Player，如下图所示。

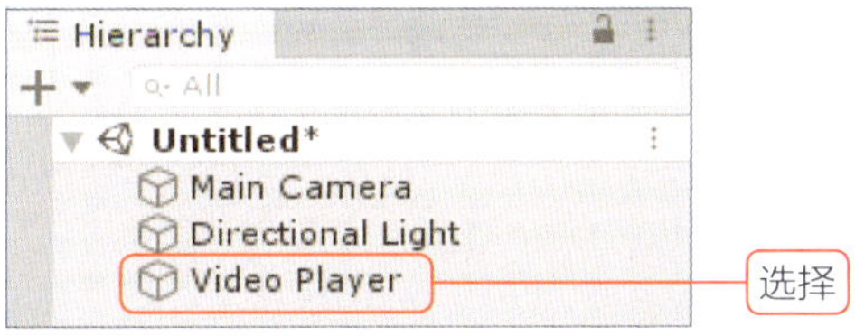

单击此游戏对象可在其Inspector窗口查看Video Player的参数，按照下图所示来配置Video Player的参数。

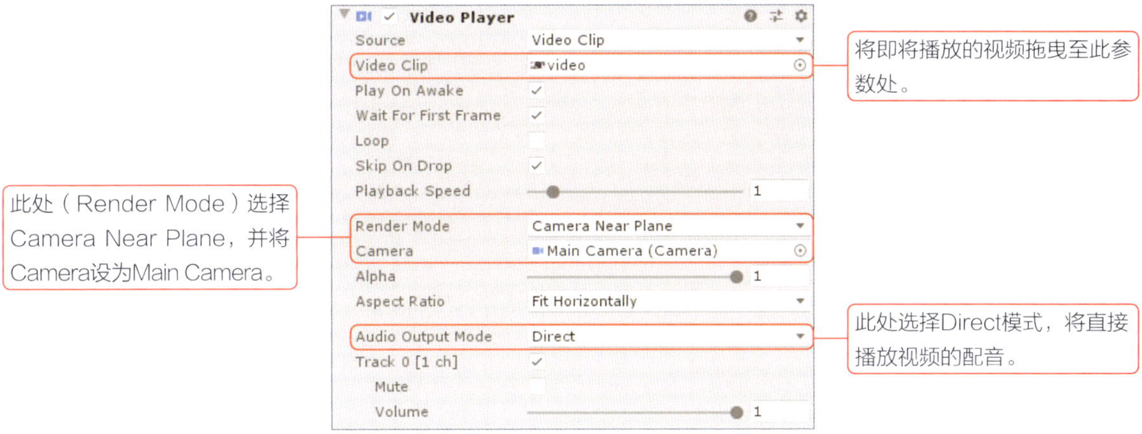

到此步骤单击运行按钮运行程序即可在Game窗口观看此视频并播放其配音。若Main Camera上无Audio Listener组件则需手动添加。

上机实训：小鸟起飞

本次上机实训将以胶囊体作为一只鸟，使其一直向远处飞去并发出叫声。用户可以通过其叫声来感受音效的变化，具体步骤如下。

步骤 01 在当前场景中创建Capsule，将此胶囊体作为小鸟并为其添加Audio Source组件，按照下图所示设置参数。

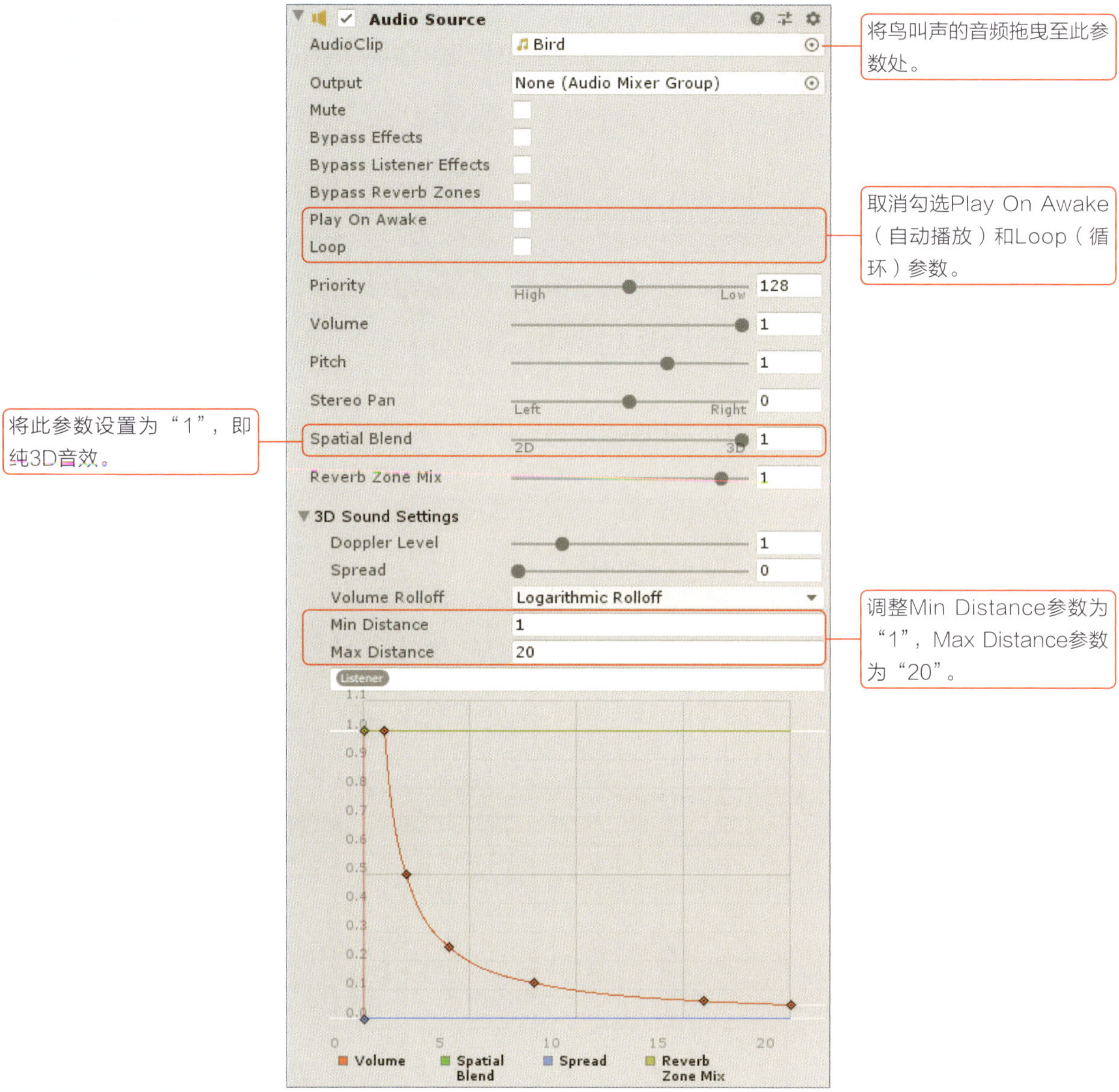

步骤 02 新建C#脚本并命名为“BirdChrip”，双击脚本文件进行编辑，代码如下：

```
using System.Collections;
using System.Collections.Generic;
using UnityEngine;
public class BirdChrip : MonoBehaviour
{
AudioSourceaudioSource;
    float speed = 0.8f;
    void Start()
    {
audioSource = GetComponent<AudioSource>();
    }
    void Update()
    {
        //鸟一直叫
```

```
        if (!audioSource.isPlaying)
        {
Chrip();
        }
        //鸟向前飞
transform.position += Vector3.forward * Time.deltaTime * speed;
    }
    void Chrip()
    {
audioSource.PlayDelayed(Random.Range(0.5f, 1f));
    }
}
```

步骤 03 将上述脚本拖曳至Capsule上并运行程序。即可听到“小鸟”边飞边叫的声音，声音的强弱会随着距离而减弱。

步骤 04 下面来为小鸟的叫声加上混响：在主界面上方菜单栏中依次执行GameObject>Audio>Audio Reverb Zone命令，如下左图所示。

步骤 05 即可创建一个混响区域。单击此游戏对象在Inspector窗口查看其参数，按照下右图所示对此Audio Reverb Zone组件进行设置。将Min Distance❶和Max Distance❷的值设置为“100”，将Reverb Preset❸设为“User”。到此步骤运行程序，是不是发现听到的鸟叫声有了一种如临山谷的感觉?

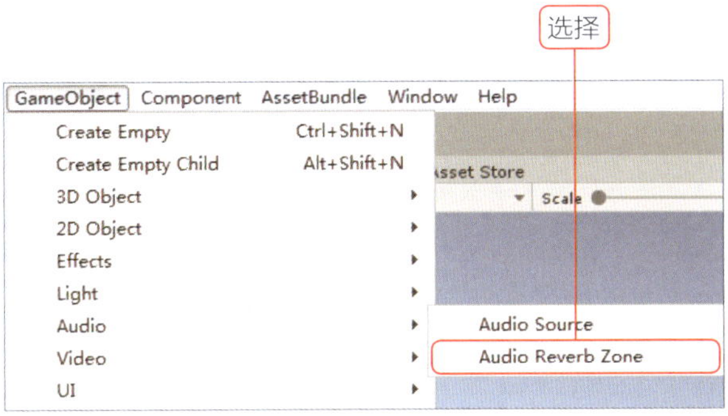

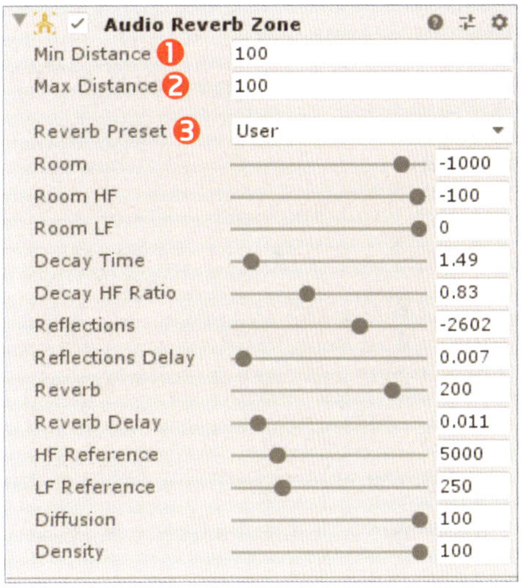

课后练习

1. 选择题

（1）下列说法中正确的是（　　）。

A. 场景中存在多个Audio Listener，不会对程序产生影响

B. Audio Listener不能监听Video Player组件播放视频时的声音

C. Audio Reverb Zone组件表示为声音添加混响

D. Audio Source组件中的spatialBlend参数为0，则表示当前音效为3D

（2）当播放较大的音频文件时，应将音频文件的加载方式（Load Type）更改为以下哪一选项（　　）？

A. Decompress On Load　　B. Compressed In Memory

C. Streaming　　D. Load In Background

（3）以下选项中，哪一项不是Unity支持的音频类型（　　）。

A. mp3　　B. wav

C. ogg　　D. cda

2. 填空题

（1）进行声音播放需要添加的两个必要组件分别是__________和__________。

（2）Audio Source组件中“Loop”参数代表__________，“Mute”参数代表__________。

（3）Audio Source组件中控制声音为2D/3D的参数是__________。

3. 上机题

制作一个音频播放程序，在此音频播放程序中添加多个音频文件，同时制作UI按钮来控制音乐的播放、暂停、下一首、上一首和切换2D/3D。

操作提示

（1）使用代码来指定当前播放的音频文件；

（2）播放音乐时可使用AudioSource.Play()方法；暂停播放时可使用AudioSource.Pause()方法；

（3）切换2D/3D时在代码中动态修改spatialBlend参数即可；

（4）需添加Audio Listener组件才能使音频文件被听到。

Chapter 10 资源管理及项目打包

本章概述

本章将讲述如何管理网络资源，使Unity和服务器之间拥有良性的沟通状态。如何优化项目也是作为一个开发者应该思考的问题，在进行开发的过程中应时刻注意有无资源的浪费；在打包项目之前更要仔细检查程序是否运行通畅。

核心知识点

1. 了解如何与服务器建立资源传输
2. 了解如何使用AssetBundle
3. 了解如何进行性能优化
4. 了解如何进行项目打包

10.1 上传和下载

在使用Unity进行开发的过程中，经常会与服务器产生交互。其资源的上传和下载是由UnityEngine.Networking这个接口实现的，因此需要导入UnityEngine.Networking命名空间。下面将以实例的方式讲解如何进行上传和下载。

10.1.1 上传

从服务器下载资源时，通常要告知服务器用户信息以便获取对应的资源，此时可用WWW.Form作为参数进行上传。具体步骤如下：

```
using System.Collections;
using UnityEngine;
using UnityEngine.Networking;

public class S10_1_1 :MonoBehaviour
{
    private string address;
    void Start()
    {
        //此处填写服务器地址
        address = "http://127.0.0.1/test.txt";
StartCoroutine(PostForm(address));
    }
IEnumeratorPostForm(string path)
    {
WWWForm form = new WWWForm();
form.AddField("Username", "John");
        //Application.platform用于获取用户设备类型
form.AddField("Device", Application.platform.ToString());
UnityWebRequestwr = UnityWebRequest.Post(path, form);
        yield return wr.SendWebRequest();
        if (wr.isHttpError || wr.isNetworkError)
        {
Debug.Log(wr.error);
        }
```

```
        else
        {
Debug.Log("上传成功");
        }
    }
}
```

为场景中的任意游戏对象添加上述脚本后单击运行按钮，即可将用户信息（用户名和设备类型）上传至服务器。

10.1.2 下载

步骤 01 新建C#脚本并命名为“S10_1_2”，双击脚本文件进行编辑。代码如下：

```
using System.Collections;
using UnityEngine;
using UnityEngine.Networking;
using UnityEngine.UI;

public class S10_1_2 :MonoBehaviour
{
    private string address;
    void Start()
    {
        //本地地址
        //address = @"file:///D:/UnityTest/test.png";
        //网络地址
address="http://127.0.0.1/test.jpg";
StartCoroutine(DownSprite(address));
    }
IEnumeratorDownSprite(string path)
    {
UnityWebRequestwr = new UnityWebRequest(path);
DownloadHandlerTexture _tex = new DownloadHandlerTexture(true);
wr.downloadHandler = _tex;
        yield return wr.SendWebRequest();
   if (wr.isHttpError || wr.isNetworkError)
        {
Debug.Log(wr.error);
        }
        else
        {
            Texture2D tex = new Texture2D(1920, 1080);
tex = _tex.texture;
            Sprite tempSprite = Sprite.Create(tex, new Rect(0, 0, tex.width, tex.height), new
Vector2(0.5f, 0.5f));
transform.GetComponent<Image>().sprite = tempSprite;
transform.GetComponent<Image>().SetNativeSize();
        }
    }
}
```

步骤 02 在场景中创建Image，为Image添加上述脚本后单击运行按钮运行游戏。此时网络上的图片被下载并渲染到UI上，如下图所示。

10.2 AssetBundle资源包

Unity可将项目内任何一部分资源（包括模型、贴图、预制体、声音乃至整个场景等）打包并压缩成AssetBundle格式，其目的是简化客户端下载资源的过程。

下面将讲解如何进行打包上传和下载。

10.2.1 AssetBundle打包

本节将讲解如何将资源打包成AssetBundle资源包，此处用到的模型为Asset Store中的Lowpoly Flowers工具包。打包的具体步骤如下：

步骤 01 在Project窗口单击选中将要打包的资源，在Inspector窗口的最下方可以为其设置参数，如下图所示。

步骤 02 按照上述方式将想要打包进AssetBundle的资源一一进行设置，本例将Lowpoly Flowers文件夹下的七个花朵模型打包至AssetBundle资源包，如下图所示。

步骤 03 新建C#脚本并命名为“S10_2_1”，双击脚本文件进行编辑，代码如下：

```
using System.Collections;
using System.Collections.Generic;
using UnityEngine;
using UnityEditor;

public class S10_2_1
{
    //在菜单栏创建子菜单
    [MenuItem("AssetBundle/Build AssetBundles")]
    static void BuildAssetBundle()
    {
        string path = "Assets/AssetBundles";
        //BuildAssetBundleOptions.None表示使用LZMA算法进行压缩，压缩的包更小，但是加载时间较长；
        //BuildAssetBundleOptions.UncompressedAssetBundle表示不压缩，加载快但是压缩包较大；
        //BuildAssetBundleOptions.ChunkBasedCompression表示使用LZ4压缩，可以加载制定资源而不用解压全部。
        BuildPipeline.BuildAssetBundles(path,BuildAssetBundleOptions.None, BuildTarget.
StandaloneWindows64);
    }
}
```

步骤 04 新建文件夹并命名为“Editor”，将上述代码拖曳至Editor子目录下，如下左图所示。因为使用UnityEditor功能的脚本必须位于Editor文件夹下。

步骤 05 新建文件夹并命名为“AssetBundles”，此文件夹将储存打包好的AssetBundle资源包。

步骤 06 在主界面菜单栏中执行AssetBundle>Build AssetBundles命令，如下中图所示。

步骤 07 单击后Unity会自动将已经设置过的资源打包成AssetBundle资源包。打包好的资源包在AssetBundles文件夹中，如下右图所示。

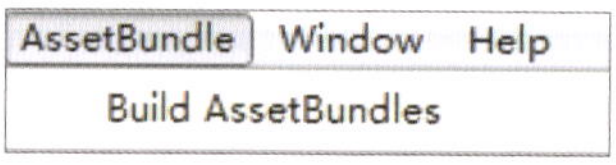

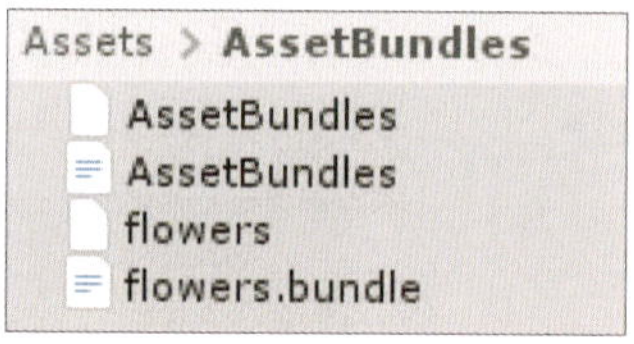

提示：查看AssetBundle资源包中的内容

使用任一文字编辑软件打开flowers.bundle.mainfest，即可查看此资源包中包含的资源，其代码如下所示。

```
ManifestFileVersion: 0
CRC: 541622059
Hashes:
AssetFileHash:
serializedVersion: 2
    Hash: 66409b0f1f28b10424db12d33ae433db
TypeTreeHash:
serializedVersion: 2
    Hash: ebb4c2859e0504b83cfc3d6e33aac92c
HashAppended: 0
ClassTypes:
- Class: 1
  Script: {instanceID: 0}
- Class: 4
```

```
  Script: {instanceID: 0}
- Class: 21
  Script: {instanceID: 0}
- Class: 23
  Script: {instanceID: 0}
- Class: 33
  Script: {instanceID: 0}
- Class: 43
  Script: {instanceID: 0}
- Class: 48
  Script: {instanceID: 0}
- Class: 90
  Script: {instanceID: 0}
- Class: 95
  Script: {instanceID: 0}
Assets:
- Assets/Lowpoly Flowers/flower01.fbx
- Assets/Lowpoly Flowers/flower05.fbx
- Assets/Lowpoly Flowers/flower03.fbx
- Assets/Lowpoly Flowers/flower06.fbx
- Assets/Lowpoly Flowers/flower04.fbx
- Assets/Lowpoly Flowers/flower07.fbx
- Assets/Lowpoly Flowers/flower02.fbx
Dependencies: []
```

Assets下将会列出此AssetBundle资源包中所包含的资源

10.2.2 AssetBundle读取

本节将讲解如何解压AssetBundle资源包并在场景内生成其中的模型资源。主要用到AssetBundle.LoadAsset方法，具体步骤如下。

新建C#脚本并命名为“S10_2_2”，双击脚本文件进行编辑，代码如下：

```
using System.Collections;
using System.Collections.Generic;
using UnityEngine;

public class S10_2_2: MonoBehaviour
{
    void Start()
    {
        //解压本地的AssetBundle资源包
AssetBundle ab = AssetBundle.LoadFromFile("Assets/AssetBundles/flowers.bundle");
GameObject go = ab.LoadAsset<GameObject> ("flower07");
        Instantiate(go);
    }
}
```

将上述脚本拖曳至场景中任一游戏对象的Inspector窗口，单击运行按钮即可在Game窗口查看从AssetBundle资源包中解压并生成的模型，如下图所示。

10.2.3 AssetBundle下载

本节将讲解如何将打包好的AssetBundle资源包放至服务器，并在需要时使用客户端进行下载，此操作可以简化客户端下载资源的过程，具体步骤如下：

步骤 01 将打包好的AssetBundle资源包文件夹上传至服务器。

步骤 02 新建C#脚本并命名为“S10_2_3”，双击脚本文件进行编辑，代码如下：

```
using UnityEngine;
using System.Collections;
using System.Collections.Generic;
using UnityEngine.Networking;

public class S10_2_3 :MonoBehaviour
{
    string address;
    void Start()
    {
        //服务器地址
        address = "http://127.0.0.1/AssetBundles/flowers.bundle";
StartCoroutine(LoadBundle(address));
    }
    private IEnumeratorLoadBundle(string path)
    {
UnityWebRequest request = UnityWebRequestAssetBundle.GetAssetBundle(path);
        yield return request.SendWebRequest();
AssetBundle ab = (request.downloadHandler as DownloadHandlerAssetBundle).assetBundle;
        //AssetBundle.LoadAllAssets将返回一个数组，存放此资源包内的所有资源
GameObject[] go = ab.LoadAllAssets<GameObject>();
        for (int i = 0; i<go.Length; i++)
        {
            Instantiate(go[i]);
        }
    }
}
```

步骤 03 将上述脚本拖曳至场景中任一游戏对象的Inspector窗口，单击运行按钮运行程序，此时将自动实例化AssetBundle资源包内的所有资源，如下图所示。

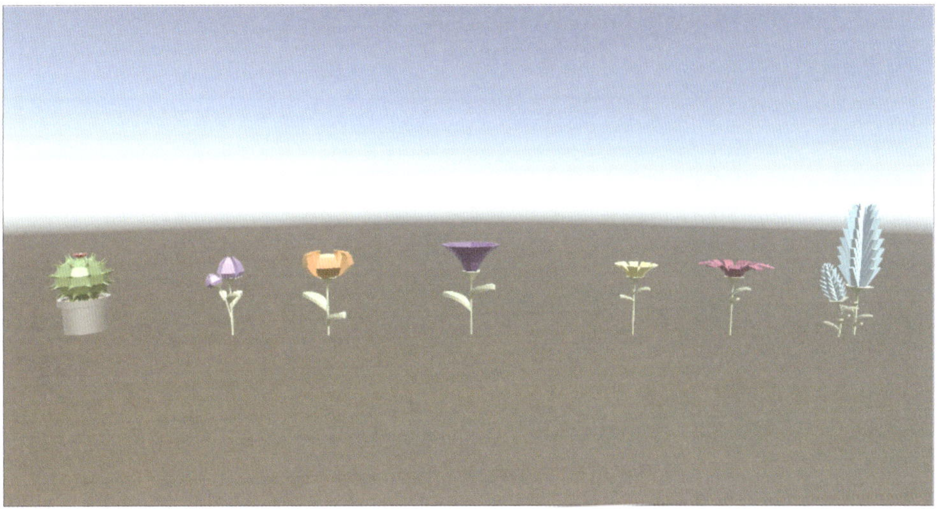

10.3 性能优化

在打包前对程序进行性能优化是必不可少的步骤，在本章将会列出几点重点优化建议供读者参考。对程序的优化处理不只是在开发结束时要考虑的问题，在开发过程中也应该实时注意。

10.3.1 Profiler性能分析工具

Profiler是Unity中一个辅助优化程序性能的分析工具，它在程序运行时可以实时报告各个模块每帧所花费的时间。依次单击Window>Analysis>Profiler即可调出Profiler选项卡，下面将来介绍Profiler的各个部分。

- CPU Usage（如下图所示）表示中央处理器使用率。

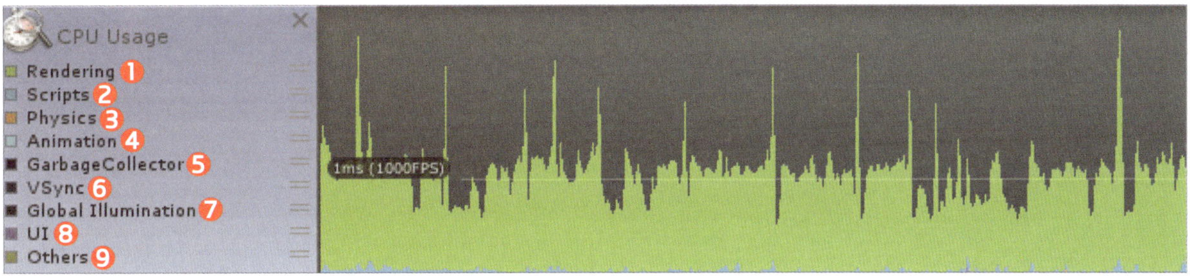

- Rendering❶：表示渲染，如场景、人物等。
- Scripts❷：表示脚本。
- Physics❸：表示物理，如刚体碰撞器等。
- Animation❹：表示动画。
- GarbageCollector❺：表示垃圾回收器。
- VSync❻：表示垂直同步（强制游戏的刷新率低于屏幕的刷新率，以免出现不同步的情况）。
- Global Illumination❼：表示全局光照。
- UI❽：表示用户界面。
- Others❾：表示其它。

● 在Profiler的下半部分可以查看当前选中帧的详情，如下图所示。单击Timeline右侧的下拉按钮可以切换数据的陈列方式。

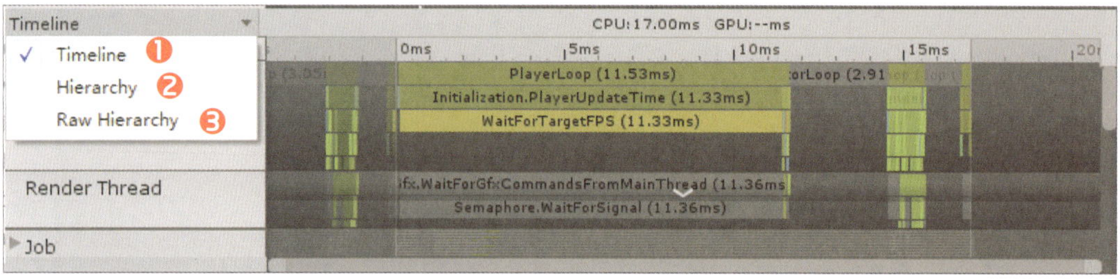

■ **Timeline❶**：表示按照时间显示。

■ **Hierarchy❷**：表示显示分层时间结构。

■ **Raw Hierarchy❸**：表示将时间数据分组为逻辑组（例如“渲染”“物理”“脚本”等）。

● GPU Usage（如下图所示）表示显卡使用率。

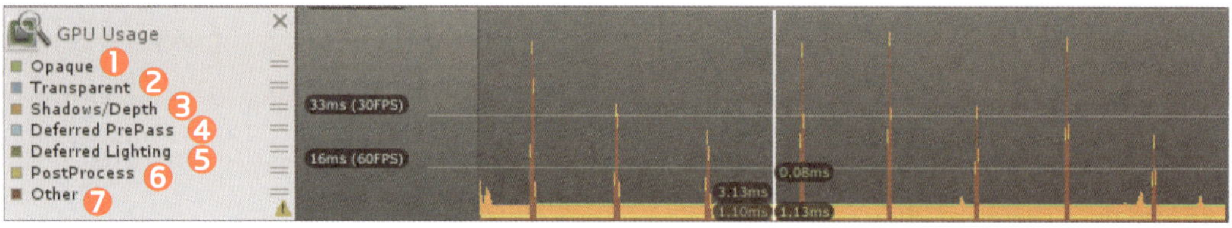

■ **Opaque❶**：表示不透明。

■ **Transparent❷**：表示透明。

■ **Shadows/Depth❸**：表示阴影。

■ **Deferred PrePass❹**：表示延迟预处理。

■ **Deferred Lighting❺**：表示延迟光照。

■ **PostProcess❻**：表示后置处理器。

■ **Other❼**：表示其它。

● Rendering（如下图所示）表示渲染。

■ **Batches❶**：表示静态批处理和动态批处理。

■ **SetPass Calls❷**：表示Shader中调用SetCall的次数。

■ **Triangles❸**：表示三角面的数量。

■ **Vertices❹**：表示顶点数量。

● Memory（如下图所示）表示内存。

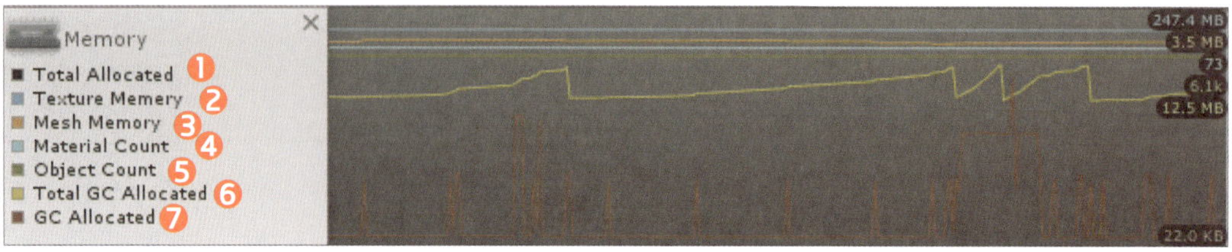

- Total Allocated❶：表示已分配总数。
- Texture Memery❷：表示贴图内存。
- Mesh Memory❸：表示网格内存。
- Material Count❹：表示材质数量。
- Object Count❺：表示游戏对象数量。
- Total GC Allocated❻：表示已分配总GC的内存。
- GC Allocated❼：表示已分配GC的内存。

● Audio（如下图所示）表示音频。

- Playing Audio Sources❶：表示正在播放的音源数量。
- Audio Voices❷：表示正在使用的音频数量。
- Total Audio CPU❸：表示所有音频的CPU使用率。
- Total Audio Memory❹：表示所有音频的内存。

● Video（如下图所示）表示视频。

- Total Video Sources❶：表示视频总数。
- Playing Video Sources❷：正在播放的视频数量。
- Pre-buffered frames❸：表示预缓冲帧数。
- Total Video Memory❹：表示视频占用的内存总数。

● Physics（如下图所示）表示物理。

- Active Dynamic❶：表示动态物体的数量。
- Active Kinematic❷：表示激活Is Kinematic物体的数量。
- Static Colliders❸：表示静态的碰撞体数量。

- Rigidbody④：表示刚体的数量。
- Trigger Overlaps⑤：表示触发器重叠的数量。
- Active Constraints⑥：表示约束的数量；
- Contacts⑦：表示联系的数量。

● Network Messages（如下图所示）表示网络消息。

- Protocol Packets In①：表示协议数据包输入的数量。
- Buffered Msgs In②：表示缓冲信息的输入数量。
- Unbuffered Msgs In③：表示未缓冲信息的输入数量。
- Protocol Packets Out④：表示协议数据包输出的数量。
- BufferedMsgs Out⑤：表示缓冲信息的输出数量。
- UnbufferedMsgs Out⑥：表示未缓冲信息的输出数量。
- Pending Buffers⑦：表示被挂起的缓冲区数量。

● Network Operations（如下图所示），此部分显示各个网络操作方法的数量，在此不一一进行介绍。

● UI（如下图所示）表示用户界面。

- Layout①：表示UI布局。
- Render②：表示UI渲染。

● UI Details（如下图所示）表示用户界面详细信息。

- Batches①：表示批处理数量。
- Vertices②：表示顶点数量。
- Markers③：表示标记数量。

- Global Illumination（如下图所示）表示全局光照。

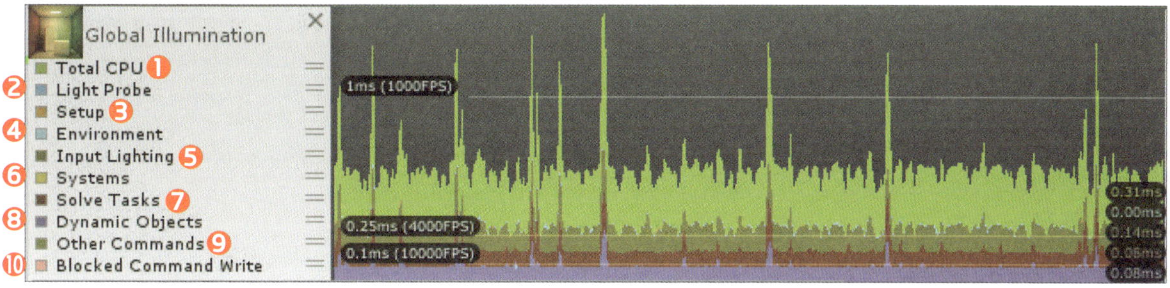

- Total CPU①：表示CPU总使用率。
- Light Probe②：表示更新光照探针所占用的时间。
- Setup③：表示在设置阶段所占用的时间。
- Environment④：表示环境照明所占用的时间。
- Input Lighting⑤：表示输入照明所占用的时间。
- Systems⑥：表示系统所占用的时间。
- Solve Tasks⑦：表示解决程序的人物所占用的时间。
- Dynamic Objects⑧：表示更新动态游戏对象所占用的时间。
- Other Commands⑨：表示处理其它命令所占用的时间。
- Blocked Command Write⑩：表示在被封锁的状态中所占用的时间。

10.3.2 CPU优化

CPU优化主要关注“卡顿”的帧，即CPU耗时较长的帧。关于CPU优化有以下几点建议：

- Unity中利用控制台输出是非常占用CPU的，无论是Debug.Log()还是print()。生成的应用在运行时依旧会输出日志，因此在程序正式发布的时候，一定不要包含控制台输出。
- 良好的代码习惯，如以下几点：
  - 尽量减少使用GameObject.Find等搜索方法。
  - 频繁使用的变量不应定义成临时变量。
  - 只在唤醒方法中使用GetComponent()方法并储存，而不是每次使用时都重新获取组件。
  - 频繁调用的循环逻辑不要每次都获取数组长度，而是将其储存至变量。
  - 尽量少使用SendMessage()方法，此方法效率较低。可以直接调用方法或使用C#的委托（delegate）。
- 将资源的读取和释放的步骤放在Loading界面。也可将较大的资源拆分成小的模块分批加载，这样可以分散CPU对硬盘的读取速度，降低峰值。
- 减少粒子系统的使用，或使粒子的数量尽可能少，因为粒子运动的计算对CPU来说是一个不小的负担。
- 减少物理组件的应用，尽量不使用网格碰撞器（Mesh Collider，如下图所示）。

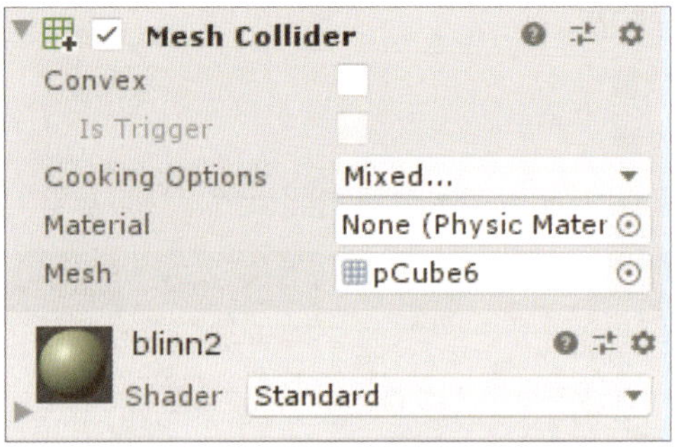

- 降低DrawCall，优化的意义在于解放了CPU在调用图形接口上的开销。

10.3.3 GPU优化

GPU主要处理图像渲染，当Profiler选项卡中出现Gfx.WaitForPresent时，表示GPU每帧渲染的时间过长。GPU需要优化的部分主要有以下几点：

- 模型优化，尽量减少模型的三角面数和顶点数。
- 材质优化
  - 保持尽量少的材质数目，便于Unity进行批处理。
  - 使用纹理图集（一张大贴图中包含多个子贴图）来代替一系列单独的小贴图。
  - 使用代码操作材质时，尽量使用renderer.shareMaterial代替renderer.Material，因为后者的每一次改动都会创建一个新的材质。
  - 使用Mip Map（Mip Map在贴图的Import Setting中设置，如下图所示），但同时会增加内存。

- 使用LOD、遮挡剔除（Occlusion culling）等技术。
- 光照优化，尽量使用烘焙灯光，预先烘焙好场景的Lightmap。控制灯光的数量并且谨慎使用产生实时阴影的光。

10.3.4 内存优化

内存优化应从项目资源的大小和释放不用的资源两方面入手。接下来是内存优化的几点建议。

- **导入优化：** 导入fbx文件时，如不需要相关功能，则关闭Read/Write Enable、Animation Type和Normalmap等选项。
- **音频优化：** 采用率一般20k就足够，如果不需要双声道，建议将其压缩成单声道。
- 不需要Alpha通道的图片建议将其Alpha通道关闭，如下图所示。同时应注意UI贴图的尺寸，在合理的范围内适当降低品质。

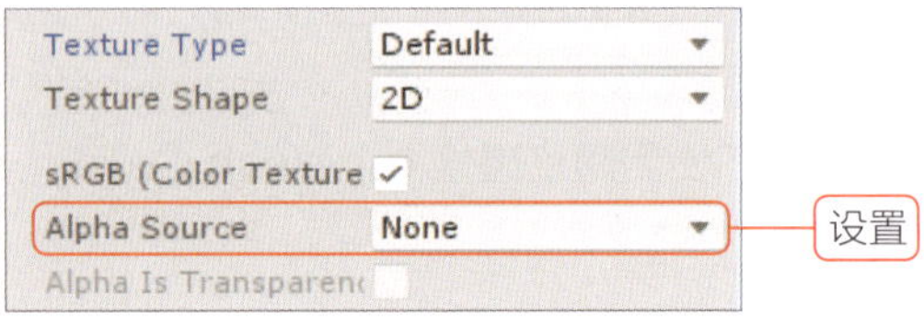

- 应减少游戏对象的生成和销毁次数，改用对象池的方式管理游戏对象。
- 释放内存中的资源，例如AssetBundle.Unload、Resource.unload和GC.Collect等，不过应谨慎应用。

10.3.5　DrawCall

由CPU下达命令，调用OpenGL或DirectX接口进行解析并由GPU渲染显示的过程称为一次Draw-Call。CPU需要向GPU发送很多内容，包括数据、渲染状态（材质和纹理等）、命令等。因此DrawCall数量过多就会使CPU进行大量计算，导致CPU的过载，影响游戏运行效率。下面将介绍几种减少DrawCall的方法。

1. 静态批处理

当保持静止并使用同一种材质的游戏对象被勾选为“Static”时，Unity将自动进行静态批处理，下面通过一个对比实验来展现静态批处理。

删除场景中的灯光，只保留一个摄像机。分别创建Cube、Sphere和Capsule，将三个游戏对象的Collider组件删除，并赋予同一材质。此时运行程序后打开Profiler窗口，单击选中Rendering模块，在Profiler窗口的下半部分可以观察到此时的Draw Calls是“5”，如下图所示。

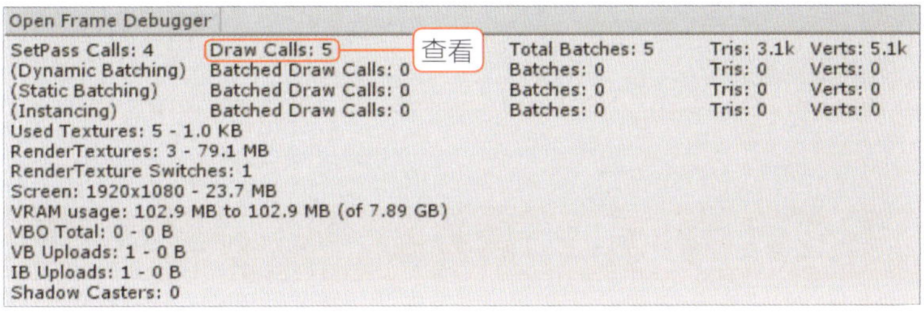

单击勾选三个游戏对象Inspector窗口的“Static”复选框，如下图所示。

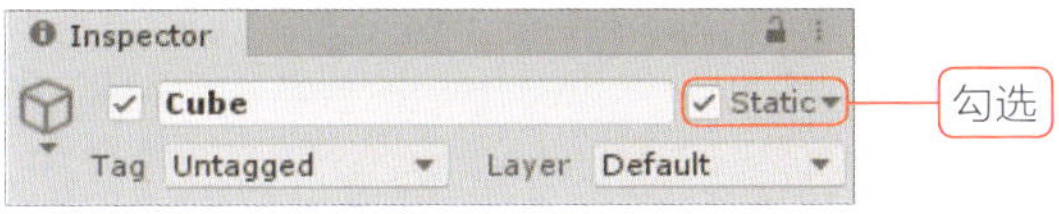

此时运行程序即可观察到Draw Calls❶从“5”变成了“3”，如下图所示。此时Static Batching的数量也从“0”增长到了“3”❷。

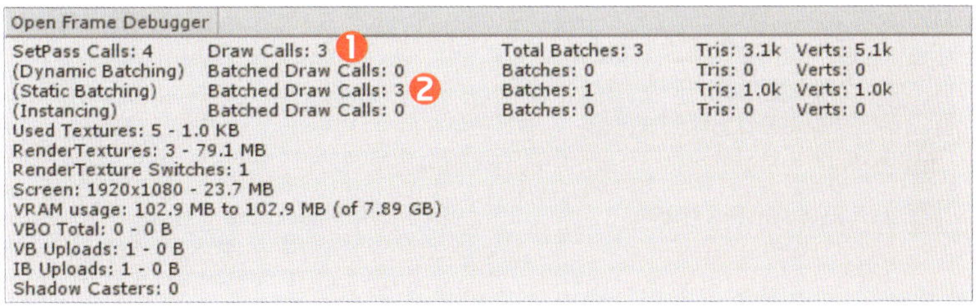

2. 动态批处理

当物体使用同一材质并且满足相应条件时，Unity会自动进行动态批处理。这些约束条件包括：

- 批处理动态物体需要在每个顶点上进行一定的开销，所以动态批处理仅支持小于900顶点的网格物体；如果着色器使用顶点位置、法线和UV值三种属性，那么只能批处理300顶点以下的物体；如果着色器需要使用顶点位置、法线、UV0、UV1和切向量，那么只能批处理180顶点以下的物体。

- 尽量不要使用缩放尺度（scale）。分别拥有缩放尺度（1,1,1）和（2,2,2）的两个物体将不会进行批处理；使用缩放尺度（1,1,1）和（1,2,1）的两个物体将不会进行批处理，但是使用缩放尺度（1,2,1）和（1,3,1）的两个物体将可以进行批处理。
- 使用光照贴图（lightmap）和接受实时阴影的物体不会进行批处理。
- 多通道（Pass）的shader会妨碍批处理操作。使用MultiplePass的Shader不会进行批处理。

3. 减少实时灯光和阴影

同样的设置下，如果将灯光的阴影效果开启，DrawCall将大幅度增加。如果在场景中想让场景更加完美，可以用lightmap满足基本的阴影效果。

提示：开启静/动态批处理

部分使用者发现系统不能自动进行批处理，这可能是未开启系统批处理功能的原因。只需要在Player Setting选项卡的Other Setting中单击选中Static Batching和Dynamic Batching右侧的复选框即可，如下图所示。

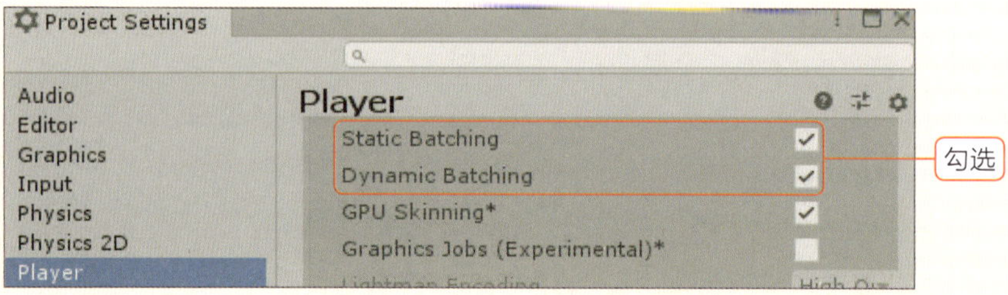

10.4 工程的打包及发布

依次单击主界面菜单栏的File>Build Settings可以调出Build Settings窗口❶，如下图所示。

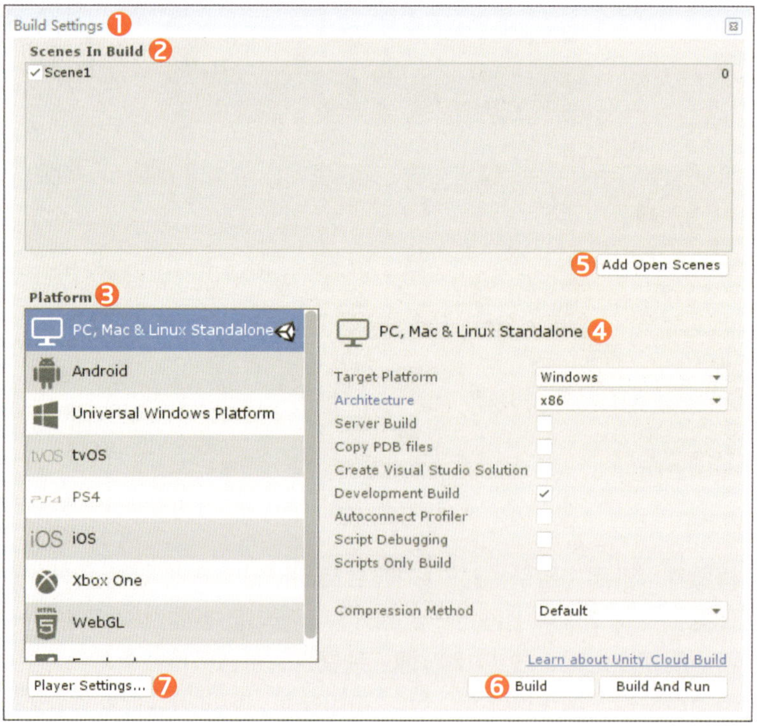

此窗口分为三个部分，分别是上半部分的Scenes In Build❷、下左半部分的Platform❸和下右半部分的参数设置❹。

- Scenes In Build部分存放即将打包的场景，单击Add Open Scenes❺可以将当前场景添加至打包列表中。将场景直接拖曳至此部分也可将其添加至打包列表。
- Platform部分可以选择打包的目标平台，部分平台需要下载相应的开发工具包。
- 参数设置部分可针对目标平台进行简单的设置。

将三个部分设置完毕后单击右下角的Build❻即可完成打包。还可以单击Player Settings❼按钮调出Project Settings窗口的Player选项卡对项目进行设置，如下图所示。

- **Company Name❶**：用于设置公司名称。
- **Product Name❷**：用于设置产品名称。
- **Version❸**：用于设置版本。
- **Default Icon❹**：用于设置图标。
- **Default Cursor❺**：用于设置光标。
- **Cursor Hotspot❻**：用于设置光标的作用点。
- 单击Icon❼可在其展开部分设置项目打包后的展示图标参数。
- 单击Resolution and Presentation❽可在其展开部分设置项目打包后的屏幕朝向、是否全屏等参数。
- 单击Splash Image❾可在其展开部分设置项目打包后的对话框横幅、开机动画等参数。
- 单击Other Settings❿可在其展开部分设置项目打包后的其它设置。
- 单击XR Settings⓫可在其展开部分设置项目打包后的虚拟现实等参数设置。

知识延伸：简易服务器搭建

在测试的过程中若涉及到服务器数据交互，则可以用WampServer在Windows系统下搭建一个简易的服务器进行测试。

首先搜索下载WampServer，然后将其安装至PC。安装过程中弹出设置默认浏览器窗口，如下左图所示。若使用IE作为默认浏览器则单击“是”，若使用其他浏览器则单击“否”并指定其他浏览器的位置。

接下来选择默认的文本编辑软件，如下右图所示，其方法同上。

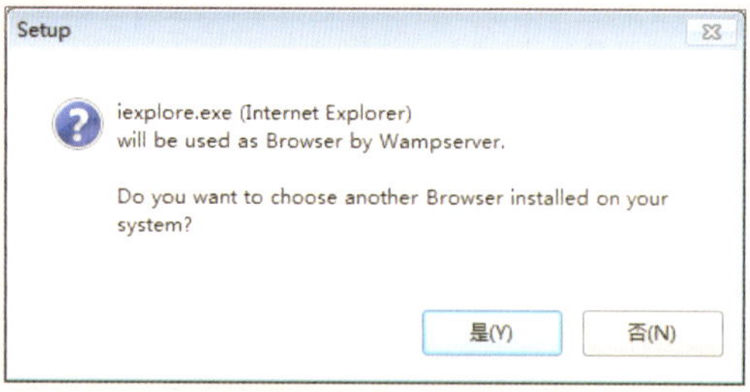

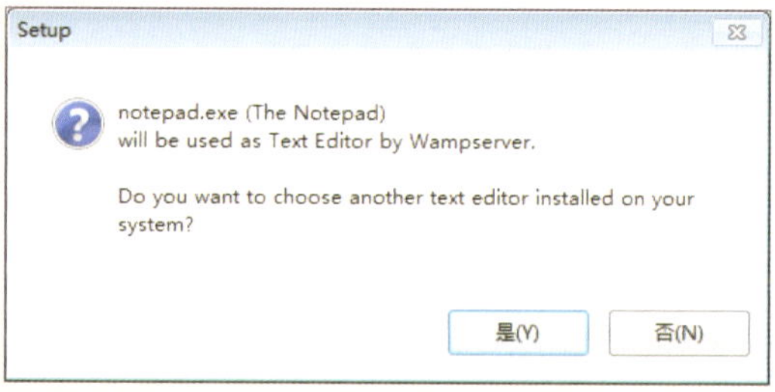

安装完成后双击打开此程序，服务器机则自动开启。此时在浏览器中输入http://127.0.0.1/，显示如下图所示画面，说明服务器成功开启。

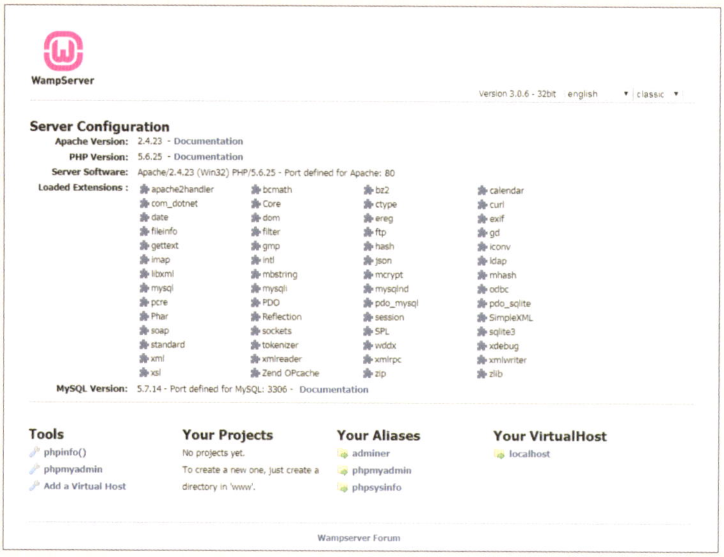

进入此软件安装目录下名为“www”的文件夹，如下图所示。删除此文件夹的所有内容，并将需要放置服务器的文件移动至此文件夹。

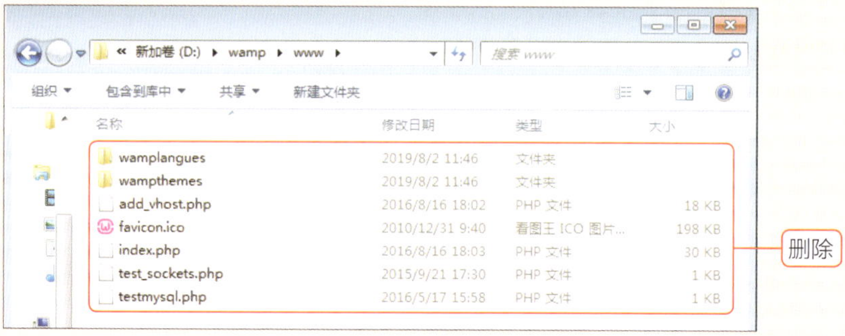

到此步骤返回浏览器单击刷新按钮即可在浏览器中浏览www文件夹的文件，如下图所示。

上机实训：连接移动设备至Profiler

针对移动设备所开发的程序要在具体设备上进行性能分析才有实际参考意义，因此我们需要将移动设备连接至Profile。此处将以Android设备作为案例进行讲解，其具体步骤如下所示。

步骤 01 首先打开Build Setting窗口，将当前场景添加至打包列表中，Platform选择Android。在打包之前勾选Development Build复选框，如下图所示。

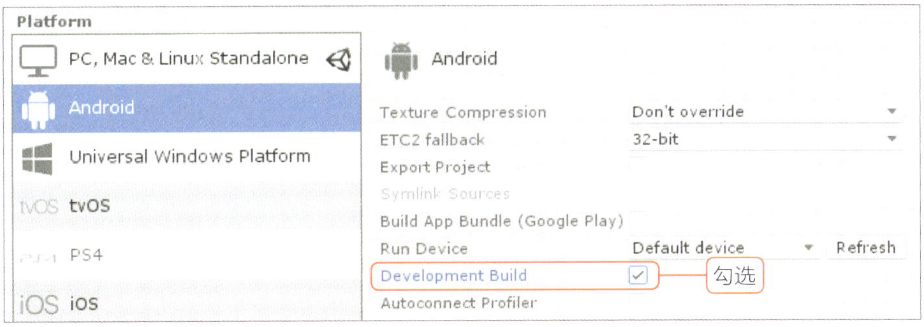

步骤 02 单价Build按钮打包项目，然后将打包好的.apk文件安装至移动设备，将此设备和电脑处于同一网络环境下（连接至同一WIFI）。在Unity中打开Profiler窗口，单击其上方Editor命令右侧的下拉按钮❶，然后单击<Enter IP>❷，如下图所示。

步骤 03 在弹出的Enter Player IP窗口处输入移动设备的IP地址❶，然后单击Connect按钮❷，如下图所示。连接成功后即可在Profiler选项卡查看移动设备运行此程序的性能分析数据。

课后练习

1. 选择题

（1）使用Unity进行资源上传/下载时，需要引入的命名空间是（　　）。

A. System.IO　　B. UnityEngine.Networking

C. System.Networking　　D. UnityEngine.IO

（2）下列选项中不能降低DrawCall的是（　　）。

A. 使用实时灯光　　B. 将游戏对象勾选为“Static”

C. 减少模型的顶点数量　　D. 使用动态批处理

（3）打包AssetBundle资源包的代码应该放在以下哪个文件夹中（　　）。

A. AssetBundle　　B. StreamingAsset

C. Plugins　　D. Editor

（4）下列代码中用于获取用户设备类型的是（ ）。

A. Application.dataPath　　B. Application.absoluteURL

C. Application.platform　　D. Application.productName

（5）下列选项中不会增加内存的操作是（ ）。

A. 使用MIPmap　　B. 将音频压缩为单声道

C. 开启图片的Alpha通道　　D. 在代码中动态创建游戏对象

2. 填空题

（1）解压本地AssetBundle资源包的代码为__________。

（2）若将移动设备链接至Profiler，需在打包时勾选参数__________。

（3）请举例三种优化GPU的方式__________、__________和__________。

3. 上机题

制作一个预制体并将其打包成AssetBundle上传至服务器，在客户端内下载此AssetBundle文件并在场景中进行实例化。

操作提示

（1）可以使用WampServer在Windows系统下搭建一个简易的服务器进行测试；

（2）打包AssetBundle的代码放置在Editor文件夹中；

（3）使用AssetBundle.LoadAllAssets方法来解压AssetsBundle。

Part 02 综合案例篇

学习了虚拟现实的基本概念、虚拟现实的软硬件支持、Unity 3d的基础应用、Unity基础概念讲解、角色控制及互动、粒子系统、UI基础应用、Unity与虚拟现实结合、Audio的基础应用，以及资源管理与项目打包等和虚拟现实相关的知识后，在综合案例篇，我们将通过城市漫游、3D全景视频播放器、人体观察和医院惊魂等虚拟现实项目的具体操作，对所学的知识进行灵活运用，让理论与实践相结合，做到学以致用。

Chapter 11 虚拟现实项目（一）城市漫游

本章概述

漫游类的虚拟现实项目是比较常见的，此类项目旨在浏览虚拟场景，因此对开发者来说难度较低，对模型的要求较高。因为模型的精美程度在很大一程度上决定的使用者的体验，但是同时需要控制模型三角面和顶点的数量，并且适当使用批处理降低DrawCall来降低CPU和GPU的负担。

核心知识点

❶ 项目的创建
❷ 资源包的导入
❸ 场景的搭建
❹ 烘焙光照贴图（Lightmap）
❺ 使用SteamVR工具包进行“瞬移”

11.1 项目创建与参数设置

本节将创建本次的项目文件并对其进行基础参数设置，下面将介绍具体操作方法。

步骤 01 首先使用鼠标左键双击Unity Hub，打开Unity Hub对话框，如下图所示。

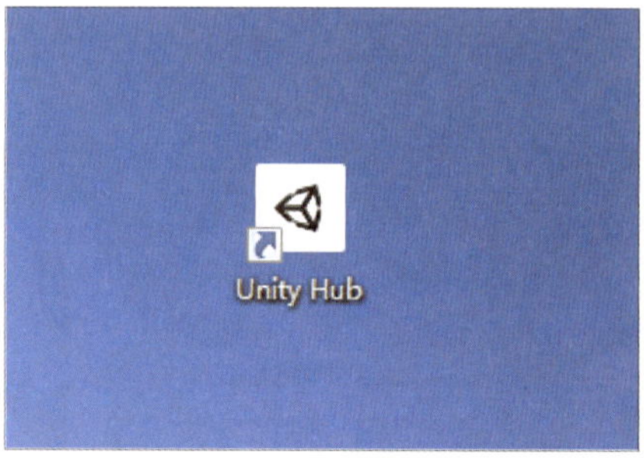

步骤 02 在Unity Hub对话框中，选择左侧列表中的“项目”选项❶，切换至“项目”选项面板，然后单击“新建”按钮❷，如下图所示。

步骤 03 在弹出的“Create a new project with Unity”对话框中对新建项目的参数进行设置，选择“模板”3D❶，设置“项目名称”为“Chapter11_CityRoaming❷”，单击“位置”右侧的 ... 按钮❸，选择项目的保存位置，然后单击“创建”按钮❹，即可成功创建项目，如下图所示。

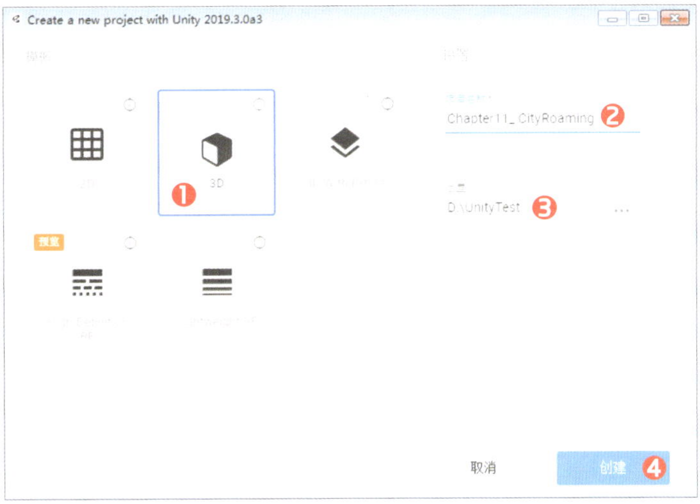

步骤04 新建项目后，在主界面上方的菜单栏中执行Edit>Project Settings命令，调出Project Settings窗口。将在此窗口中选择左侧列表中的Player选项❶，切换至Player选项面板，单击XR Settings❷展开设置菜单，单击Virtual Reality Supported❸右侧的复选框开启此参数，添加OpenVR❹，开启虚拟现实支持，如下图所示。

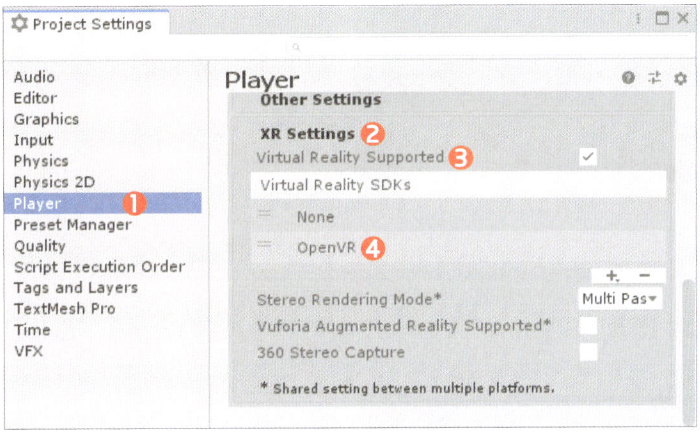

11.2 三维模型及工具包导入

本项目需要导入两个资源包，它们分别是即将漫游的城市三维模型资源包和SteamVR工具包，下面介绍具体操作方法。

步骤01 首先单击主界面中上方Scene窗口右侧的Asset Store按钮，如下左图所示。

步骤02 切换至Asset Store窗口，使用Asset Store窗口中的搜索功能搜索“RPG/FPS Game Assets for PC/Mobile”，如下右图所示。

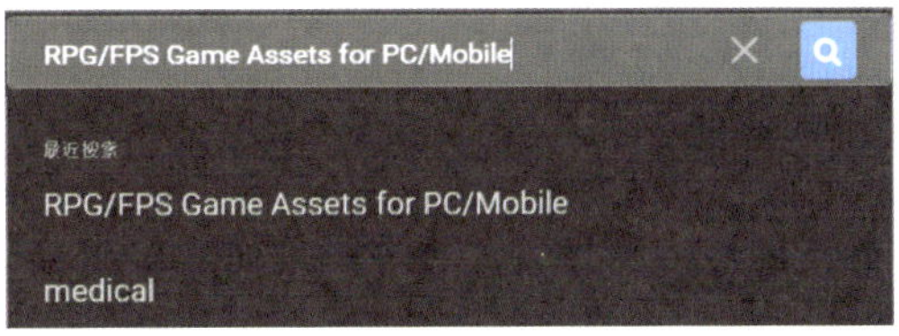

步骤 03 在Asset Store窗口右侧的筛选器中单击勾选“免费资源”复选框❶，然后在筛选出的资源列表当中单击打开全名为RPG/FPS Game Assets for PC/Mobile (Industrial Set v2.0)的资源包❷，如下图所示。

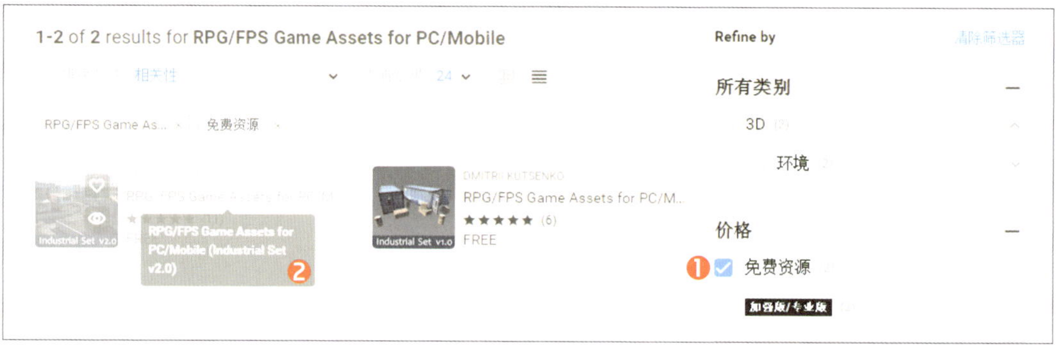

步骤 04 单击“导入”按钮，将场景资源包导入项目中，如下图所示。

步骤 05 在Asset Store中搜索“SteamVR Plugin”并将其导入到Unity中，如下图所示。

步骤 06 在主界面上方的菜单栏中执行Window>SteamVR Input命令，调出SteamVR Input选项卡，单击选项卡下方“Save and generate”按钮，会自动生成并导入SteamVR的输入文件夹，如下图所示。

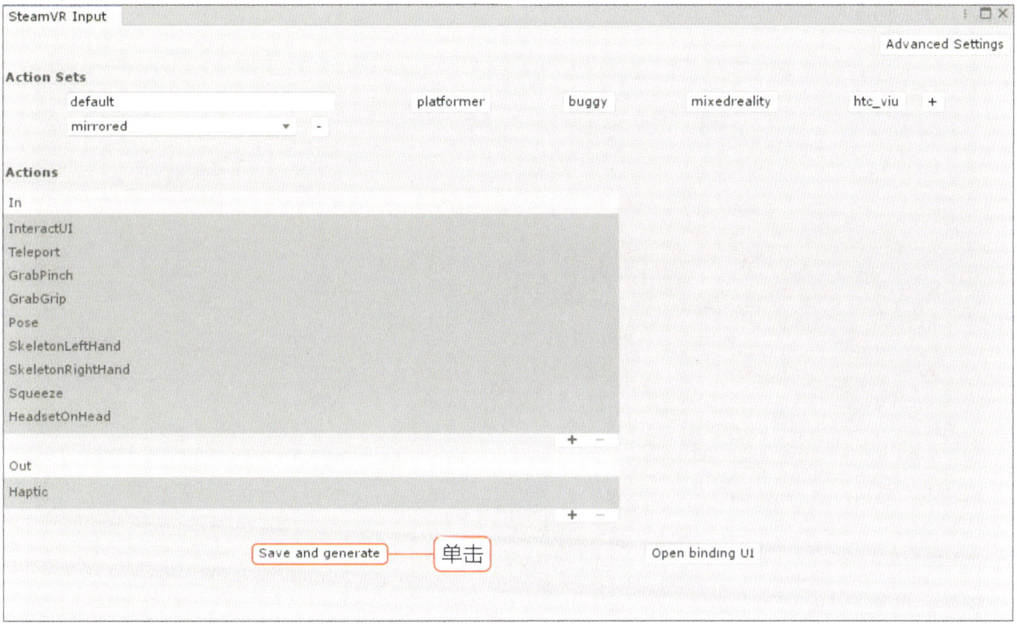

步骤07 至此，所需资源全部导入项目中，用户可在Project窗口下看到三个文件夹，如下图所示。

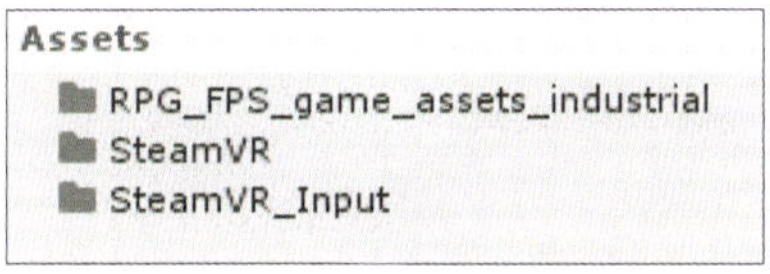

11.3 场景搭建

本节将使用“RPG/FPS Game Assets for PC/Mobile”资源包中的各种建筑资源搭建将要进行漫游的城市场景，下面介绍具体操作方法。

步骤01 首先使用RPG_FPS_game_assets_industrial文件夹下的建筑模型来设计并搭建本次项目所需的场景，如下左图所示。

步骤02 搭建完成即可进行下一步骤，本次讲解将使用“Assets/RPG_FPS_game_assets_industrial”目录下名为“Map_v1.unity”的场景，此场景是资源包中已经搭建好的示例场景，双击该场景，如下右图所示。

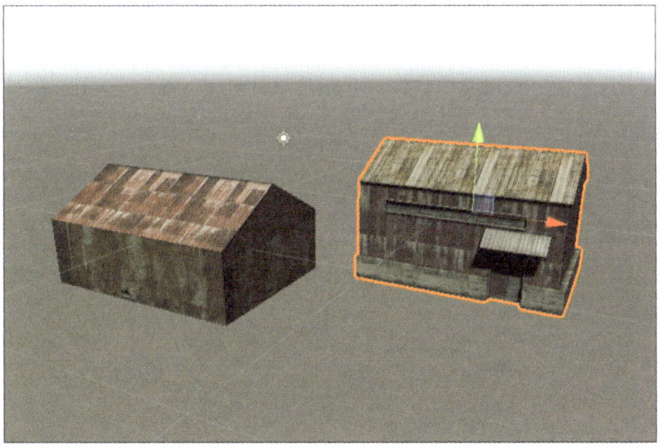

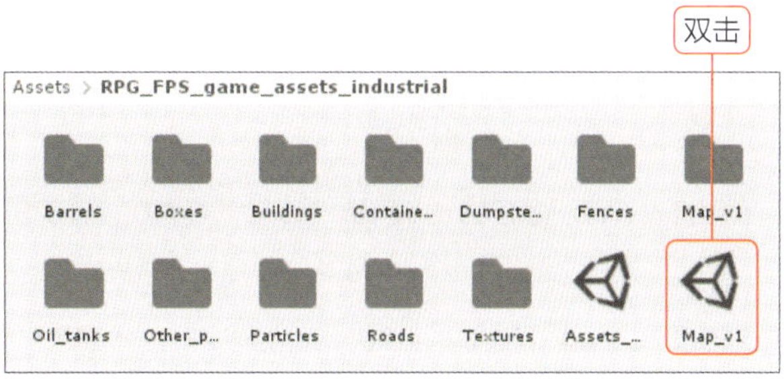

步骤 03 即可打开Map_v1场景，如下图所示。

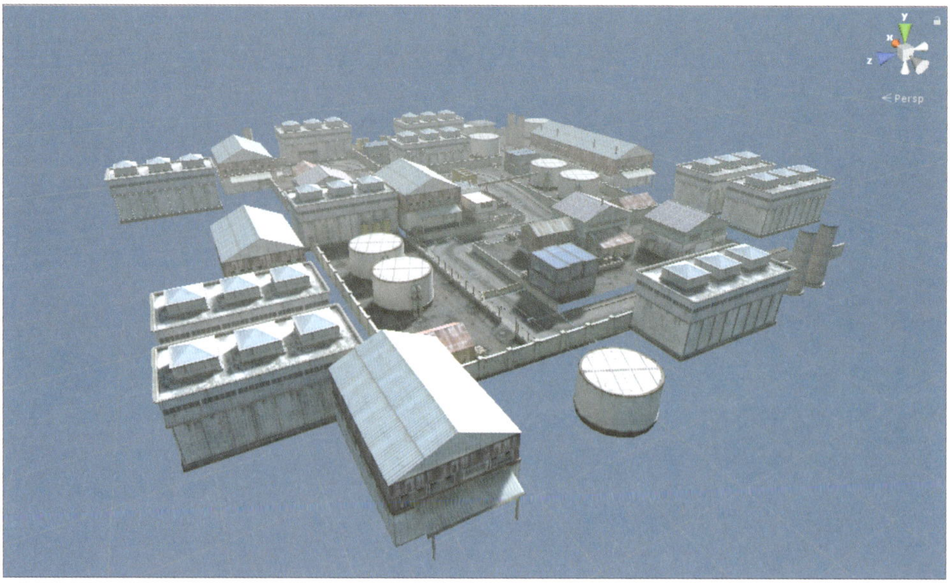

步骤 04 打开场景后会在Console窗口中输出警告信息，如下图所示。此提示表示已经烘焙的光照贴图和Unity的版本不兼容，因此需要重新烘焙光照贴图信息。

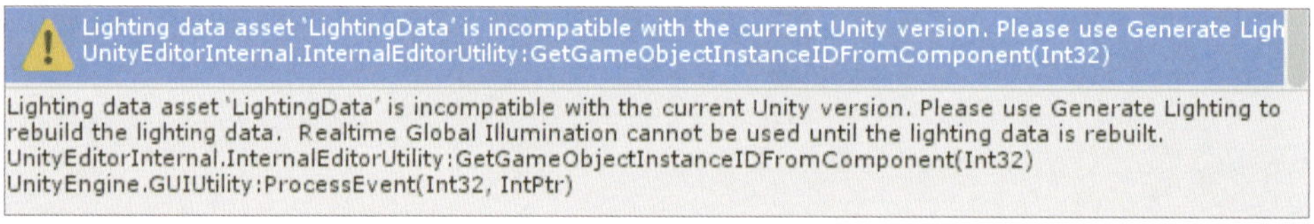

步骤 05 在烘焙光照贴图之前，需要先清除提示中与Unity版本不兼容的光照贴图信息，具体方法为：在主界面菜单栏中执行Window>Rendering>Lighting Setting命令，调出Lighting窗口。在此窗口也有相同的提示信息。在Lighting窗口单击右下角“Generate Lighting”按钮右侧的下拉按钮，如下左图所示。

步骤 06 在弹出的下拉列表中选择Clear Baked Data选项，即可清除光照贴图信息，如下右图所示。清除光照贴图信息后可重新进行烘焙（具体的烘焙方式详见下一小节）。

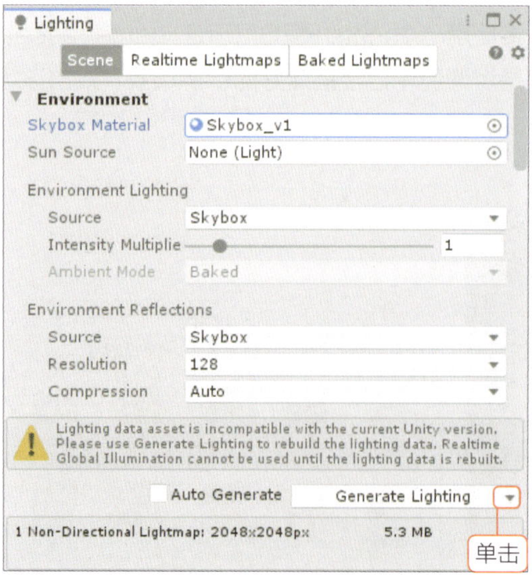

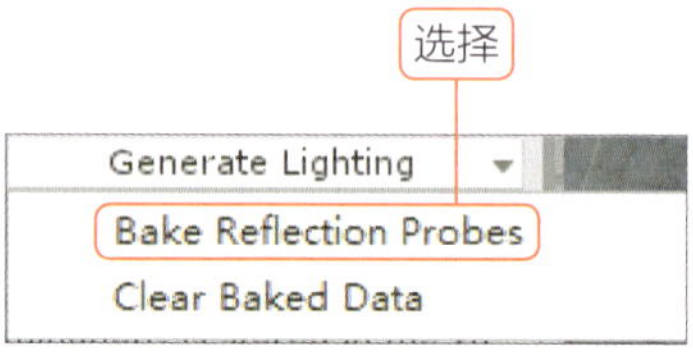

11.4 烘焙光照贴图

本节将为搭建好的场景烘焙光照贴图，此操作一方面减少了实时光对性能的负担，另一方面使场景内的模型看起来更加自然、真实，具体操作方法如下。

步骤 01 在Hierarchy窗口单击选中光源游戏对象（Directional Light），然后在Inspector窗口调整Light组件的参数，首先选择Mode为Mixed（混合模式）❶，然后将灯光强度适当调高，此处设置Intensity值为2❷，最后将Baked Shadow Angle的值也调整为2❸，如下左图所示。

步骤 02 将即将烘焙光照贴图的游戏对象设置为“Static”，具体操作方法为：首先在Inspector窗口创建空物体并命名为“StaticObject”。将StaticObject游戏对象拖曳为“Map_v1”的子对象，将当前场景中所有保持静止的地面和建筑全部拖曳为“StaticObject”的子对象，如下中图所示。

步骤 03 选中StaticObject游戏对象，在Inspector窗口单击勾选Static左侧的复选框，如下右图所示。

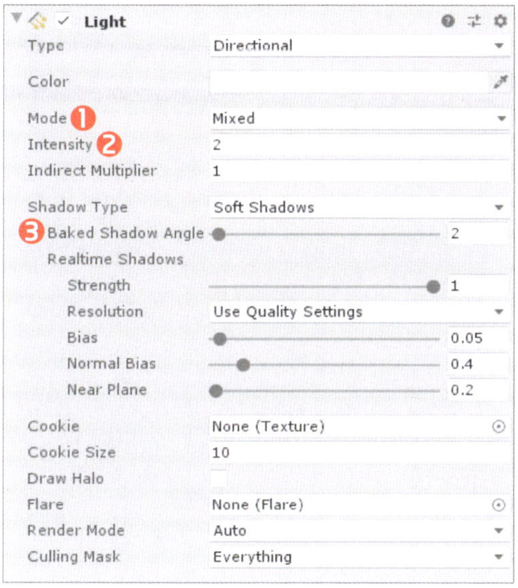

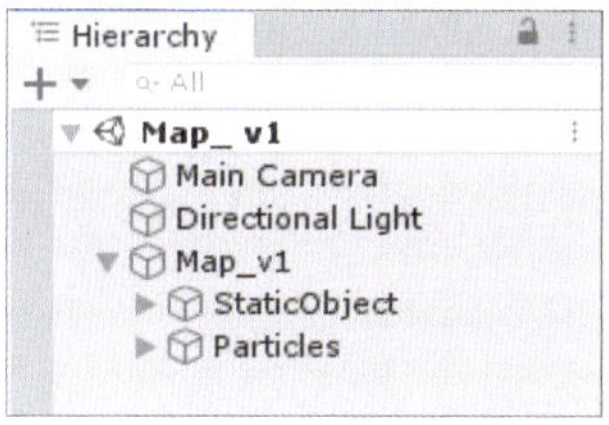

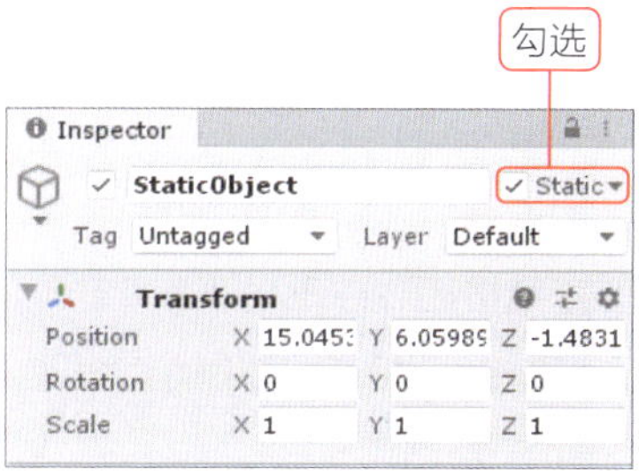

步骤 04 在弹出的提示对话框中单击Yes,change children按钮，如下左图所示。

步骤 05 至此，StaticObject游戏对象及其所有子对象都被设置为“Static”，单击选中任一自由对象可进行查看，如下右图所示。

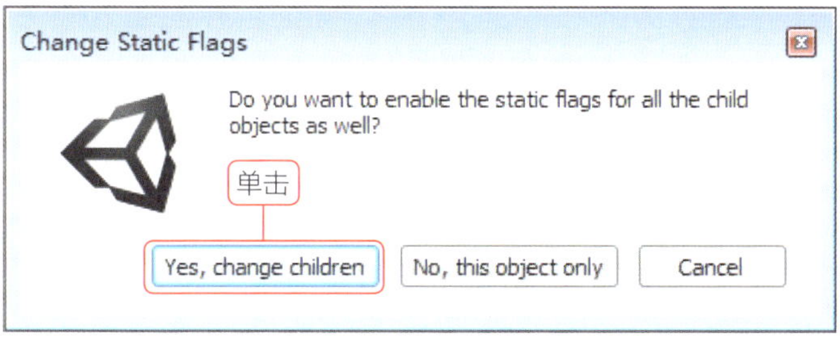

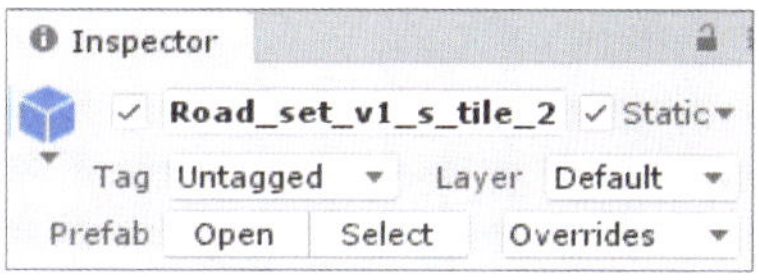

步骤 06 单击选中StaticObject游戏对象子目录下任一建筑模型，此处选择Road_set_v1_s_tile_2 (7)，在Inspector窗口单击其Mesh Filter组件下的Mesh参数，如下左图所示。此时Project窗口将自动跳转至此Mesh文件所在的目录。

步骤 07 在Project窗口单击选中此Mesh文件的父物体（Road_set_v1.fbx文件），如下右图所示，然后在Inspector窗口为其设置参数。

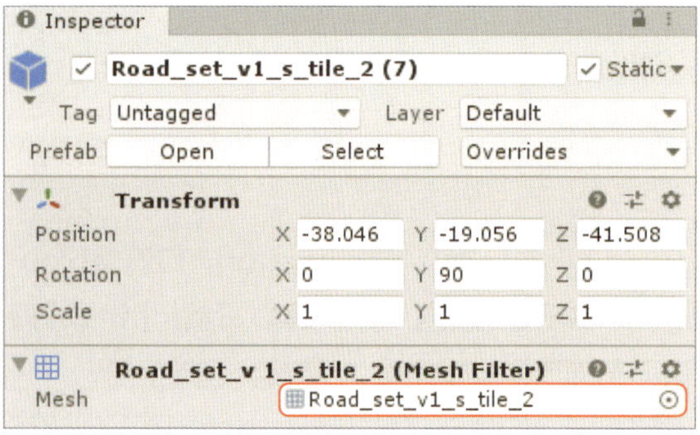

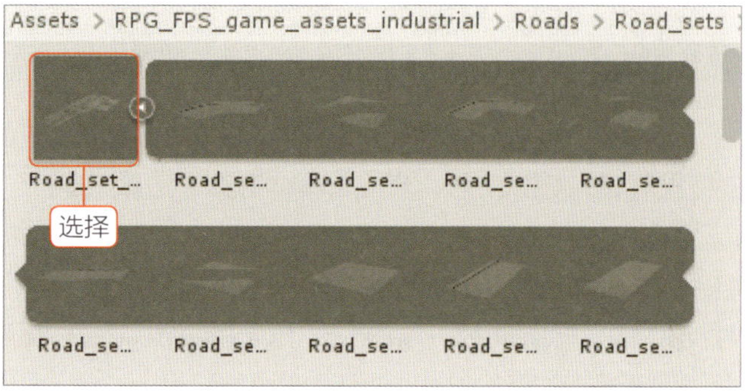

步骤 08 在Inspector窗口为Road_set_v1.fbx勾选Generate Lightmap UVs复选框❶，然后单击Apply❷按钮进行提交，如下图所示。同样的方法，将StaticObject游戏对象下所有游戏对象的原始模型（.fbx文件）的Generate Lightmap UVs参数设置为勾选状态。

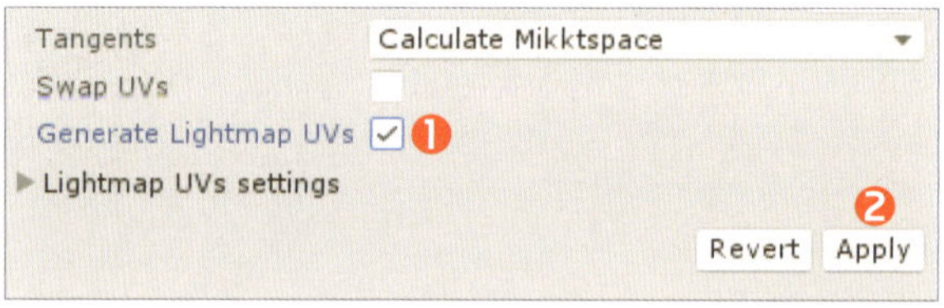

步骤 09 在主界面上方菜单栏中执行Window>Rendering>Lighting Setting命令，调出Lighting窗口，首先在Environment选项区域中单击Sun Source下三角按钮，在下拉列表中选择场景中的平行光源为Directional Light❶，设置Bounces的值为3❷，如下左图所示。

步骤 10 接着在Realtime Lighting选项区域中取消勾选设置实施全局光照的Realtime Global Illumination复选框❶。在Mixed Lighting选项区域中勾选Baked Global Illumination复选框❷，单击Lighting Mode下三角按钮，在下拉列表中选择Baked Indirect选项❸，如下右图所示。

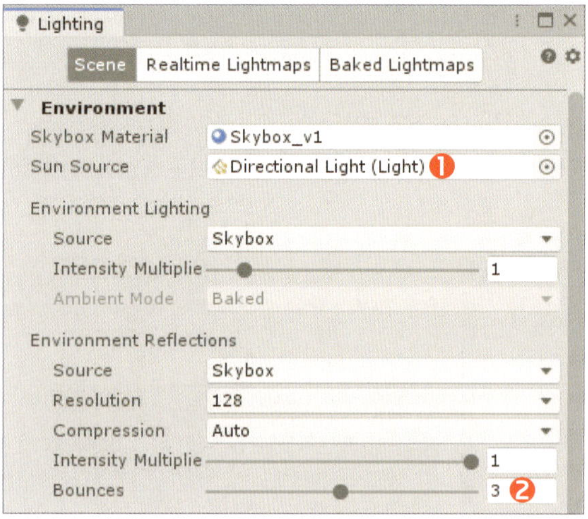

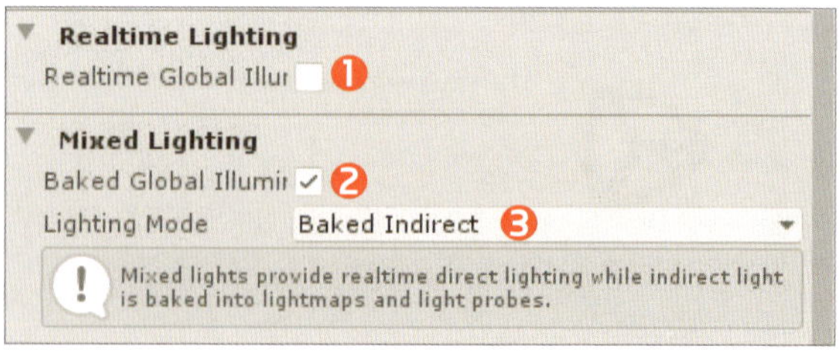

步骤 11 在Lightmapping Setting选项区域中选择Lightmapper为Progressive CPU❶，设置Lightmap Resolution质量为20❷，选择Lightmap Size为2048❸，如下左图所示。

步骤 12 在Other Settings选项区域中勾选Fog右侧的复选框❶，设置Color的RGB值（131,143,152）❷，将Mode调整为Linear❸，设置Start为30❹，设置End为300❺，取消勾选Auto Generate复选框❻，如下右图所示。

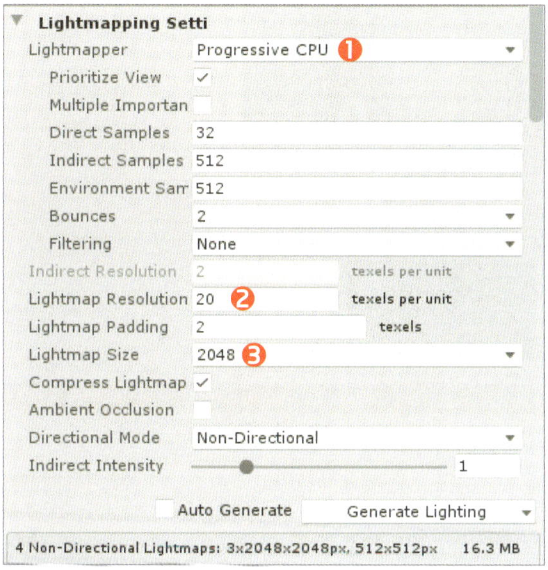

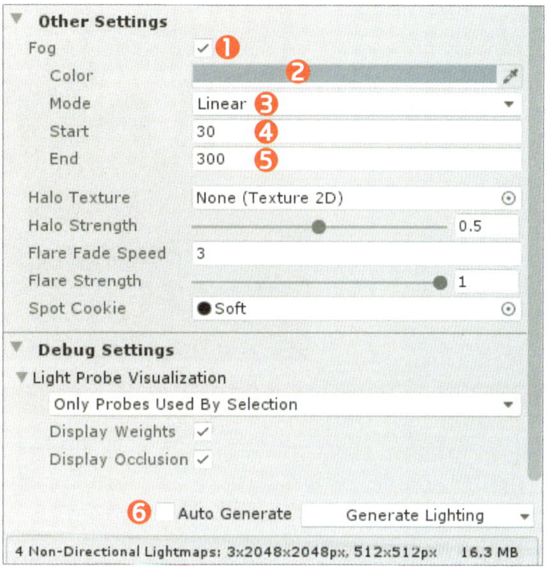

步骤13 参数设置完成后，单击Lighting窗口右下角的Generate Lighting按钮，即可生成光照贴图，如下左图所示。

步骤14 之后会在Unity主界面的右下角显示其预计时间，如下右图所示。

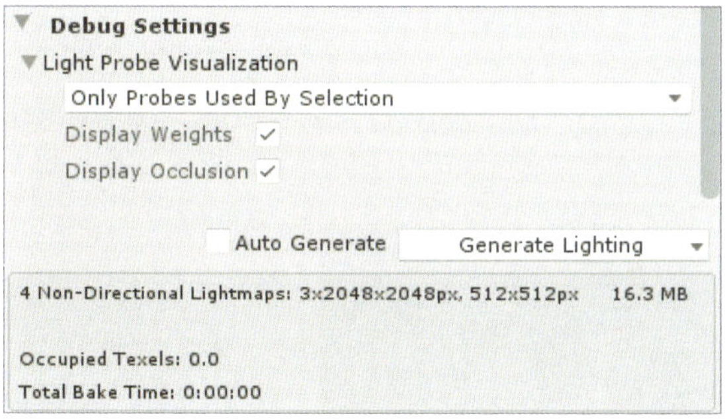

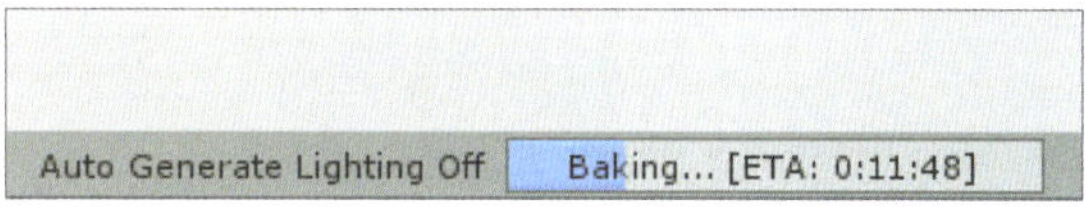

步骤15 生成光照贴图后Unity将自动创建一个和场景名称相同的文件夹，并将生成的光照贴图信息保存至此文件夹，如下左图所示。

步骤16 在Lighting窗口单击切换至Baked Lightmaps❶，可切换至烘焙光照贴图选项卡❷，如下右图所示。

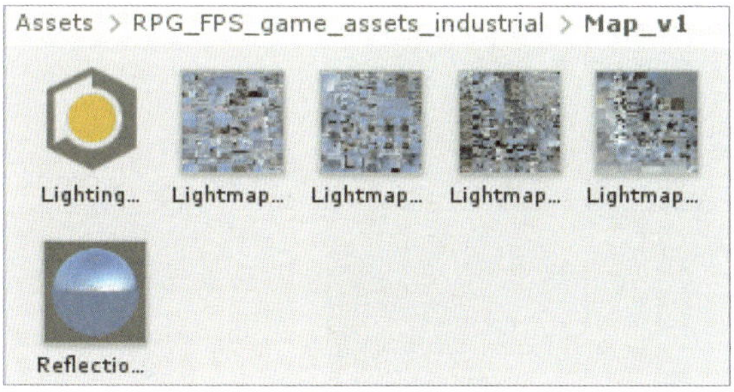

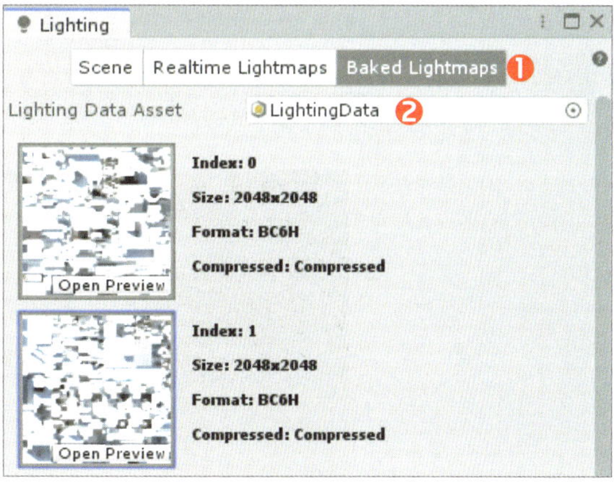

步骤17 到此步骤此场景的光照贴图信息即烘焙完成，在Scene窗口观察烘焙好的场景，效果如下图所示。

提示：烘焙延展

在烘焙光照贴图时，可以在一些较暗的区域内（如隧道）添加Reflection Probe（反射探头）或除平行光以外的其它光源。烘焙光照贴图是一项比较需要耐心的操作，当发现烘焙好的光照贴图没有达到预期的效果时，应适当修改各个参数后重新进行烘焙。

11.5 设置可移动区域

本节将确定场景中可移动的区域并对其进行相应的设置，最终实现用户使用虚拟现实手柄在可移动区域“瞬移”的功能，具体操作方法如下：

步骤 01 首先确定可移动区域，本例仅将公路设置为可行走区域，如下图所示。除此之外，读者也可将建筑附近的地面或房顶同时设置为可行走区域。

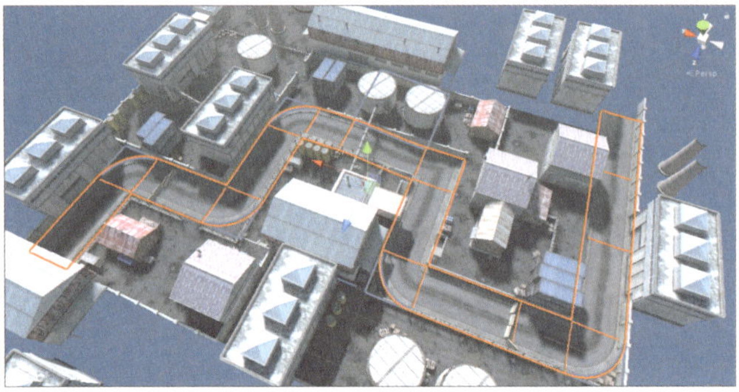

步骤 02 单击选择可行走区域中的任一游戏对象，如下图所示。使用“Ctrl+D”组合键复制此游戏对象，将复制好的游戏对象重新命名为“w1”。

步骤03 为w1添加“Teleport Area”组件，如下左图所示。

步骤04 此块区域的材质将更换为SteamVR工具包中默认的可移动区域材质，如下右图所示。这表示用户可使用虚拟现实手柄瞬移至此块区域。

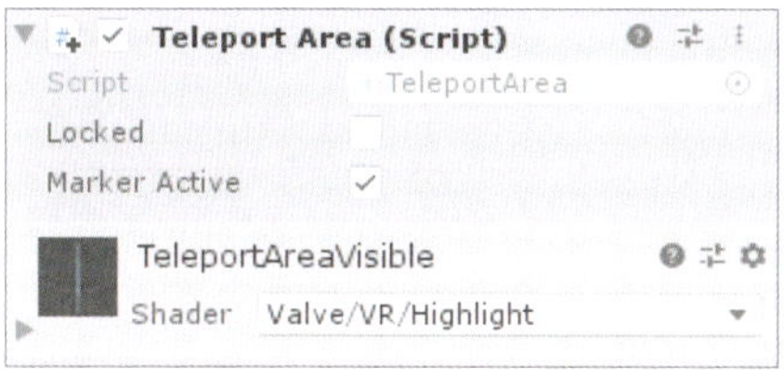

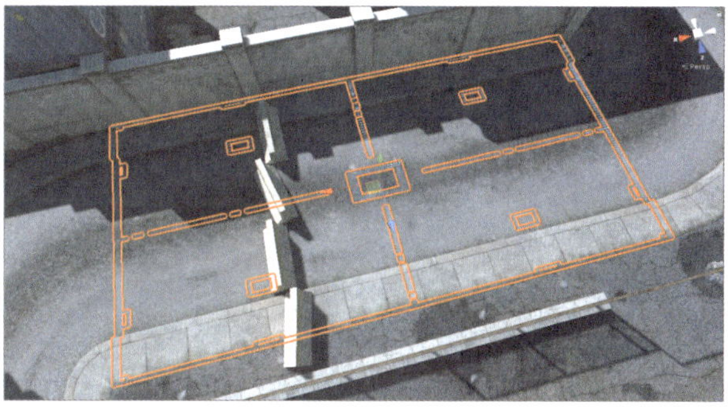

步骤05 重复以上步骤，复制所有公路对应的游戏对象并添加“Teleport Area”组件，将复制后的游戏对象更名为从“w1”至“w17”，如下左图所示。

步骤06 此时场景中所有可行走区域都叠加了一层“监框”材质，如下右图所示。

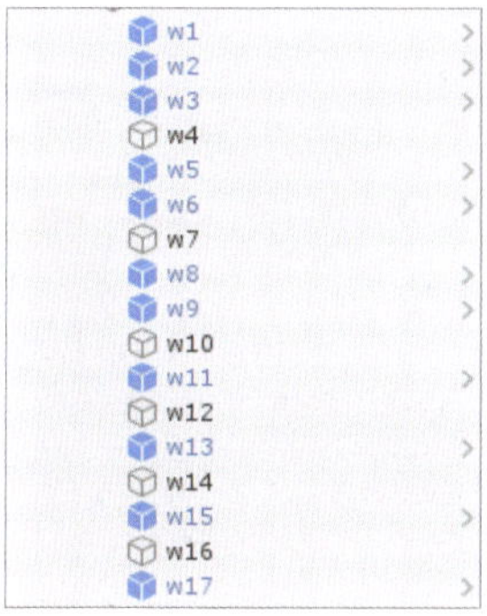

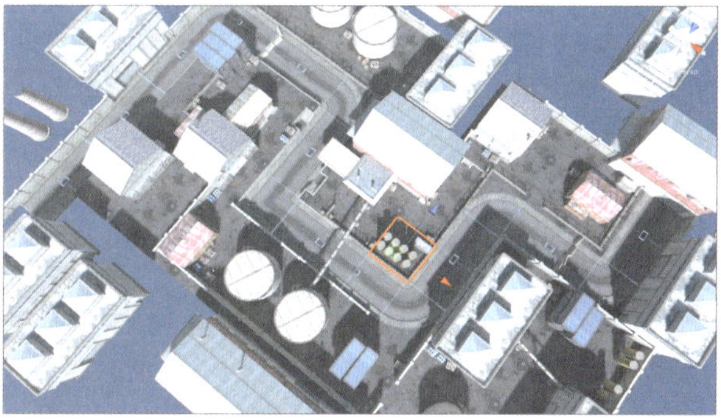

步骤07 在Hierarchy窗口创建一个空物体并命名为“Walkable”，将可行走区域对应的游戏对象全部放置在Walkable目录下，如下左图所示。

步骤08 检查Walkable游戏对象下的所有子物体是否有Collider组件，如下右图所示。如果没有，则为其添加。

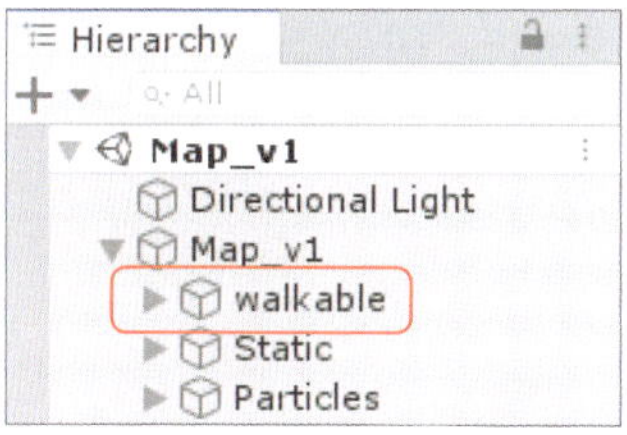

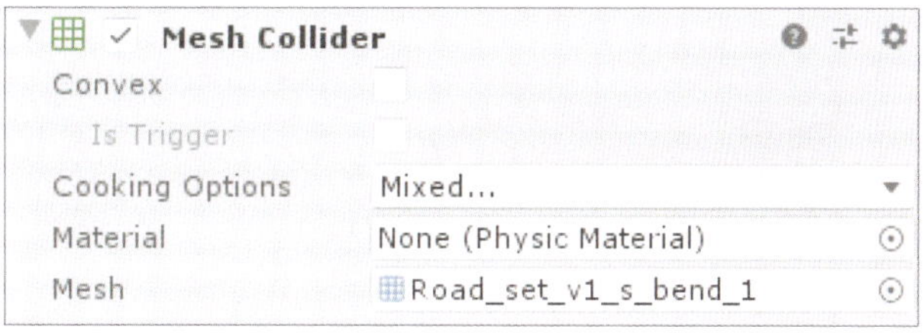

步骤09 在Project窗口找到Assets/SteamVR/InteractionSystem/Teleport/Prefabs目录下的Teleporting.prefab文件，如下左图所示。然后再找Assets/SteamVR/InteractionSystem/Core/Prefabs目录下的Player.prefab文件（如下右图所示）。将上述两个预制体创建至场景中。

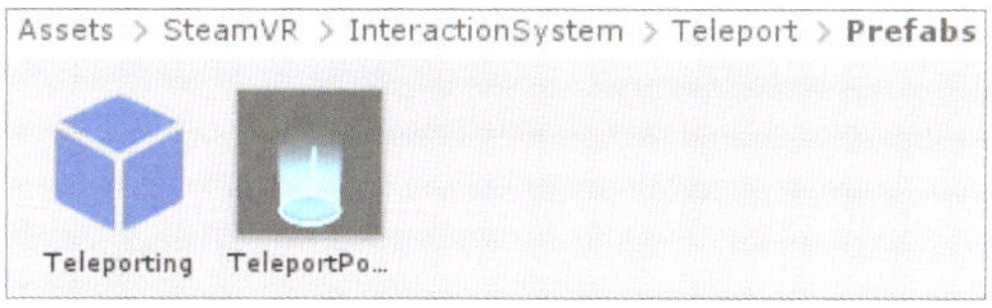

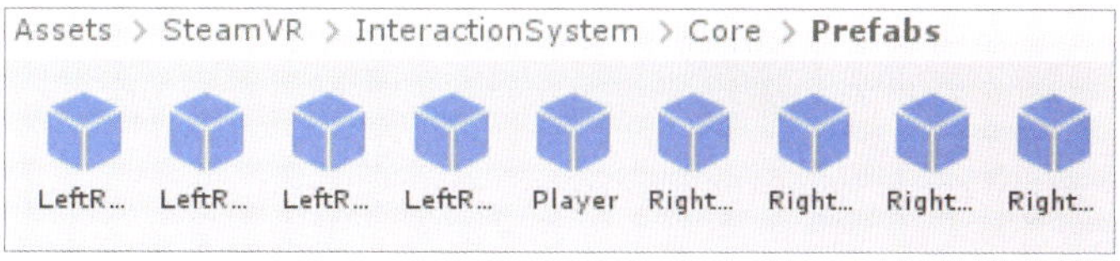

11.6 整合并运行

此时在Hierarchy窗口可查看场景中所有的游戏对象，如下图所示。

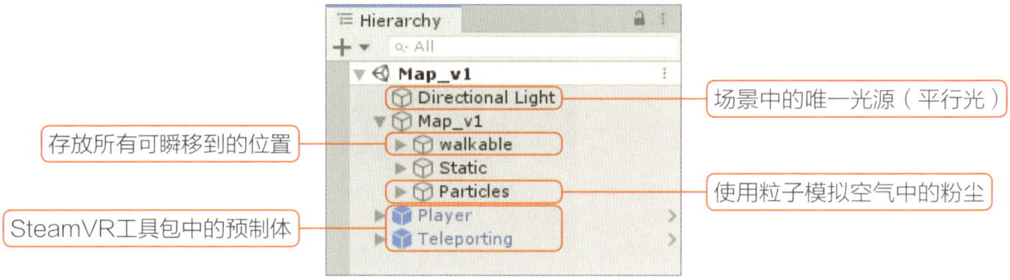

到此步骤即可单击“运行”按钮运行程序，使用者可在虚拟现实头显中观察到此场景中的画面，效果如下图所示。

同时可按下手柄的触摸板进行移动漫游，如下图所示。

Chapter 12 虚拟现实项目（二）3D全景视频播放器

本章概述

全景视频播放器的原理是将全景视频“贴”到一个球体的内部进行播放，再将相机放置到球的中心点进行观察，改变相机的角度即可观看不同视角下的全景视频。3D播放器的原理是将虚拟现实眼镜的左右眼分别渲染为略有偏差的画面，这样在视觉上会有一种立体感。接下来为大家介绍制作3D全景视频播放器的具体方法。

核心知识点

❶ 项目的创建
❷ 视频资源的导入与转码
❸ 使用视频播放组件播放视频
❹ 将画面渲染至球体内部
❺ 修改材质的Shader
❻ 3D摄像机的制作

12.1 项目的创建

本节将创建本次的项目文件并对其进行基础参数设置，下面将介绍具体操作方法。

步骤 01 双击Unity Hub快捷图标，在打开的Unity Hub对话框中选择左侧列表中的“项目”选项❶，切换至“项目”选项面板，然后单击“新建”按钮❷，如下图所示。

步骤 02 在弹出的“Create a new project with Unity”窗口为项目进行参数设置。首先设置模板为“3D❶”，设置项目的名称为“Chapter12_PanoramaVideoPlay❷”，然后单击“位置”右侧的 … 按钮设置项目的保存位置❸。最后单击创建按钮即可成功创建项目，系统将自动打开创建好的项目，如下图所示。

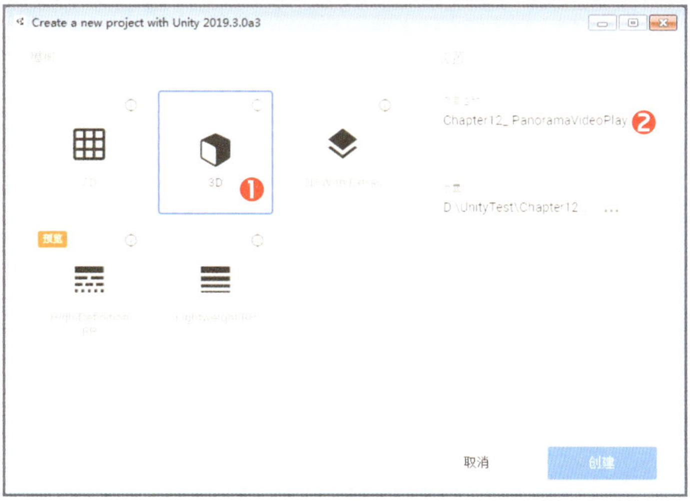

步骤 03 在进行项目制作之前，首先关闭Unity的虚拟现实支持参数，即保持Project Setting中Virtual Reality Supported参数右侧的复选框为未被勾选状态，如下左图所示。这样就可以直接在Game窗口进行运行及调试，调试成功后再开启此参数。

步骤 04 为避免灯光对视频球产生影响，因此需要在Hierarchy窗口中删除场景中默认创建的平行光源，如右图所示。

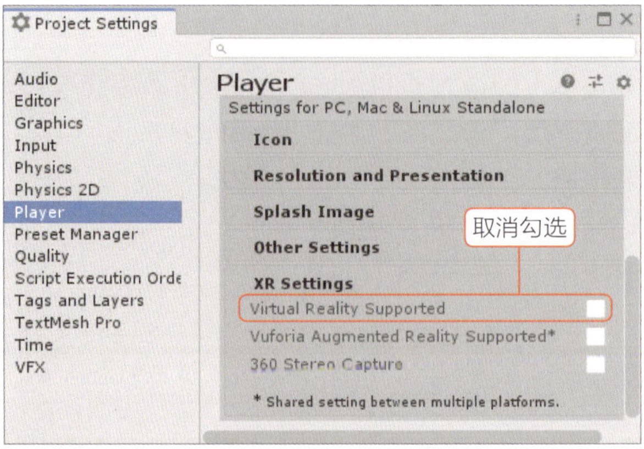

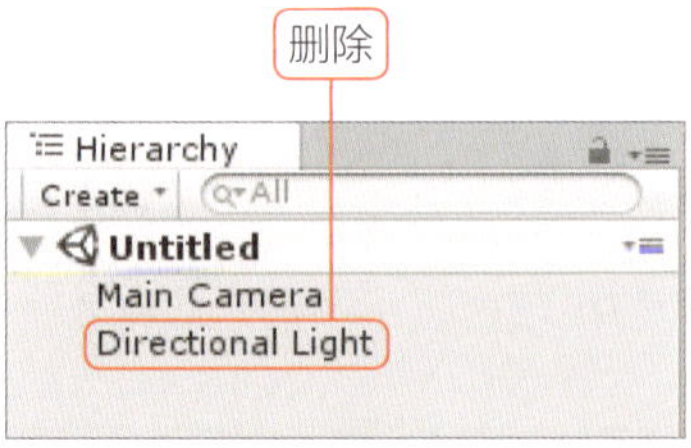

12.2 视频资源的导入与转码

Unity能够识别的视频格式主要有mov、mpg、mpeg、mp4、avi和asf等，将上述格式的视频导入Unity时，会进行一次内部的视频转码。要保证视频转码的顺利完成，必须在PC上安装Quicktime player软件。

步骤 01 在Project窗口单击鼠标右键，在弹出的快捷菜单中选择Import New Asset命令将弹出导入文件的对话框，如下左图所示。

步骤 02 在弹出的Import New Asset对话框中设置“文件名”为DemoVideo.mp4❶，然后单击Import❷按钮，即可将视频资源导入至项目，如下右图所示。

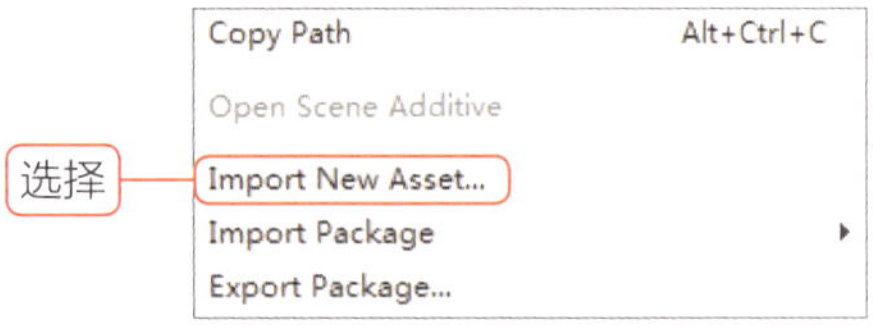

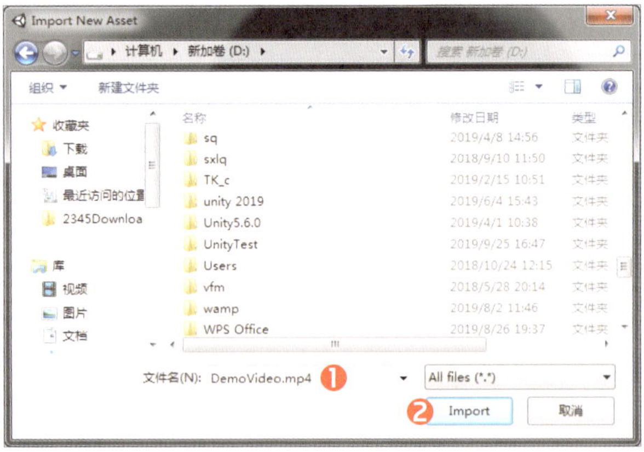

步骤 03 将DemoVideo.mp4文件导入项目后，Unity会自动进行视频转码，如右图所示。等待提示窗口中的百分比至100%，即完成转码。

提示：手动转码

如果视频未进行自动转码，只需要在Project窗口单击选中DemoVideo.mp4，然后在Inspector窗口勾选Transcode❶右侧的复选框，最后单击Apply❷按钮，此时视频将进行转码，如下图所示。

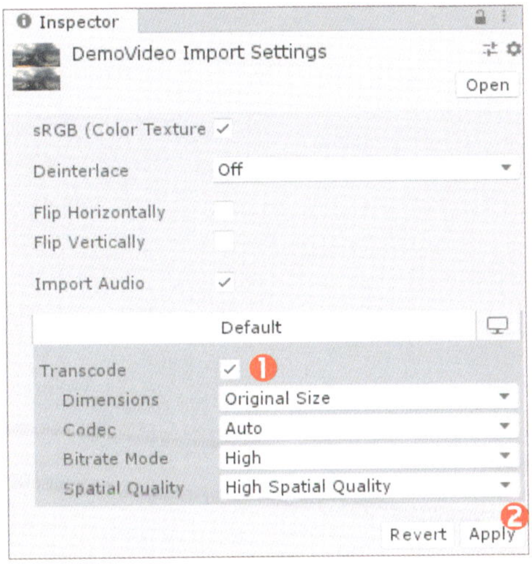

12.3 视频播放

本节将使用Unity的内置组件Video Player来进行视频播放，并将播放内容渲染至一张Render Texture上，下面将介绍具体操作方法。

步骤 01 在Project窗口中单击鼠标右键，执行Create>Render Texture命令，创建一个Render Texture，将其命名为video，如下左图所示。

步骤 02 在Project窗口选中video，在Inspector窗口为其设置参数，将Size调整为3840×2160（与3D全景视频的大小一致），其它参数保持不变即可，如下右图所示。

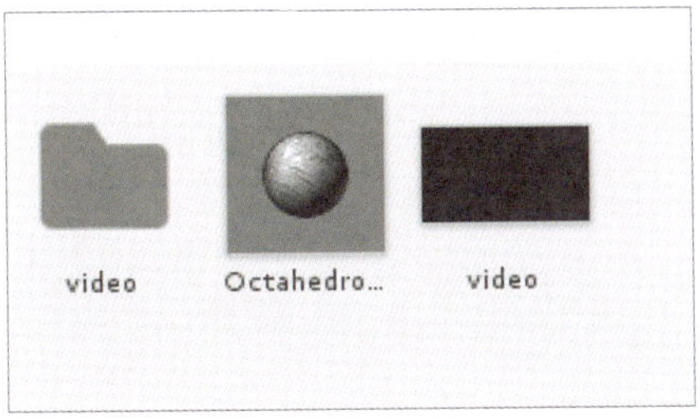

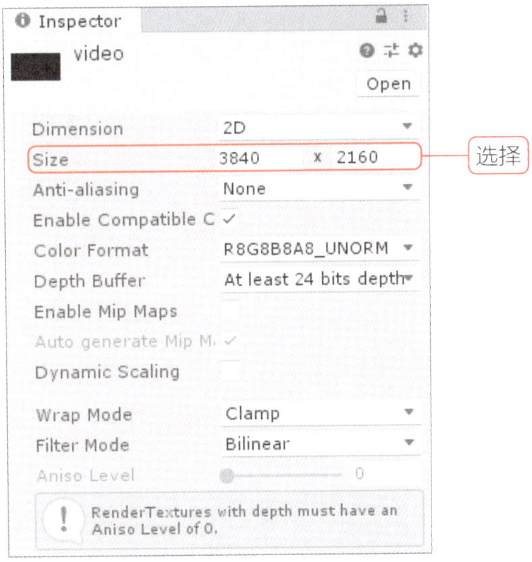

步骤 03 在Hierarchy窗口单击鼠标右键，在调出的快捷菜单中选择Video>Video Player命令，创建一个视频播放的游戏对象，如下左图所示。

步骤 04 单击选中Video Player，然后在Inspector窗口设置Source为Video Clip模式❶，将Video Clip❷指定为DemoVideo.mp4，保持Player On Awake和Wait For First Frame复选框为勾选状态❸，取消勾选Loop复选框❹，将Target Texture指定为video.renderTexture❺，其它参数保持不变，如下右图所示。

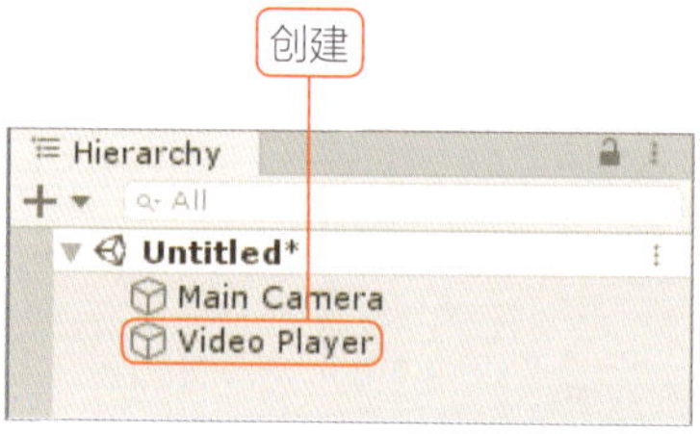

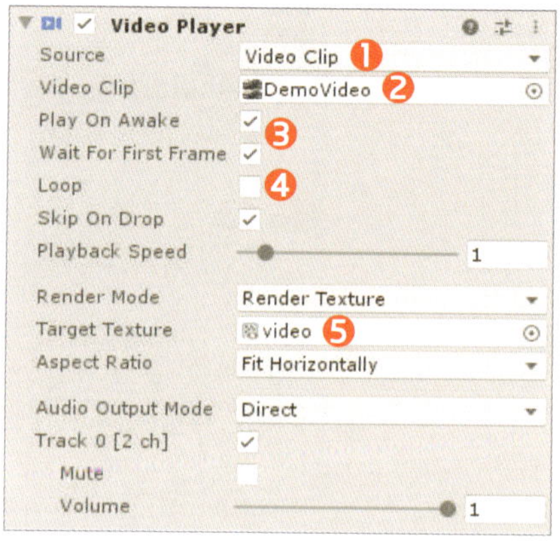

12.4 将画面渲染至球体

本节将介绍如何将全景视频的播放画面渲染至视频球的内部，具体操作方法如下。

12.4.1 创建视频球

首先在场景中创建两个视频球，这两个视频球分别对应着虚拟现实眼镜的左右眼，下面介绍具体操作。

步骤 01 在Hierarchy窗口创建一个空物体并命名为VideoBall❶，再创建两个Sphere（球体），分别命名为LeftBall❷和RightBall❸。将LeftBall和RightBall移动至VideoBall的子目录下，如下左图所示。

步骤 02 将上个步骤中创建的三个游戏对象位置全部归零，如下右图所示。此时两个视频球处于世界坐标的中心并且重合在一起。

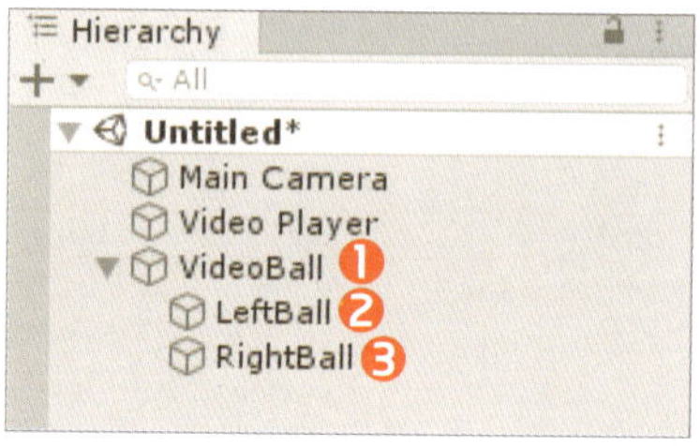

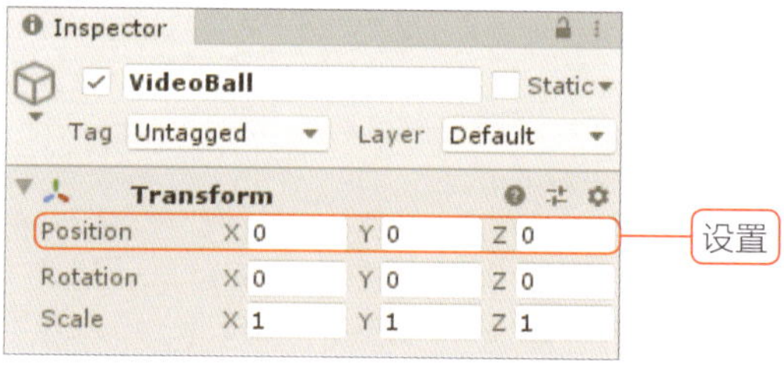

步骤 03 然后将LeftBall和RightBall两个游戏对象的缩放比例调整为50，如下左图所示。

步骤 04 此时在两个视频球游戏对象的Inspector可以看到Sphere Collider组件，如下右图所示。

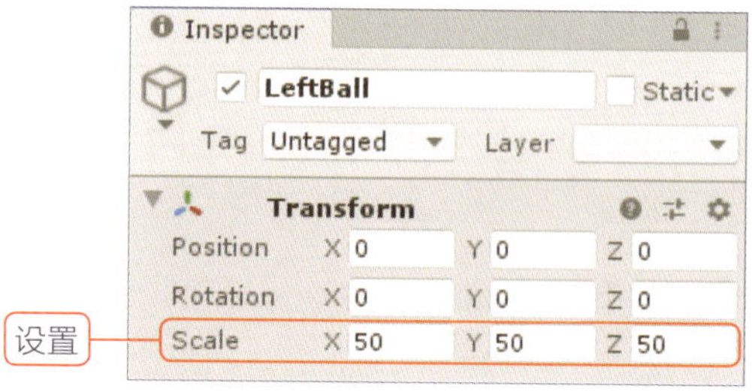

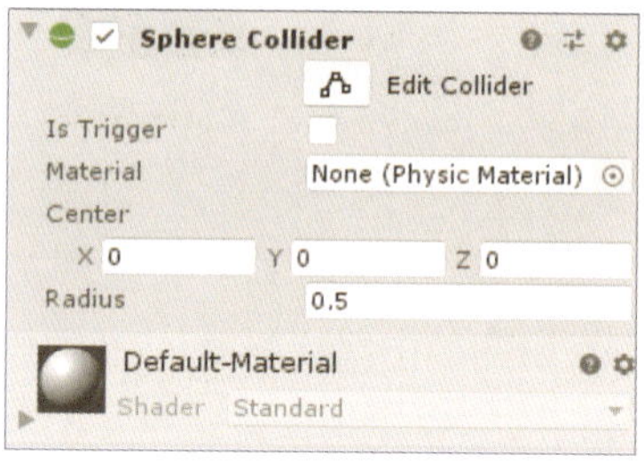

步骤 05 单击Sphere Collider组件右上方的⚙按钮，在弹出的快捷菜单中选择Remove Component选项用于移除此组件，如下左图所示。

步骤 06 将创建场景时的默认摄像机（Main Camera）作为测试摄像机使用，将其位置调整至球体内部正中心（0，0，0），如下右图所示。

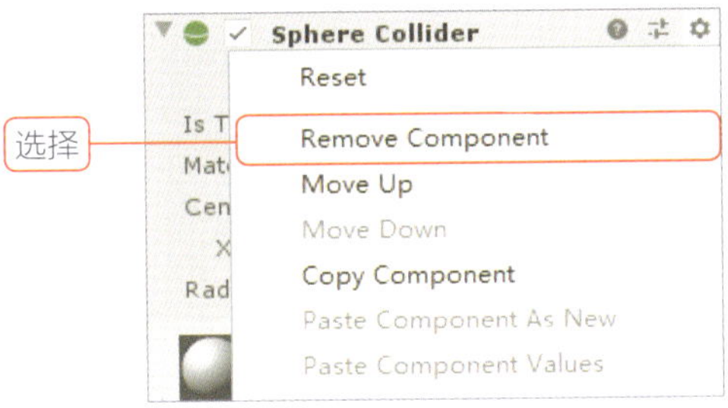

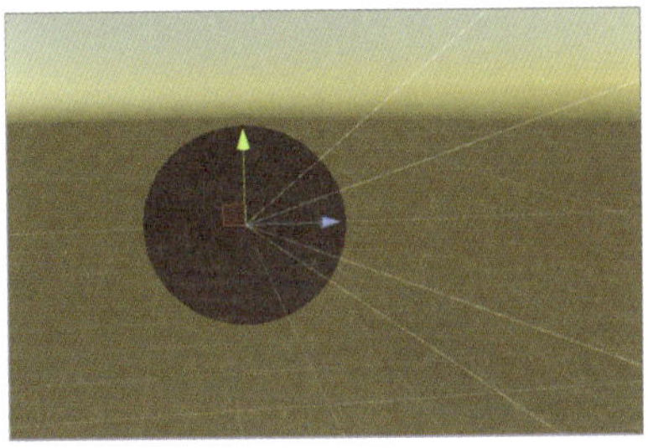

12.4.2 修改Shader

在Hierarchy窗口单击选中Main Camera，如下左图所示。然后在Scene窗口的右下角观察其渲染出的画面，如下右图所示。可以观察到此时相机中并没有视频球的画面，只显示了天空盒的背景色。这是因为视频球的内部没有被渲染。本节将修改视频球的Shader，使用双面材质使其内部同样被渲染，下面将介绍具体操作方法。

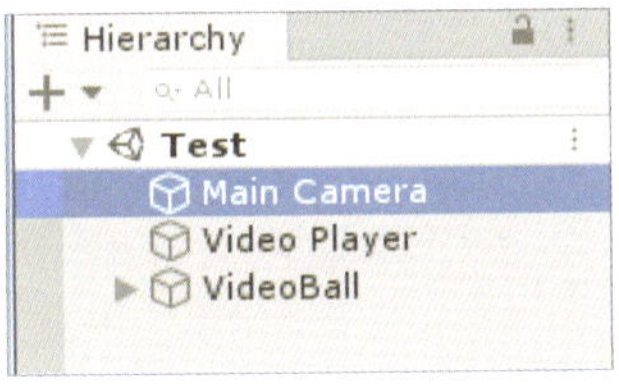

步骤 01 在Project窗口单击鼠标右击，依次选择Create>Shader>Standard Surface Shader命令，创建一个Shader（着色器）文件，如下图所示。然后修改shader文件的名字为Unlit_SphereInside.shader。

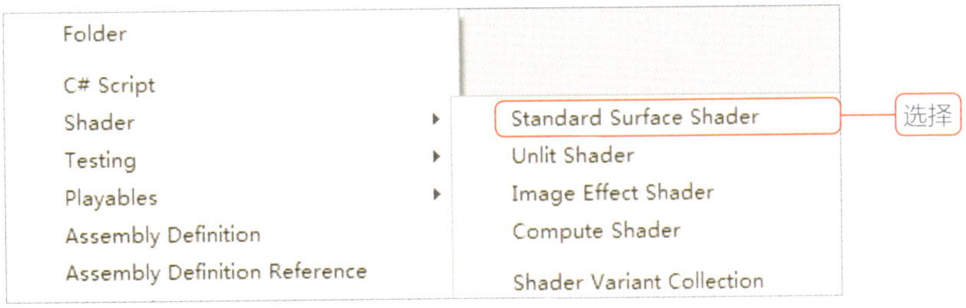

步骤 02 双击Unlit_SphereInside.shader文件进行编辑，其代码如下。

```
Shader "Custom/Unlit_SphereInside" {
    Properties {
        _MainTex ("Base (RGB)", 2D) = "black" {}
    }

    SubShader {
        Tags { "RenderType"="Opaque" }
```

```
        LOD 100

        // Non-lightmapped
        Pass {

            Lighting Off
                        // 剔除球外表面的渲染
            Cull Front
            SetTexture [_MainTex] { combine texture }
        }
    }
}
```

步骤 03 编辑完成后按下“Ctrl+S”组合键，执行保存操作。接下来在Project窗口右击，依次选择Create>Material命令，创建一个Material（材质）并命名为TestMaterial，如下左图所示。我们将使用此材质来测试Unlit_SphereInside.shader是否起效。

步骤 04 在Project窗口单击选中TestMaterial.mat文件，然后在Inspector窗口修改其参数，即单击Shader右侧的下拉按钮❶调出下拉菜单，在下拉菜单中依次选择Custom❷>Unlit_SphereInside❸选项，如下右图所示。

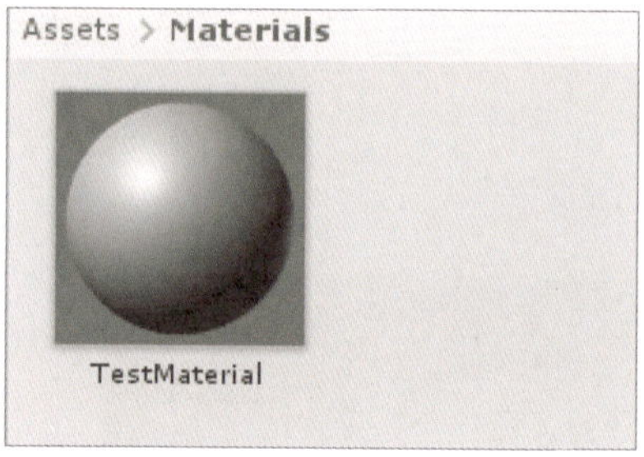

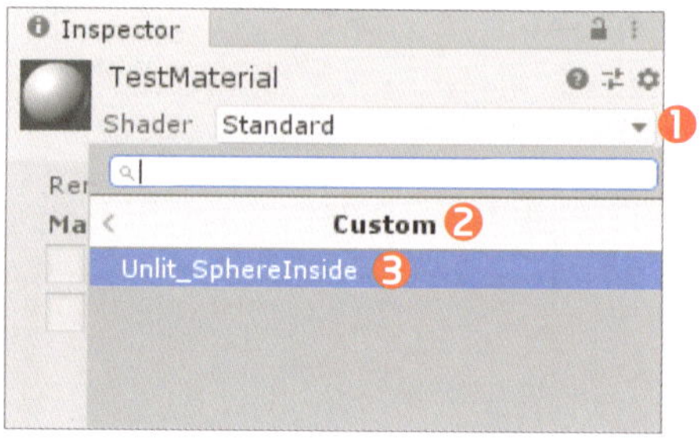

步骤 05 在Hierarchy窗口中单击选中任一视频球游戏对象（以LeftBall为例），在Inspector窗口为其修改Mesh Renderer组件的Materials参数，将TestMaterial.mat拖曳至Element 0参数处即可，如下左图所示。

步骤 06 在Hierarchy窗口单击选中Main Camera，然后在Scene窗口的右下角观察Camera Preview，如下右图所示。此时所显示的不再是天空盒的背景，而是纯黑色的画面，这表示Shader生效，摄像机可以照射到视频球的内部。

12.4.3 分割3D视频

3D全景视频一般分为上下两部分，分别对应着虚拟现实眼镜左右眼，如下图所示。使用材质中的Tiling和Offset参数可将其分割成两部分来分别渲染两个视频球内部，下面介绍具体操作方法。

步骤 01 在Project窗口单击鼠标右键，依次执行Create>Materials命令，创建两个Material（材质）文件，并将其分别命名为InsideRenderDown和InsideRenderUp，这两个材质分别对应着全景视频的上半部分和下半部分，如下左图所示。

步骤 02 单击选中InsideRenderUp，然后在Inspector窗口中为其修改参数。此材质对应着3D全景视频的上半部分，需要修改的参数如下：首先将Shader修改为Custom/Unlit_SphereInside❶，然后将Tiling修改为（1,0.5）❷，接下来将Offset修改为（0,0）❸，最后将Render Texture修改为video.renderTexture❹，如下中图所示。

步骤 03 单击选中InsideRenderDown，然后在Inspector窗口中为其修改参数。此材质对应着3D全景视频的下半部分，需要修改的参数如下：首先将Shader修改为Custom/Unlit_SphereInside❶，然后将Tiling修改为（1,0.5）❷，接下来将Offset 修改为（0,0.5）❸，最后将Render Texture修改为video.renderTexture❹，如下右图所示。

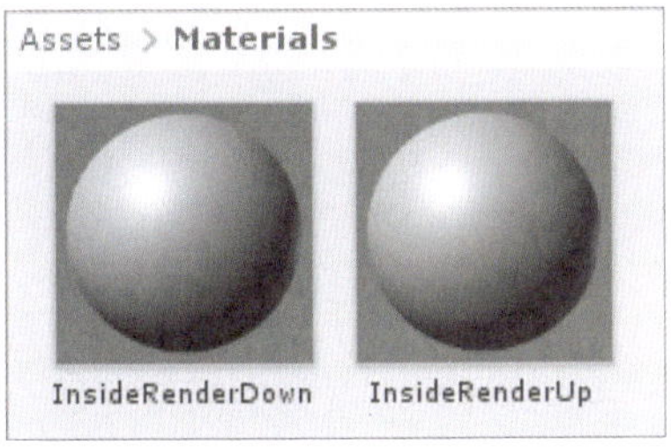

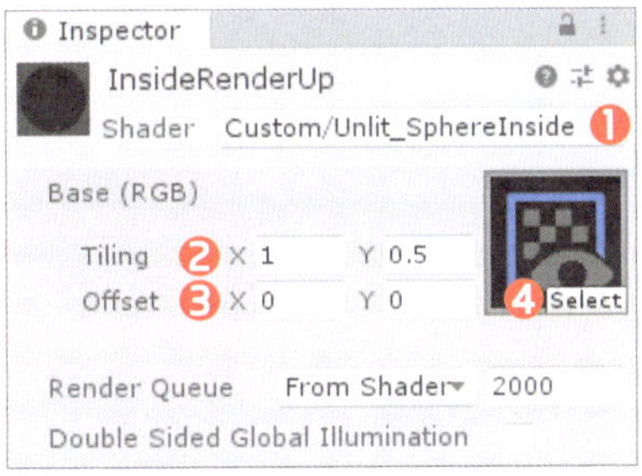

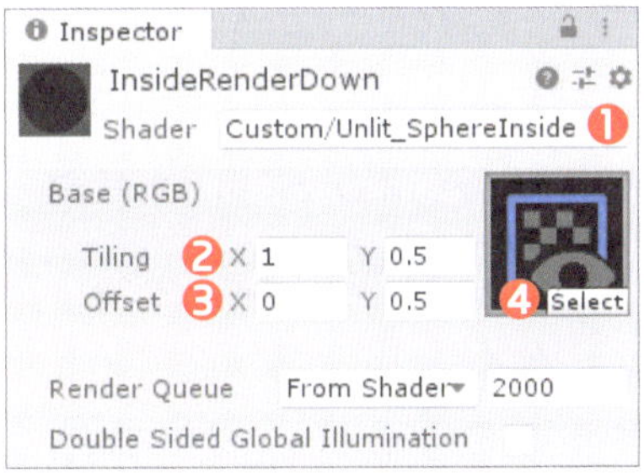

步骤 04 在Hierarchy窗口单击选中LeftBall游戏对象，在Inspector窗口指定其材质为InsideRenderUp，如下左图所示。此视频球将渲染全景视频的上半部分，即左眼。

步骤 05 在Hierarchy窗口单击选中RightBall游戏对象，在Inspector窗口指定其材质为InsideRender-Down，如下右图所示。此视频球将渲染全景视频的下半部分，即右眼。

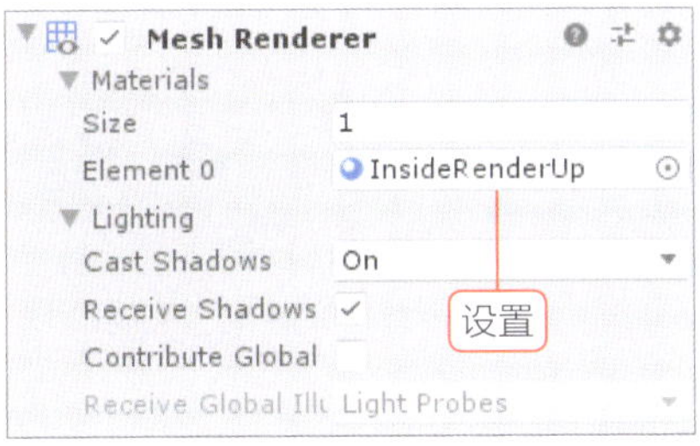

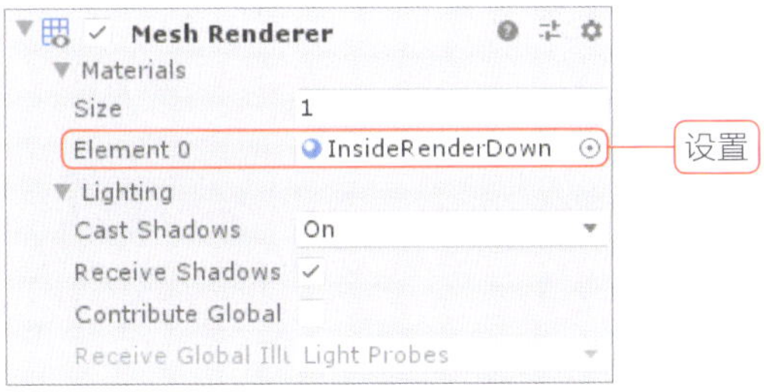

至此，分割3D全景视频的部分已经完成，使用者可以隐藏任一视频球，然后使用测试摄像机观察另一视频球所渲染出的画面。可以发现两个视频球所渲染的画面略有不同，稍后将不同的画面分别渲染至虚拟现实眼镜的左右眼，即可实现3D功能。

12.4.4 翻转UV

进行上文的相关设置后，单击运行按钮，即可运行程序并使用测试摄像机进行试看，此时Game窗口看到的图像如下图所示。

我们可以发现摄像机所渲染的字体和画面都与原视频相反，这是当视频从球体外部渲染至球体内部时UV相反导致。因此需要翻转UV将视频画面调正，下面将介绍具体操作方法。

步骤 01 在Project窗口单击鼠标右键，依次选择Create>C# Script命令，创建一个C#脚本并命名为SphereMirror.cs，双击脚本文件进行编辑。代码如下：

```
using System.Collections;
using System.Collections.Generic;
using UnityEngine;

public class SphereMirror : MonoBehaviour
{
    // Start is called before the first frame update
    void Start()
    {
//获取UV
        Vector2[] vec2UVs = transform.GetComponent<MeshFilter>().mesh.uv;
        for (int i = 0; i < vec2UVs.Length; i++)
  {
//翻转UV
            vec2UVs[i] = new Vector2(1.0f - vec2UVs[i].x, vec2UVs[i].y);
        }
        transform.GetComponent<MeshFilter>().mesh.uv = vec2UVs;
    }
}
```

步骤 02 将上述代码分别拖曳至LeftBall和RightBall游戏对象上，如下左图所示。

步骤 03 此时再次运行程序，即可在测试摄像机中观察到下右图所示的画面，我们可以看到此时的字体和画面全部翻转为“正”了。

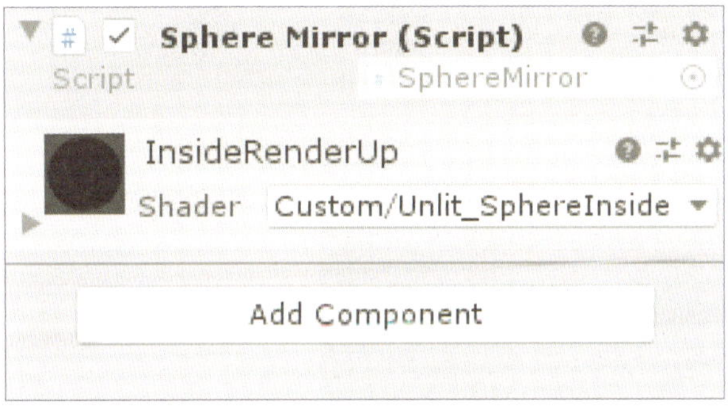

12.4.5 处理拼接细节

调整测试摄像机的角度，使其正对视频球的正上方或正下方，如下左图所示。然后单击运行按钮运行程序，此时可以在Game窗口看到下右图所示画面。

在画面中很明显地观察到拼接处生硬地将画面分成了四个部分，并且画面没有显示完整。这是因为Unity内置的球体面数太少的原因，只需要增加视频球的面数即可，具体操作步骤如下。

步骤 01 在Project窗口中单击鼠标右键，然后在弹出的快捷菜单中选择Import New Asset命令，将本书附赠光盘中的OctahedronSphere.asset文件导入项目，如下左图所示。

步骤 02 将OctahedronSphere.asset依次拖曳至LeftBall和RightBall游戏对象的Mesh参数处，如下右图所示。

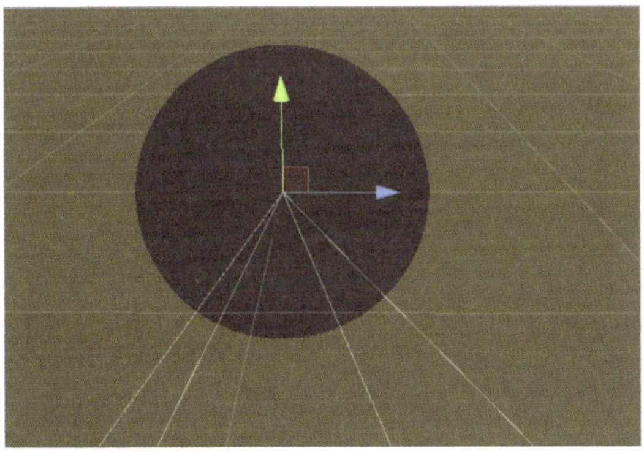

步骤 03 进行上述操作后，视频球将被替换为更大面数的模型，我们可以在Scene窗口的右上角将浏览模式更改为Wireframe，如下左图所示。

步骤 04 此时可更直观地观察到两个球体之间的面数，左侧的视频球是Unity中自带的Sphere模型，右侧的视频球是更换成功的球体模型，如下右图所示。

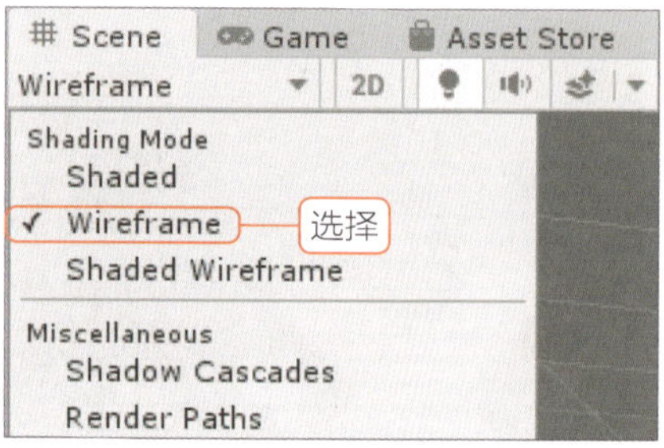

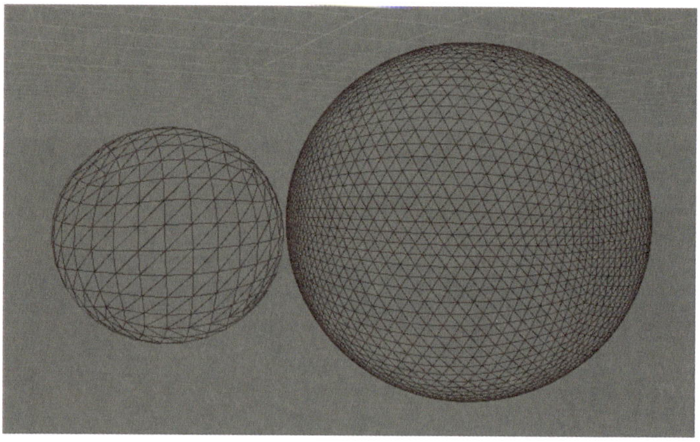

步骤 05 再次单击运行按钮运行程序，即可在Game窗口中看到完整的视频画面效果，如下图所示。

12.5 设置相机

本节的目的是将LeftBall和RightBall两个视频球所渲染的画面映射到两个不同的摄像机中，这两个摄像机对应着虚拟现实眼镜的左右眼，以此来实现3D效果，其具体步骤如下。

步骤 01 在Hierarchy窗口单击选中LeftBall游戏对象，然后在Inspector窗口单击右上方Layer右侧的下拉按钮，如下左图所示。

步骤 02 在弹出的下拉列表中选择Add Layer命令，如下右图所示。

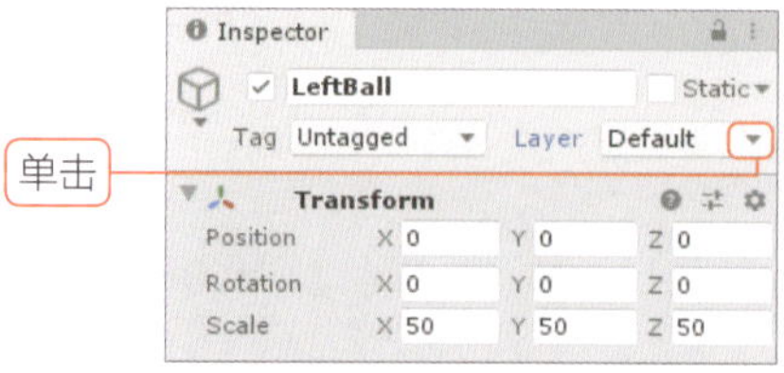

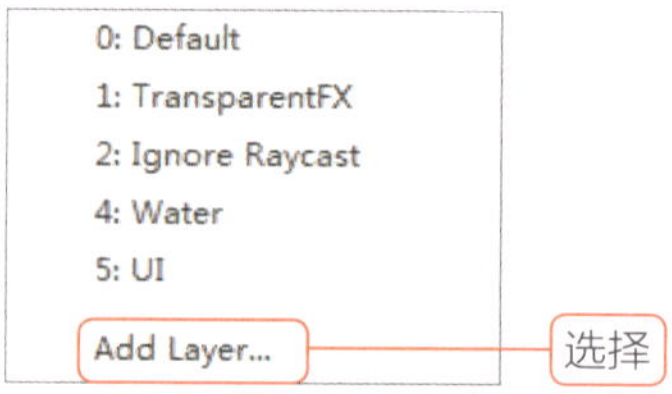

步骤 03 在弹出的面板的Tag&Layers选项区域添加两个User Layer，分别命名为Left ❶和Right❷，如下左图所示。

步骤 04 单击选中LeftBall游戏对象，在Inspector窗口单击Layer右侧的下拉按钮，然后选择Left，将其Layer修改为Left❶；单击选中RightBall游戏对象，在Inspector窗口单击Layer右侧的下拉按钮，然后选择Right，将其Layer修改为Right❷，如下右图所示。

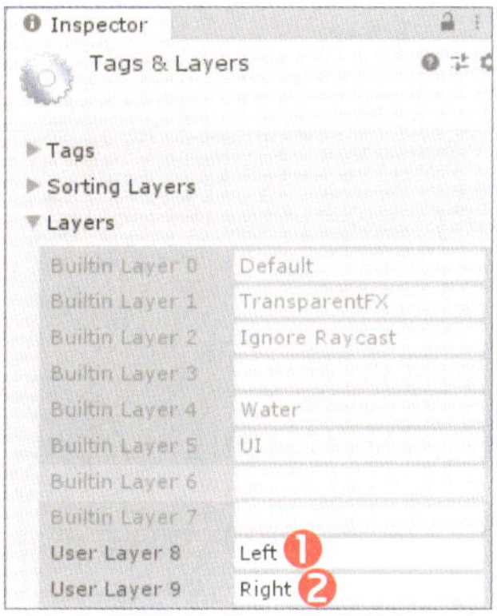

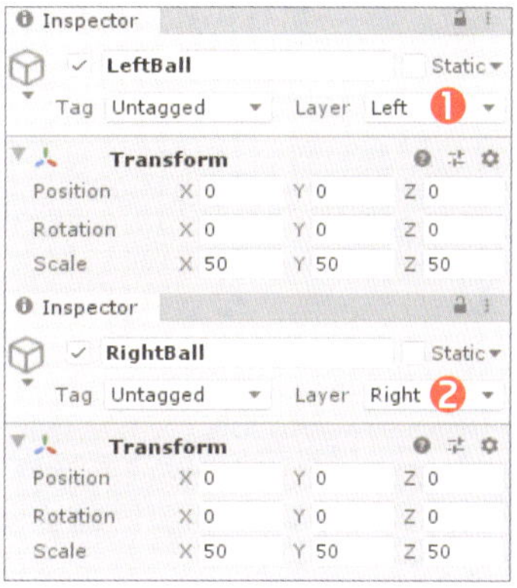

步骤 05 在Hierarchy窗口删除测试摄像机（Main Camera❶），然后创建一个空物体（Create Empty）并命名为Camera❷，接下来创建两个摄像机（Camera）并分别命名为LeftEye❸和RightEye❹，如下左图所示。

步骤 06 单击选中LeftEye游戏对象，在Inspector窗口单击Audio Listener组件右上方的⚙按钮，在弹出的快捷菜单中选择Remove Component命令来移除此组件，如下右图所示。

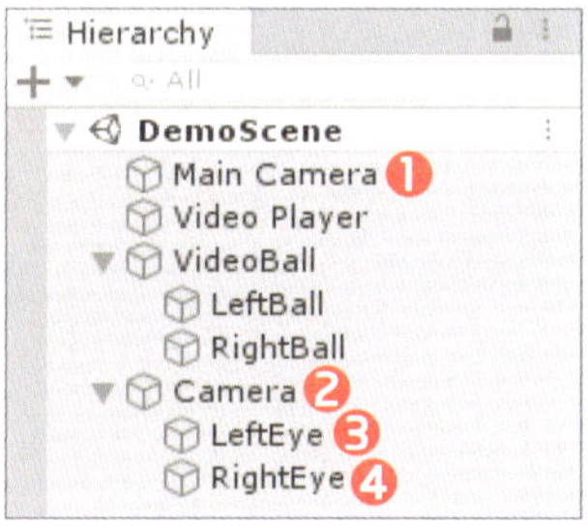

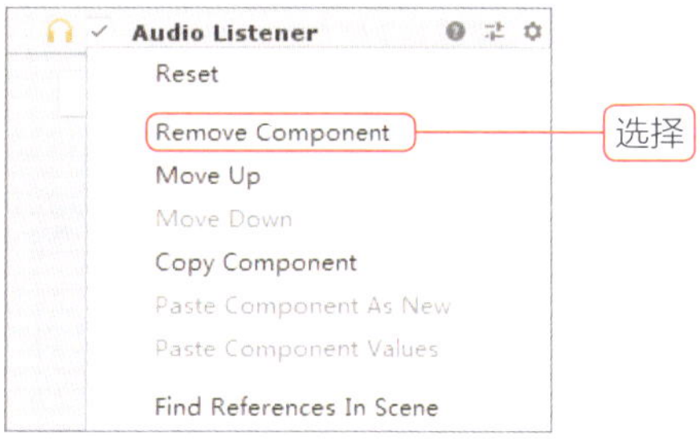

步骤 07 将Camera、LeftEye和RightEye三个游戏对象的位移和旋转信息全部归零，使两个摄像机全部在视频球的正中心位置，如下左图所示。

步骤 08 在Project Setting中的player选项卡中激活Virtual Reality Supported参数，将OpenVR添加至SDK列表中，如下右图所示。

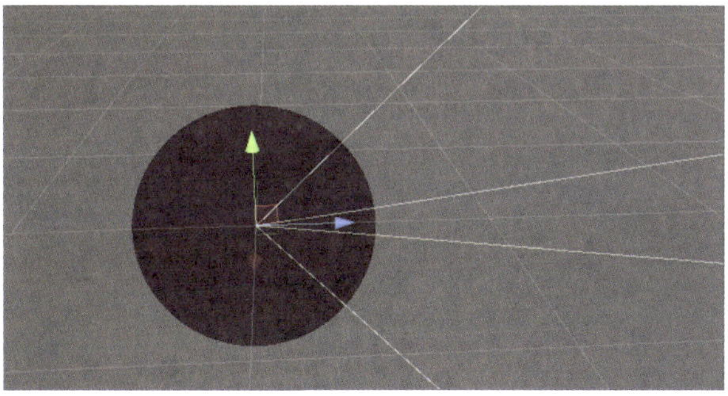

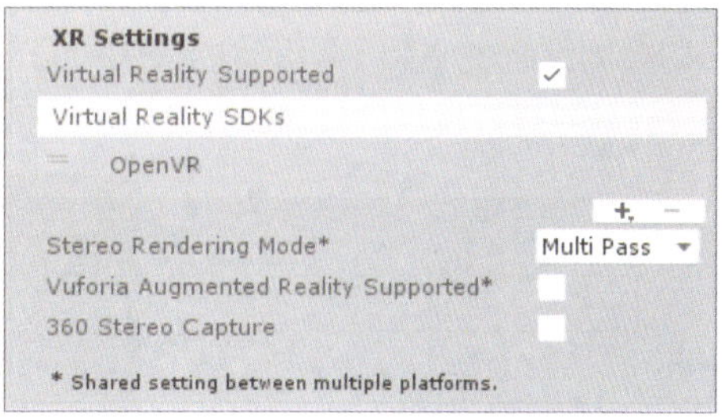

步骤 09 在Hierarchy窗口单击选中LeftEye游戏对象，然后在Inspector窗口修改其参数：单击"Culling Mask❶"右侧的下拉按钮，在弹出的下拉菜单中选择"Left"并取消勾选其它选项；单击"Target Eye❷"右侧的下拉按钮，在弹出的下拉菜单中选择Left，如下左图所示。

步骤 10 在Hierarchy窗口单击选中RightEye游戏对象，然后在Inspector窗口修改其参数：单击"Culling Mask❶"右侧的下拉按钮，在弹出的下拉菜单中选择"Right"并取消勾选其它选项；单击"Target Eye❷"右侧的下拉按钮，在弹出的下拉菜单中选择Right，如下右图所示。

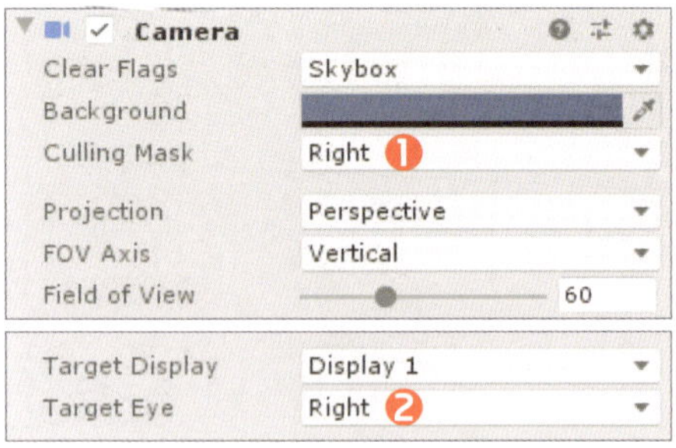

步骤 11 至此相机的左右眼设置完毕，此时按住键盘上的Shift键，再依次单击选中LeftEye和RightEye游戏对象，如下左图所示。

步骤 12 即可在Scene窗口的右下角观察到两个相机对应的画面，如下右图所示。

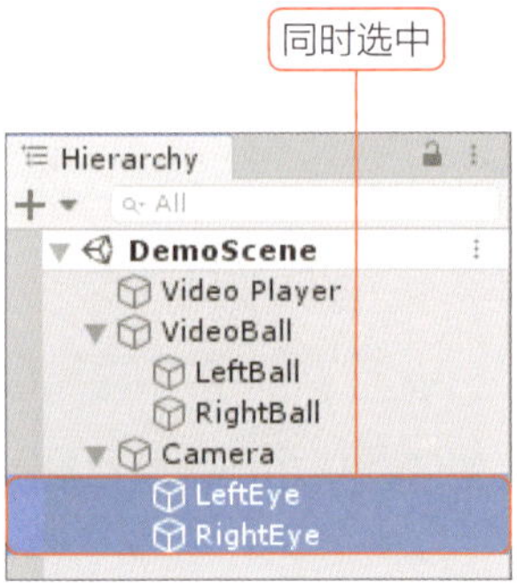

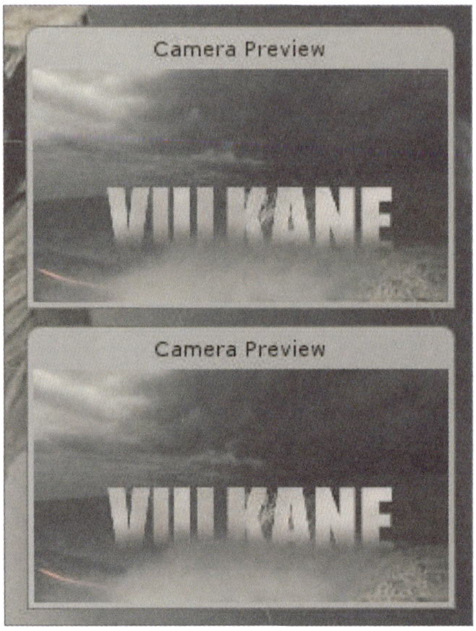

12.6 整合与运行

此时在Hierarchy窗口可查看场景中所有的游戏对象，如下左图所示。

单击运行按钮运行程序，在虚拟头显中将自动播放3D全景视频，效果如下右图所示。

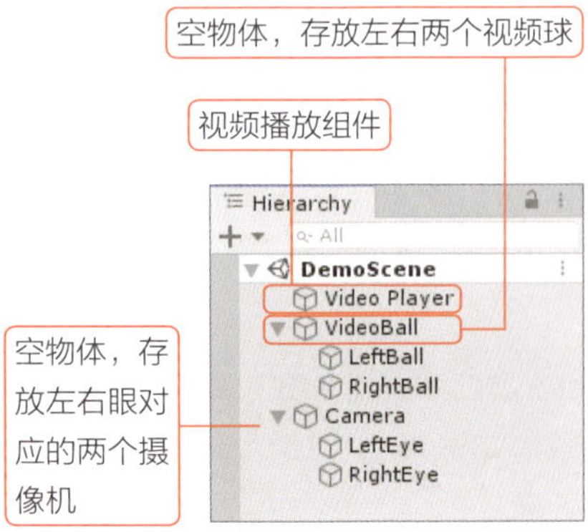

Chapter 13 虚拟现实项目（三）人体观察

本章概述

VR在医疗行业有着广泛的应用前景，例如模拟手术、解剖联系、手术环境及工具的模拟等。本次项目将进行人体模型观察，即使用虚拟现实头盔对人体的各个部位进行全方位的观察。

使用虚拟现实模拟人体，一方面缓解了医学工作者没有实物上手的难题；另一方面也可以带给他们一定的真实感，相比文字、图片的枯燥，虚拟现实的全方位显示更加能观察到人体各个部位的细节。

核心知识点

1. 资源的整理与规划
2. 魔法圈的制作
3. 场景的烘焙
4. 虚拟现实UI的制作
5. 使用手柄点击UI
6. 逻辑脚本的编写

13.1 项目创建与资源导入

本节将创建项目文件并将所需的资源包导入至项目中，具体操作方法如下。

步骤 01 双击Unity Hub快捷图标，在打开的Unity Hub对话框中选择左侧列表中的“项目”选项❶，切换至“项目”选项面板，然后单击“新建”按钮❷，如下图所示。

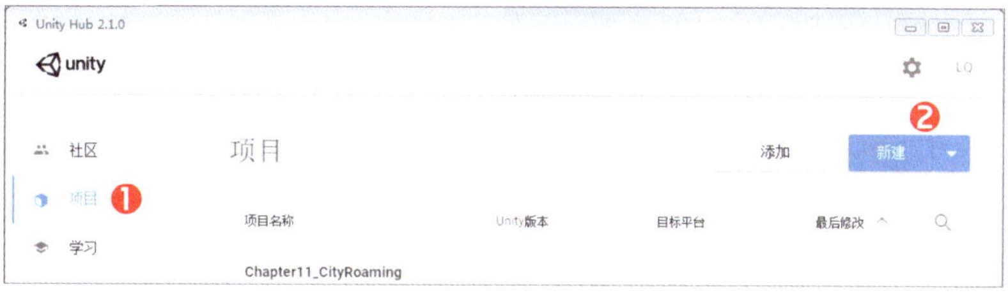

步骤 02 在弹出的创建窗口中为项目进行参数设置。首先设置模板为3D❶，设置项目的名称为Chapter13_Body_Observation❷，然后单击“位置”右侧的 ··· 按钮，选择项目的保存位置❸。最后单击“创建”❹按钮即可成功创建项目，如下图所示。

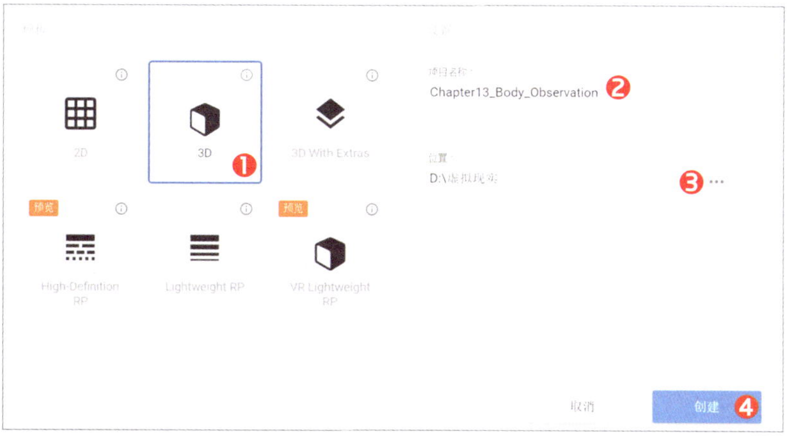

步骤 03 在Project窗口单击鼠标右键，一次执行Import Package>Custom Package命令，调出Import Package对话框，选择随本书附赠光盘中名为FemaleBody.unitypackage❶和Laboratory.unitypackage❷的文件，单击“打开”按钮❸，如下图所示。

步骤 04 在Asset Store窗口中搜索SteamVRPlugin，然后单击“导入”按钮，将此工具包导入至项目，如下图所示。

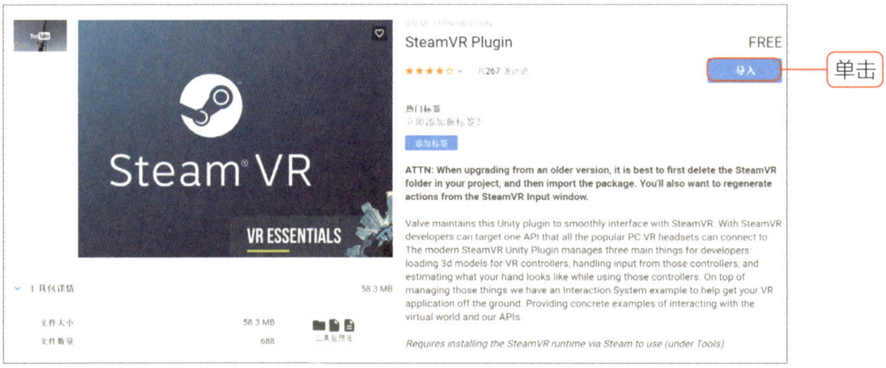

步骤 05 单击主界面菜单栏的Window选项，在弹出的下拉菜单中选择SteamVR Input命令，调出SteamVR Input窗口，如下左图所示。单击Save and generate按钮，即可自动生成SteamVR Input文件。

步骤 06 在Project窗口新建两个文件夹并分别命名为“Prefabs”和“Scripts”，如下右图所示。

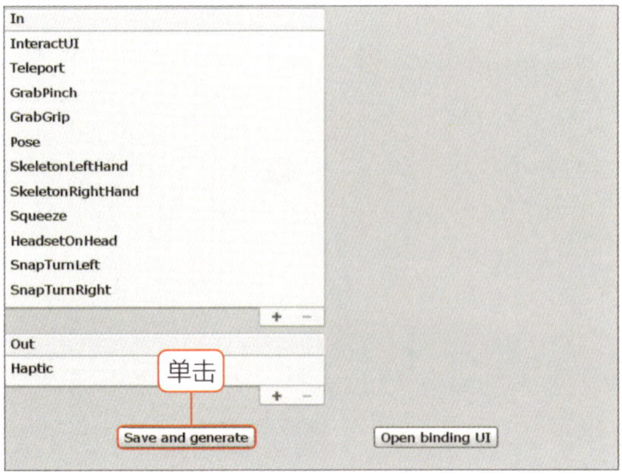

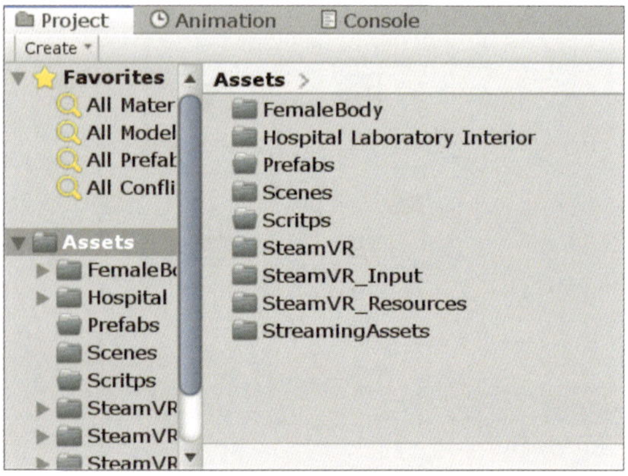

13.2 场景的搭建

本节将搭建项目所需的场景，包括环境、灯光和魔法圈三个部分，搭建完成后将对其烘焙。下面介绍具体的操作步骤。

13.2.1 环境与灯光设置

本次项目将使用医学实验室的模型资源作为主要环境，读者也可以根据自己的喜好选择不同的素材作为观察人体模型的环境。

步骤 01 在Project窗口找到“Assets/Hospital Laboratory Interior”文件夹中名为“Laboratory.prefab”的预制体，如下左图所示。

步骤 02 将Laboratory.prefab拖曳至Hierarchy窗口，完成创建并调整至合适位置，本次实例调整的数据如下右图所示。

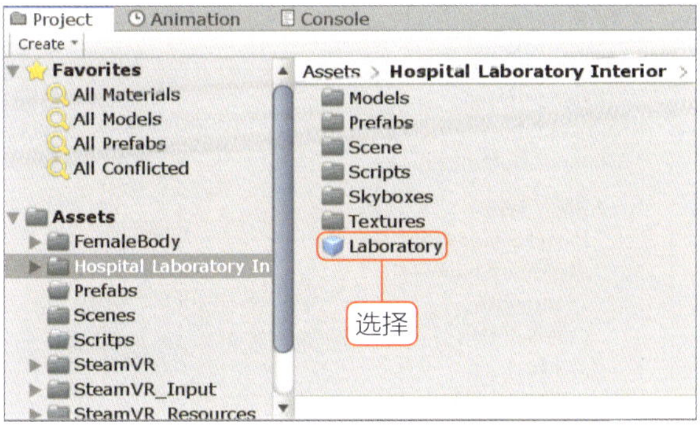

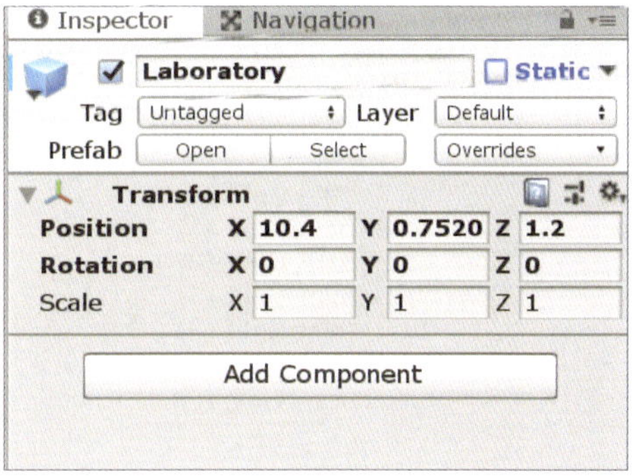

步骤 03 在Hierarchy窗口中创建空物体并命名为“Lights❶”，然后创建Point Light❷并将其拖曳至Lights下方作为Lights的子物体，如下左图所示。

步骤 04 单击选中Point Light，在Inspector窗口将其Light组件中的Mode参数更改为“Mixed”，如下右图所示。

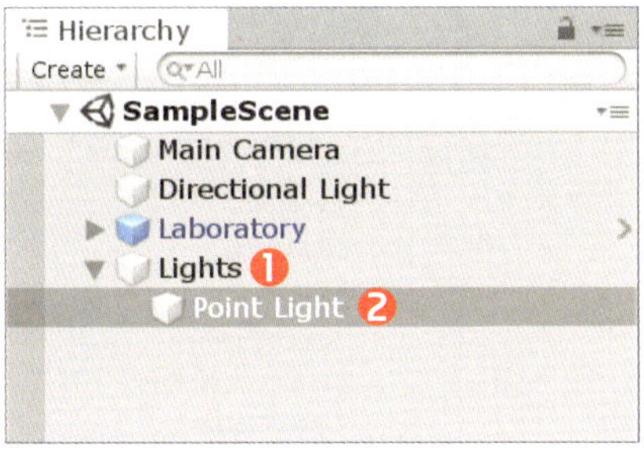

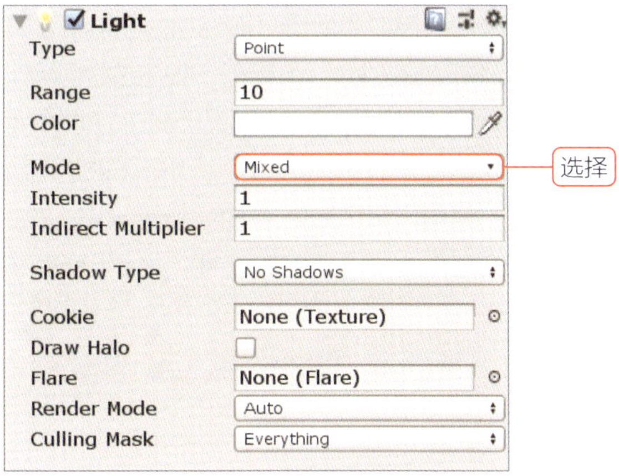

步骤 05 从下至上观察实验室的天花板，可以看到天花板上有6片白色的“灯片”，将Point Light调整至任一一个灯片的位置，如下左图所示。

步骤 06 使用组合键“Ctrl+D”复制五个Point Light。重复Step04~06，将五个Point Light调整至剩余五个灯片的位置，如下右图所示（为了便于观察，暂时将颜色更改为红色）。

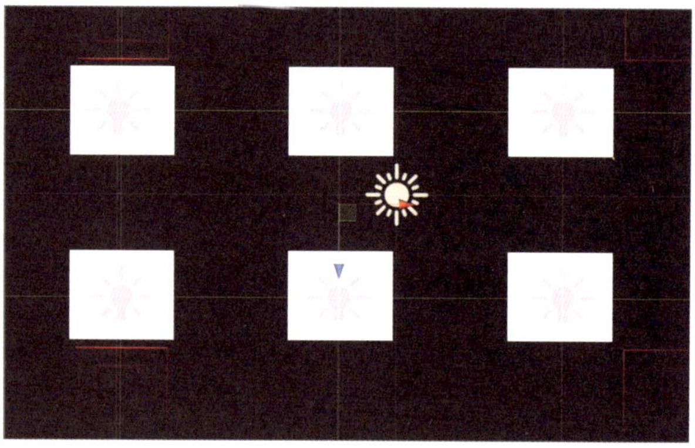

步骤 07 将场景中的平行光同样拖曳为Lights的子物体，如下左图所示。

步骤 08 然后在Inspector窗口将其Light组件的Mode参数修改为Mixed，如下右图所示。

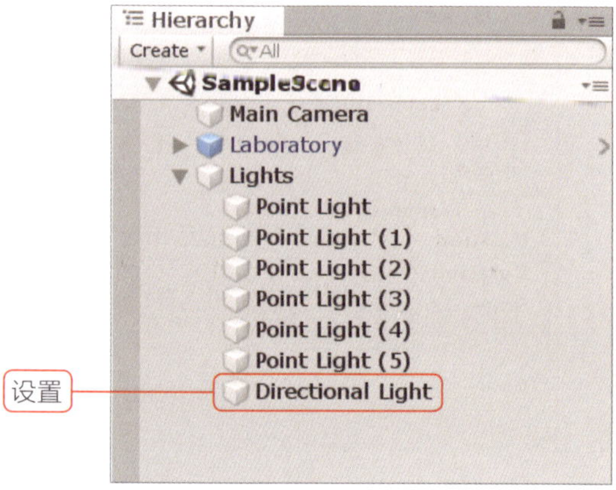

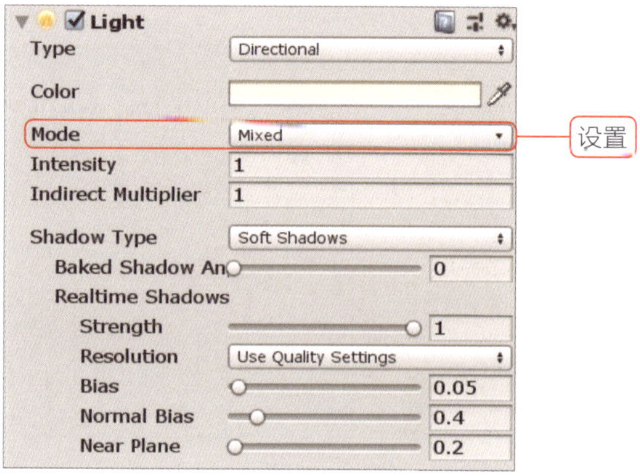

13.2.2 魔法圈设置

在本项目中，当用户使用手柄单击魔法圈时，人体模型将显示在魔法圈正上方，因此本节将对魔法圈进行设置。下面将介绍具体的操作步骤。

步骤 01 在Project窗口中找到“Assets/SteamVR/InteractionSystem/Teleport/Models”文件夹下名为“TeleportMarker.fbx”的模型，如下左图所示。

步骤 02 将TeleportMarker.fbx拖曳至当前场景中完成创建，然后右击TeleportMarker，在弹出的快捷菜单中选择“Unpack Prefab”命令，如下右图所示。

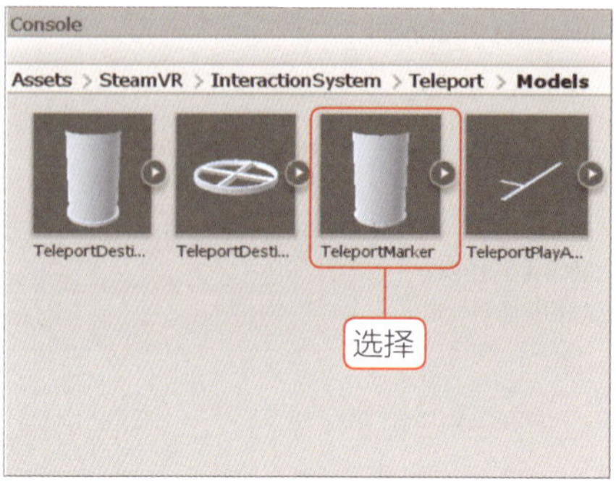

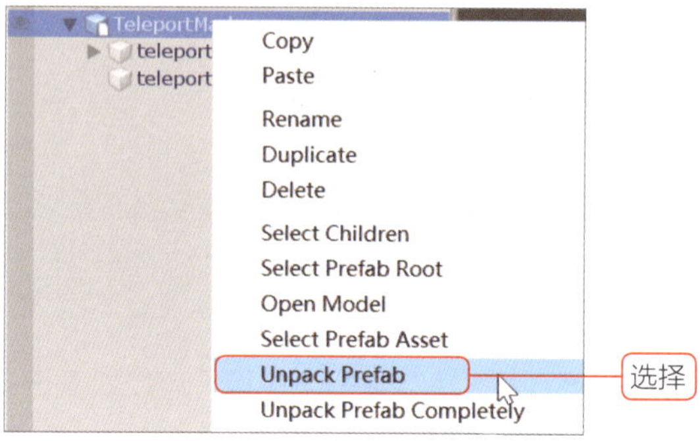

步骤 03 展开TeleportMarker游戏对象,将其名为“teleport_marker_mesh”的子游戏对象拖曳至和TeleportMarker游戏对象同一层级，然后删除TeleportMarker游戏对象，如下左图所示。

步骤 04 更改teleport_marker_mesh游戏对象的Scale参数为(1,0.2,1)，如下右图所示。

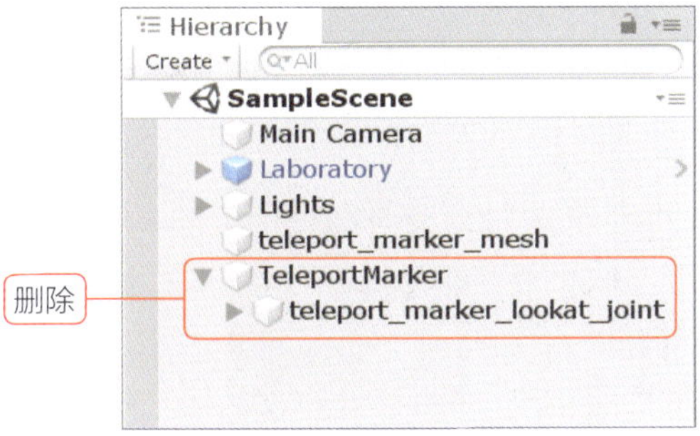

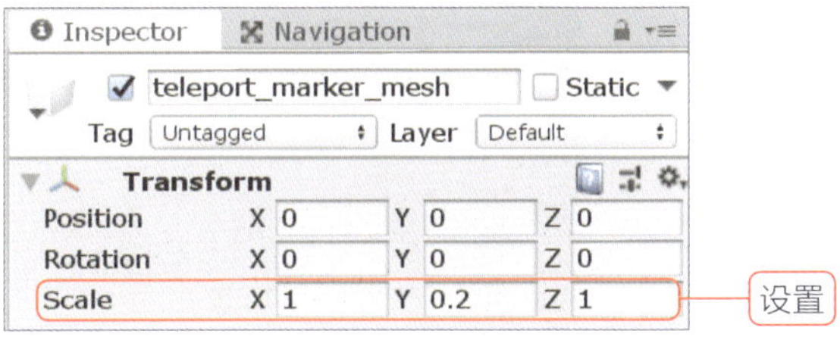

步骤 05 在Project窗口找到“Assets/SteamVR/InteractionSystem/Teleport/Materials”文件夹下名为“TeleportPointVisible.mat”的材质。单击选中teleport_marker_mesh游戏对象，然后将上述材质拖曳至Inspector窗口即可完成材质的更换，如下左图所示。

步骤 06 此时在Scene窗口中可观察到魔法圈的外观已经设置完毕，如下右图所示。接下来为魔法圈添加碰撞组件。

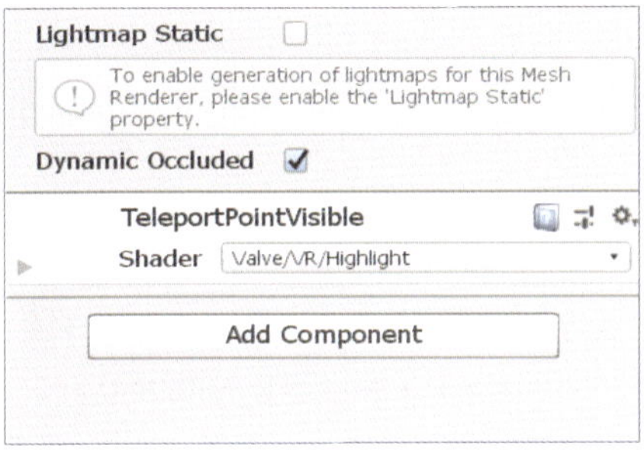

步骤 07 为teleport_marker_mesh游戏对象添加Sphere Collider组件，单击Edit Collider按钮，即可在Scene窗口中调整发生碰撞的范围，如下左图所示。

步骤 08 在Scene窗口中拖曳绿色曲线相交的点，将绿色的碰撞范围曲线调整至和魔法圈模型相似的大小，如下右图所示。

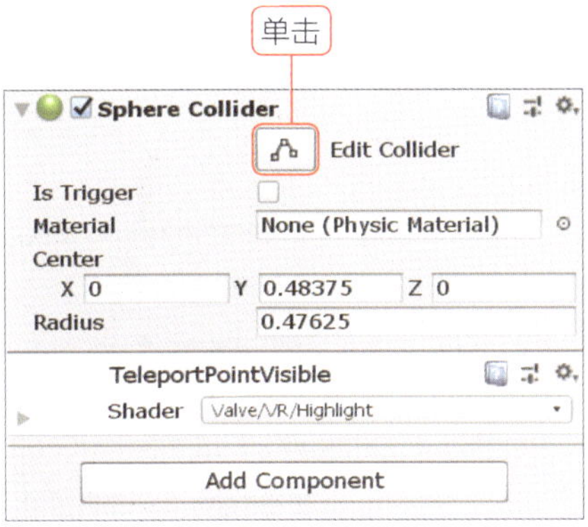

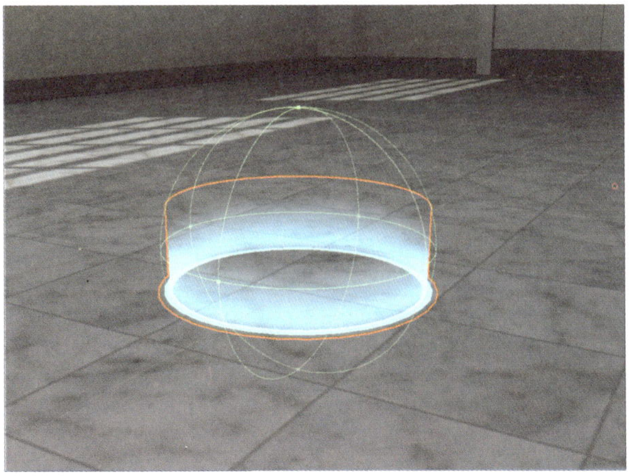

步骤 09 使用组合键“Ctrl+D”，复制多个teleport_marker_mesh游戏对象并将其摆放至任意位置，人体模型将在这些位置的上方显示，如下图所示。

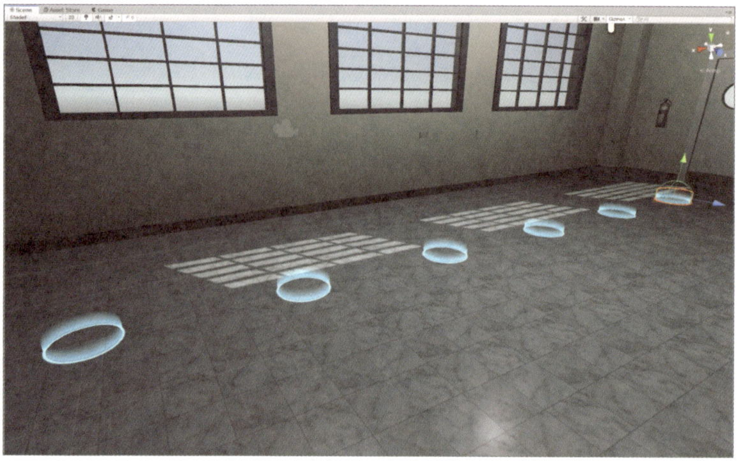

13.2.3 场景烘焙

关闭Unity中的实时渲染并使用混合渲染，在保留画质的同时极大减少了渲染的负担，下面将介绍具体步骤。

步骤 01 单击选中Laboratory游戏对象，接下来在Inspector窗口中单击Static左侧的复选框，如下左图所示。

步骤 02 在弹出的对话框中单击Yes,change children按钮，如下右图所示。

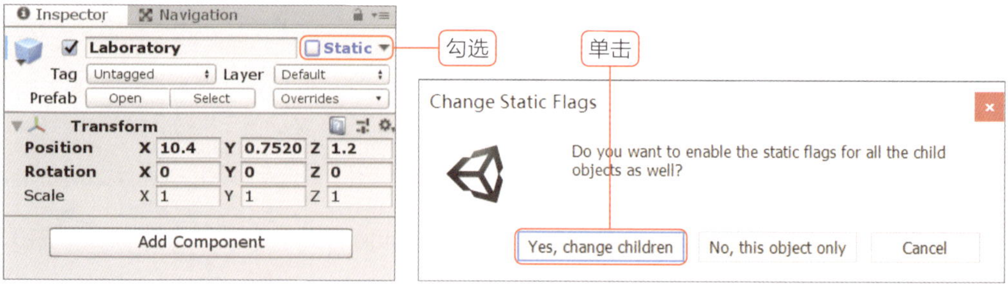

步骤 03 将所有的魔法圈游戏对象也全部设置为Static，如下左图所示。

步骤 04 在主界面菜单栏中依次执行Window>Rendering>Lighting Settings命令，调出Lighting窗口，如下右图所示。

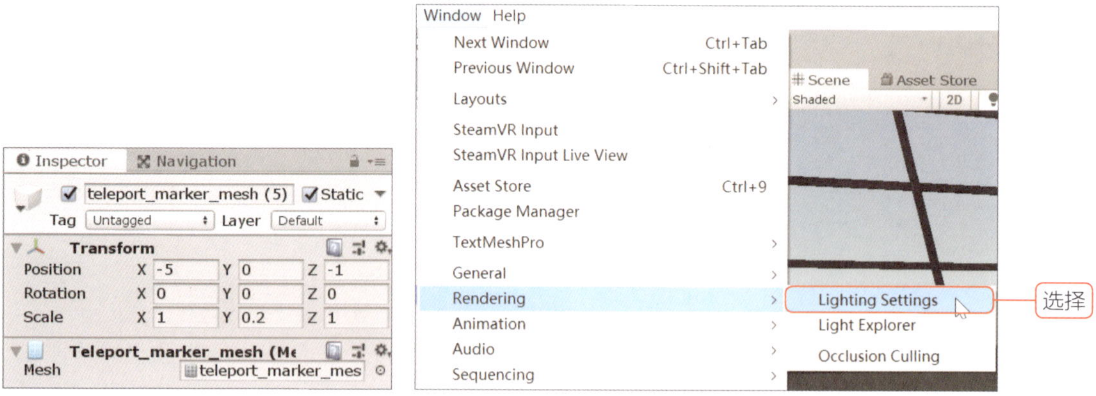

步骤 05 打开Lighting面板，在Environment选项区域中选择Sun Source❶为场景中的“Directional Light”，取消勾选Realtime Lighting选项区域中Realtime Global Illumination复选框❷，勾选Mixed Lighting选项区域中的Baked Global Illumination复选框❸，如下左图所示。

步骤 06 在Lightmapping Setting选项区域中选择Lightmapper为Enlighten❶，然后单击Generate Lighting按钮❷，开始烘焙场景，如下右图所示。

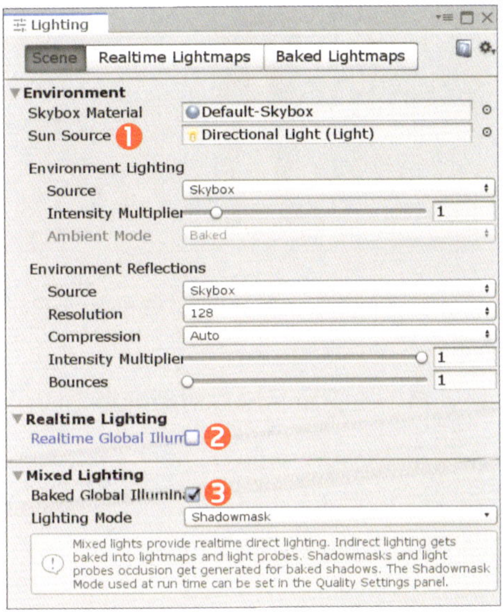

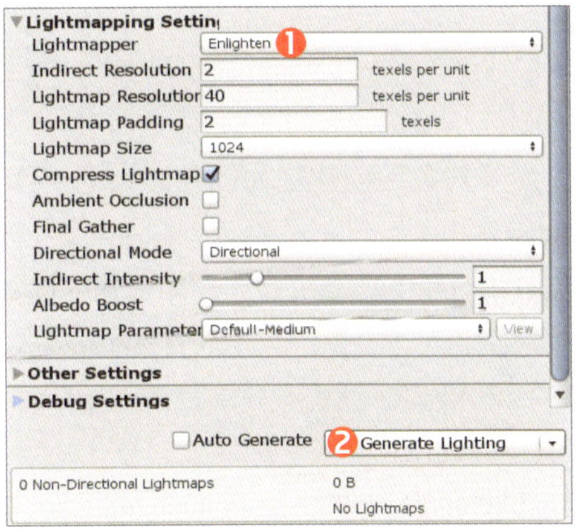

步骤 07 等待当前场景烘焙完成，烘焙好的场景效果如下图所示。

13.3 预制体的制作

本节将制作人体模型的预制体，在特定的条件下将其动态生成至场景中，具体操作步骤如下。

步骤 01 在Project窗口中将“Assets/FemaleBody/NV”文件夹下的“NV.fbx”文件创建至当前场景中，如下左图所示。

步骤 02 删除人体模型旁多出来的一个大脑，如下右图所示。

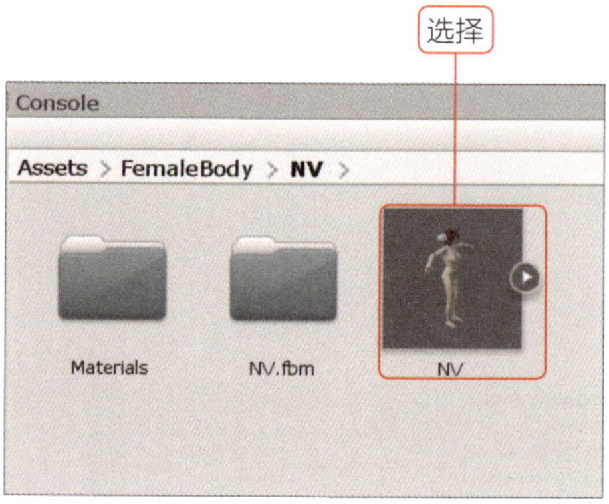

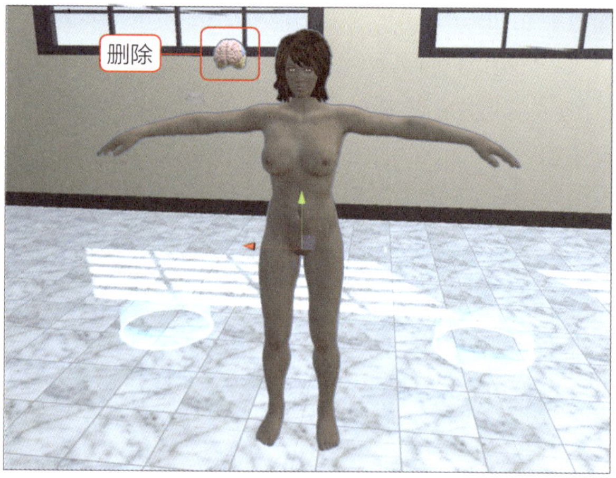

步骤 03 在NV游戏对象下创建空物体并命名为“Body”，将下左图所示游戏对象拖曳至Body下方作为Body的子物体。

步骤 04 在NV游戏对象下创建空物体并命名为“Breast”，将下右图所示游戏对象拖曳至Breast下方作为Breast的子物体。

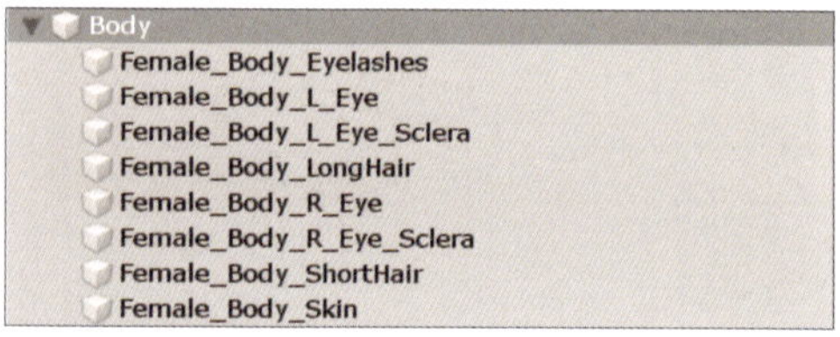

步骤 05 在NV游戏对象下创建空物体并命名为“Muscle”，将NV游戏对象下所有名字前缀为“Female_Muscular”的游戏对象拖曳至Muscle下方，如下左图所示。

步骤 06 在NV游戏对象下创建空物体并命名为“Skeleton”，将NV游戏对象下所有名字前缀为“Female_Skeletal”的游戏对象拖曳至Skeleton下方，如下右图所示。

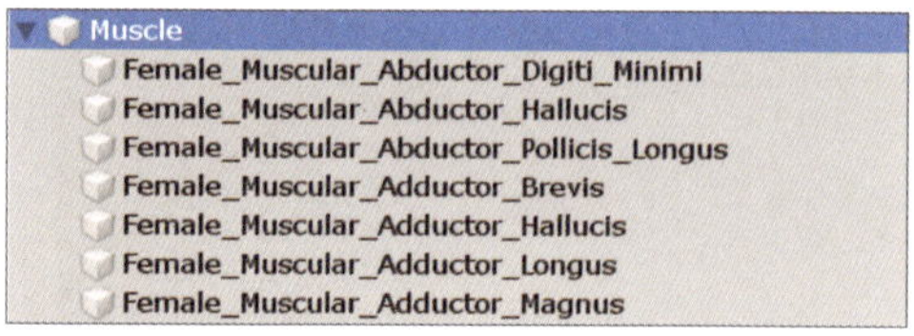

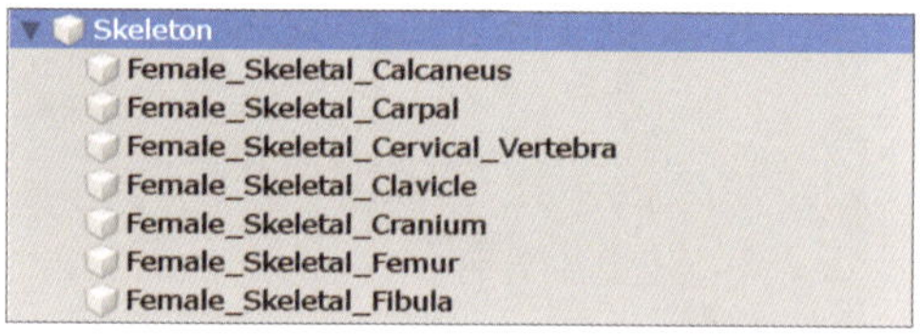

步骤 07 在NV游戏对象下创建空物体并命名为“LymphaticSystem”，将NV游戏对象下所有名字前缀为“Female_LymphaticSystem”的游戏对象拖曳至LymphaticSystem下方，如下左图所示。

步骤 08 在NV游戏对象下创建空物体并命名为“BloodCirculation”，将下右图所示游戏对象拖曳至BloodCirculation下方作为BloodCirculation的子物体。

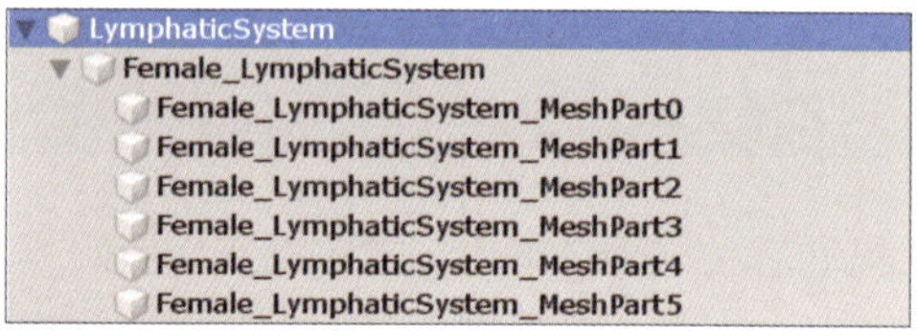

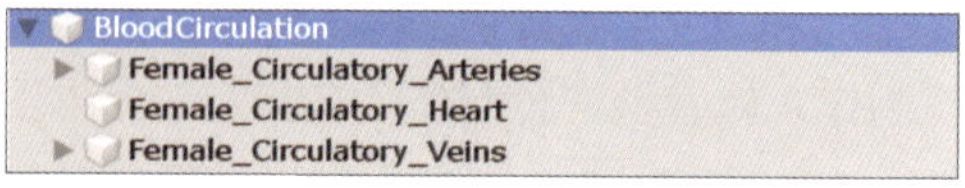

步骤 09 在NV游戏对象下创建空物体并命名为“DigestiveSystem”，将NV游戏对象下名字为“Female_DigestiveSystem”的游戏对象拖曳至DigestiveSystem下方，如下左图所示。

步骤 10 在NV游戏对象下创建空物体并命名为“ReproductiveSystem”，将下右图所示游戏对象拖曳至ReproductiveSystem下方作为ReproductiveSystem的子物体。

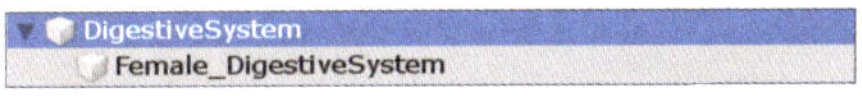

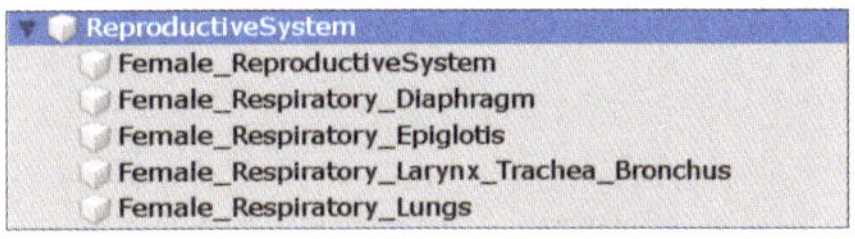

步骤 11 在NV游戏对象下创建空物体并命名为“UrinarySystem”，将下左图所示游戏对象拖曳至UrinarySystem下方作为UrinarySystem的子物体。

步骤 12 在NV游戏对象下创建空物体并命名为“ Nerve”，将下右图所示游戏对象拖曳至Nerve下方作为Nerve的子物体。

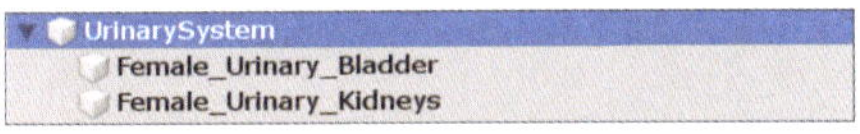

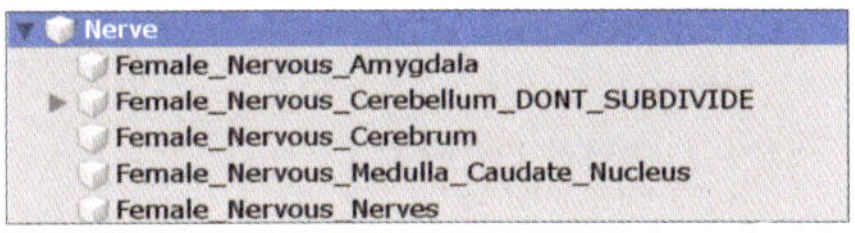

步骤 13 将NV游戏对象的Transform组件归零，然后将此游戏对象拖曳至Project窗口中的“Assets/Prefabs”文件夹下即可成功创建预制体，如下图所示。

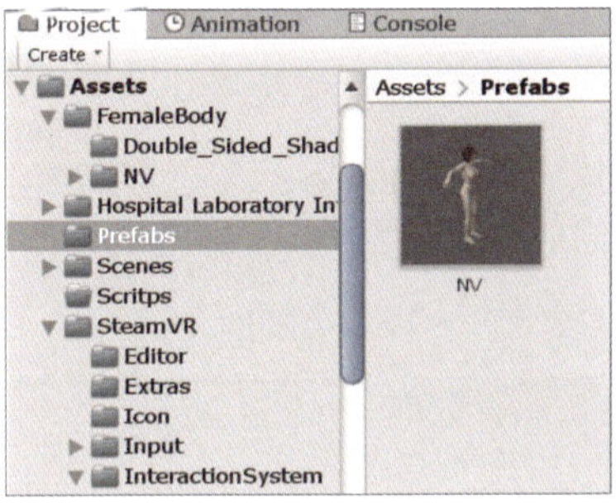

13.4 UI的制作

本节将制作UI界面，并使其在虚拟现实头显中可与手柄发生交互，下面将介绍具体操作步骤。

步骤 01 在Hierarchy窗口新建Canvas❶，在Canvas下方创建Panel❷，在Panel下创建空物体并命名为ToggleParameter❸，如下左图所示。

步骤 02 单击选中Canvas，然后在Inspector窗口中将Width❶参数调整为200，Height❷参数调整为120，Scale❸参数调整为为(0.01,0.01,0.01)，Render Mode❹参数调整为World Space，如下右图所示。

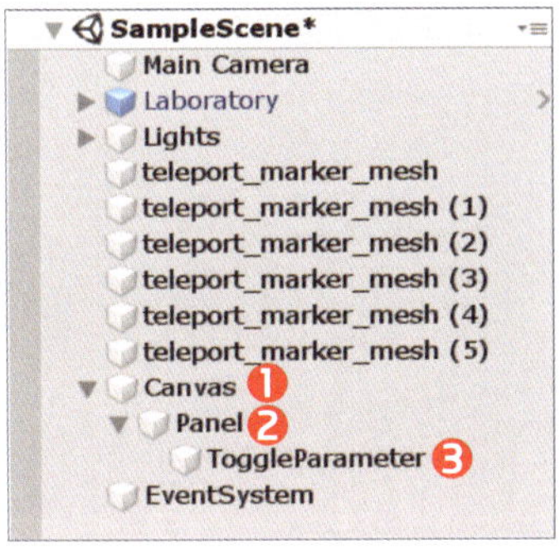

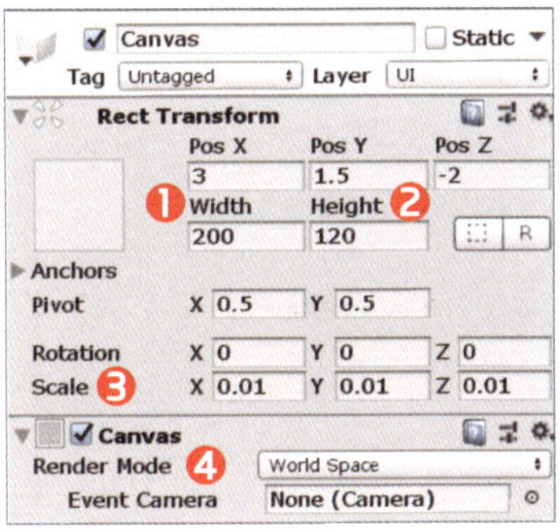

步骤 03 单击选中Panel，然后在Inspector窗口中将Rotation❶参数更改为(0,180,0)，然后单击Color❷参数右侧的颜色选择框修改颜色，如下左图所示。

步骤 04 在弹出的颜色对话框中将R、G、B、A四个参数全部调整为255，即纯白色不透明色，如下右图所示。

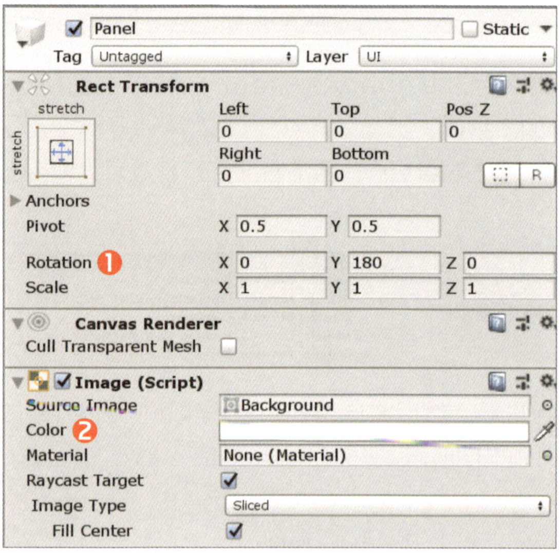

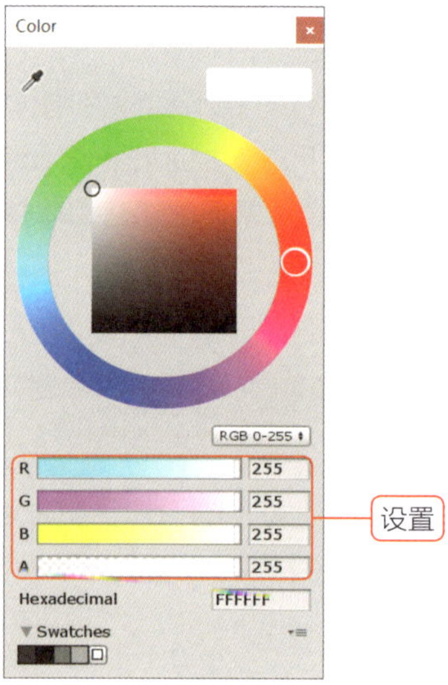

步骤 05 在ToggleParameter游戏对象下新建Toggle，将其大小和位置等参数调整至合适的数值，可参考下左图。

步骤 06 将Toggle的文字更改为“身体表层”，如下右图所示。

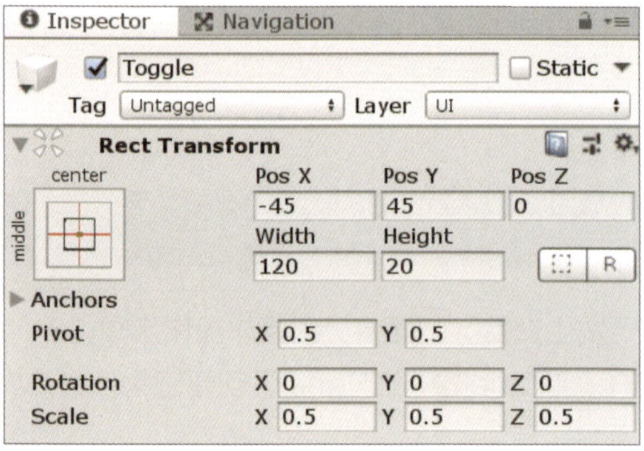

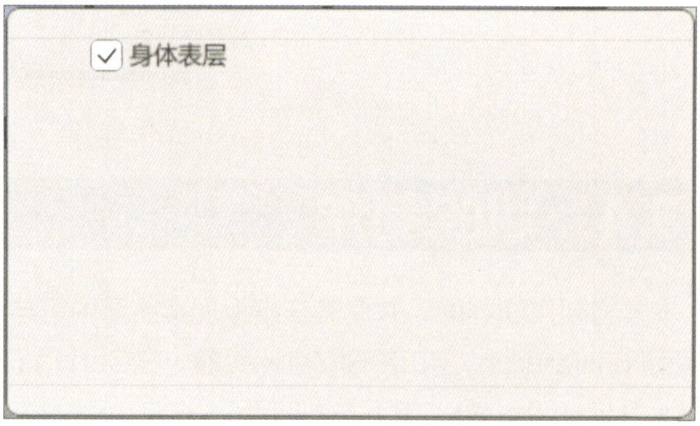

步骤 07 为Toggle添加Box Collider组件，如下左图所示。

步骤 08 然后在Scene窗口中设置可碰撞范围为刚好包围此Toggle的大小，如下右图所示。

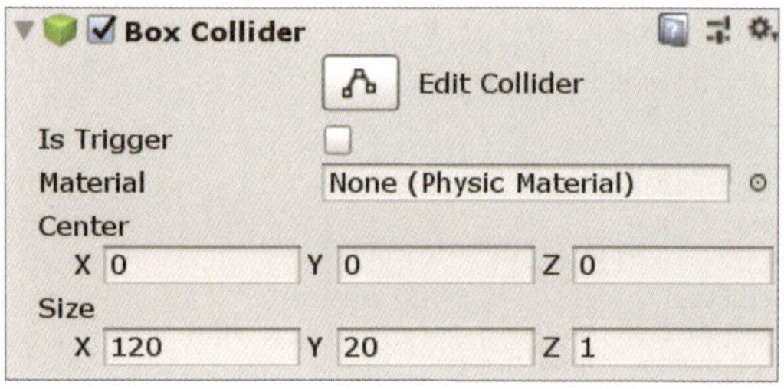

步骤 09 使用组合键“Ctrl+D”复制九个Toggle游戏对象，重复Step05~08将其在Panel上排列整齐，如下左图所示。

步骤 10 在Panel下新建Button并命名为Submit，调整其位置和大小参数至合适数值，具体数值可参考下右图。

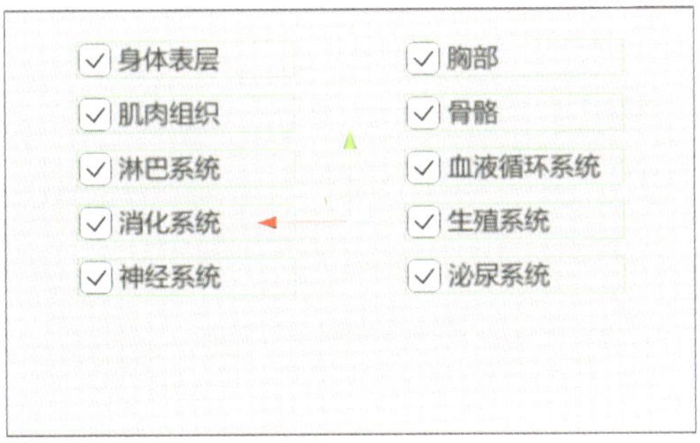

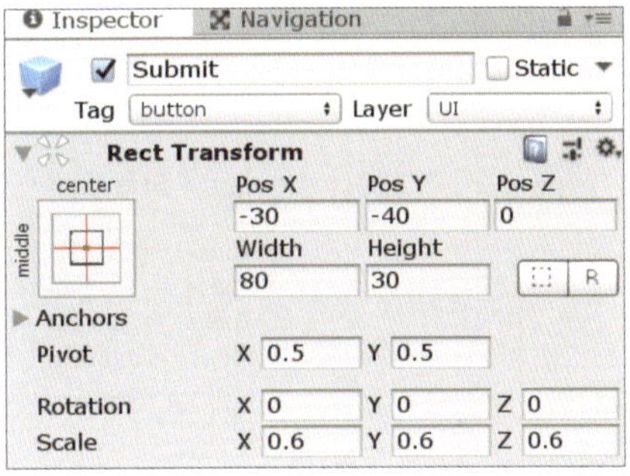

步骤 11 为Submit游戏对象添加Box Collider组件，调整其Size参数至合适数值，具体数值可参考下左图所示。

步骤 12 重复Step 10~11的步骤来创建Cancle按钮，将两个按钮的文字分别更改为“确认”和“取消”，如下右图所示。

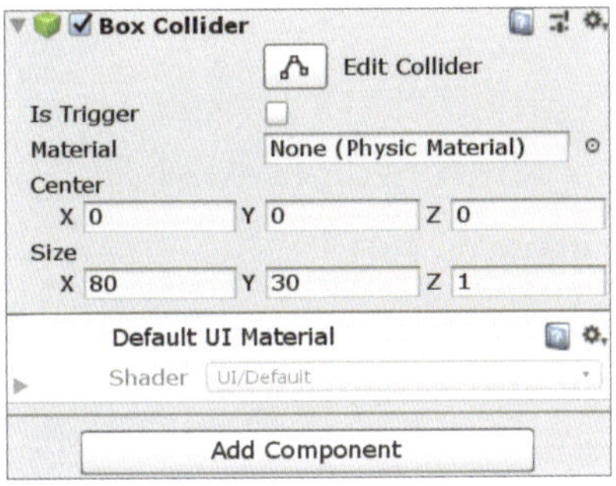

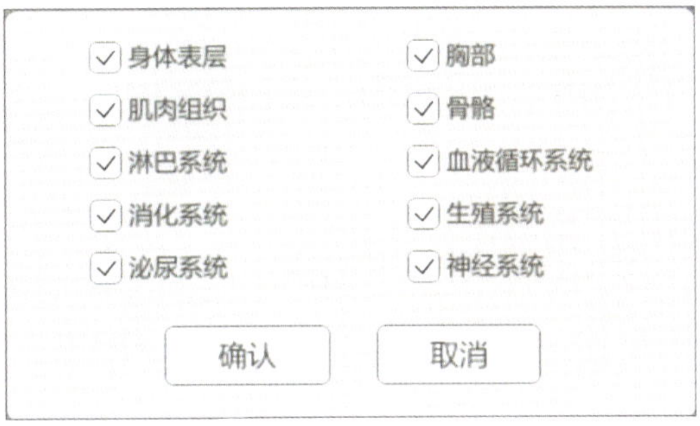

13.5 逻辑脚本的编写

本节将编写项目的主逻辑，其中包括手柄射线与魔法圈之间的碰撞检测、UI的显示逻辑、人体模型的生成逻辑等，下面将介绍具体操作步骤。

步骤 01 在Project窗口找到Assets/SteamVR/Extras文件夹下名为SteamVR_LaserPointer.cs的文件，双击打开此文件进行编辑，如下图所示。

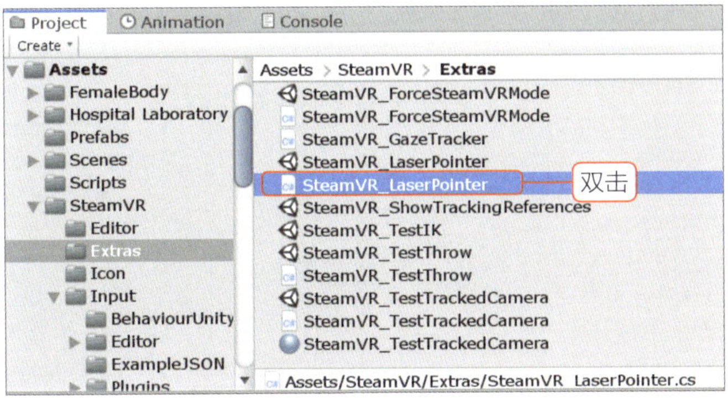

步骤 02 在Start方法前添加代码“public RaycastHit rayhit”，如下图所示。

```
public bool addRigidBody = false;
public Transform reference;
public event PointerEventHandler PointerIn;
public event PointerEventHandler PointerOut;
public event PointerEventHandler PointerClick;

Transform previousContact = null;

public RaycastHit rayhit;        输入

private void Start()
{
    if (pose == null)
        pose = this.GetComponent<SteamVR_Behaviour_Pose>();
    if (pose == null)
        Debug.LogError("No SteamVR_Behaviour_Pose component found
```

步骤 03 在“bool bHit = Physics.Raycast(raycast，out hit);”（大概在104行左右）下方添加代码“rayhit = hit;”，如下图所示。

```
92        private void Update()
93        {
94            if (!isActive)
95            {
96                isActive = true;
97                this.transform.GetChild(0).gameObject.SetActive(true);
98            }
99
100           float dist = 100f;
101
102           Ray raycast = new Ray(transform.position, transform.forward);
103           RaycastHit hit;
104           bool bHit = Physics.Raycast(raycast, out hit);
105
106           rayhit = hit;        输入
107
108           if (previousContact && previousContact != hit.transform)
109           {
```

步骤 04 在Project窗口的Assets/Scripts文件夹下新建C# Script并命名为“ProjectController”，双击打开此文件进行编辑，其代码如下：

```
using System.Collections;
using System.Collections.Generic;
using UnityEngine;
using Valve.VR.Extras;
using Valve.VR;
using UnityEngine.UI;

public class ProjectController :MonoBehaviour
{
    //与手柄发射的射线发生碰撞的物体
SteamVR_LaserPointer point;
SteamVR_Behaviour_Pose pose;
    //UI和人体模型预制体
    public GameObjectUIPanel,FemaleBody;
    //当前选中的魔法圈
    Transform presentCircle;
    //手柄中的Trigger按键
SteamVR_Action_BooleanTrigerAction = SteamVR_Input.GetBooleanAction("InteractUI");
```

```
    //存放UI中的Toggle
    public List<Toggle>ToggleParameter;
    void Start()
    {
        point = this.GetComponent<SteamVR_LaserPointer>();
        pose = GetComponent<SteamVR_Behaviour_Pose>();
UIPanel.SetActive(false);
    }
    // Update is called once per frame
    void Update()
    {
        //如果手柄发射的射线与魔法圈产生碰撞
        if (TrigerAction.GetStateUp(pose.inputSource) &&point.rayhit.collider.tag == "circle")
        {
presentCircle = point.rayhit.collider.transform;
            if (presentCircle.childCount != 0)
            {
SetToggle(presentCircle.GetChild(0));
            }
UIPanel.SetActive(true);
UIPanel.transform.position = point.rayhit.collider.transform.position + new Vector3(0, 1.5f, 1);
UIPanel.transform.LookAt(Camera.main.transform);
        }
        //如果手柄发射的射线开关UI产生碰撞
        else if (TrigerAction.GetStateUp(pose.inputSource) &&point.rayhit.collider.tag == "toggle")
        {
            if (point.rayhit.collider.gameObject.GetComponent<Toggle>().isOn)
            {
point.rayhit.collider.gameObject.GetComponent<Toggle>().isOn = false;
            }
            else
            {
point.rayhit.collider.gameObject.GetComponent<Toggle>().isOn = true;
            }
        }
        else if (TrigerAction.GetStateUp(pose.inputSource) &&point.rayhit.collider.tag == "button")
        {
            if (point.rayhit.collider.name == "Submit")
            {
                if (presentCircle.childCount == 0)
                {
GameObject go = Instantiate(FemaleBody);
go.transform.position = presentCircle.position - new Vector3(2f, 0, 0);
go.transform.parent = presentCircle;
SetParameter(go.transform);
UIPanel.SetActive(false);
                }
                else
                {
SetParameter(presentCircle.GetChild(0));
UIPanel.SetActive(false);
                }
    }
```

```
                else if (point.rayhit.collider.name == "Cancle")
                {
UIPanel.SetActive(false);
                }
                else
                {
                    return;
                }
            }
        }
        void SetParameter(Transform body)
        {
            for (int i = 0; i<ToggleParameter.Count; i++)
            {
                if (ToggleParameter[i].isOn)
                {
body.GetChild(i).gameObject.SetActive(true);
                }
                else
                {
body.GetChild(i).gameObject.SetActive(false);
                }
            }
        }
        void SetToggle(Transform body)
        {
            for (int i = 0; i<ToggleParameter.Count; i++)
            {
                if (body.GetChild(i).gameObject.activeInHierarchy)
                {
ToggleParameter[i].isOn = true;
                }
                else
                {
ToggleParameter[i].isOn = false;
                }
            }
        }
}
```

13.6 整合程序并运行

本节将把之前的步骤整合至一起，并运行整合好的程序，其中包括Tag的指定和脚本对象的指定，下面将介绍具体操作方法。

步骤 01 单击选中任一游戏对象，在Inspector窗口单击左上角Tag右侧的下拉按钮❶，然后在弹出的下拉菜单中选择Add Tag❷命令，如下左图所示。

步骤 02 在弹出的Tags&Layers窗口添加三个tag，分别为“circle❶”“toggle❷”和“button❸”，如下右图所示。

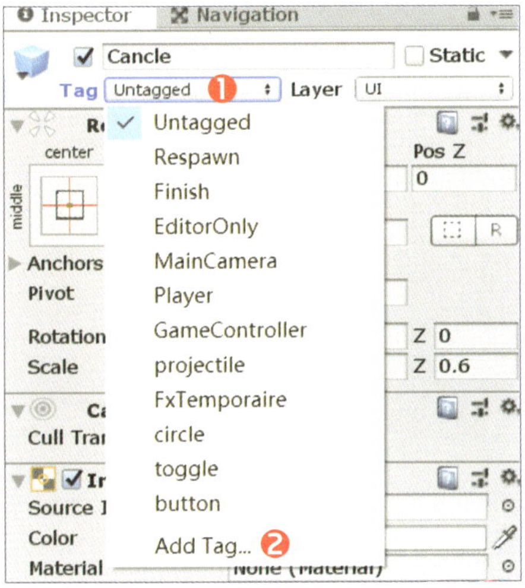

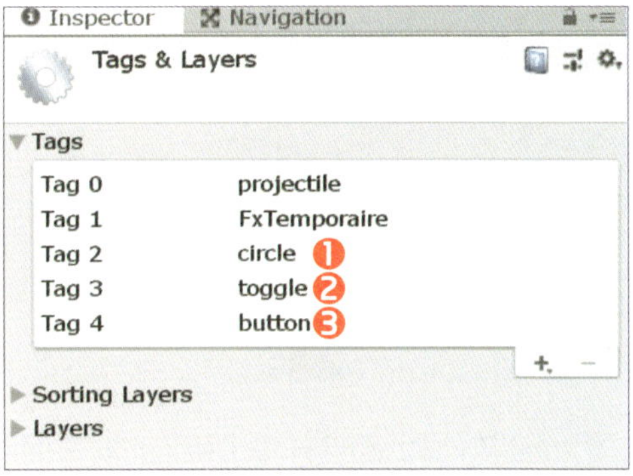

步骤03 将场景中所有魔法圈的tag设置为“circle”，如下左图所示。所有Toggle游戏对象的tag设为“toggle”，所有Button游戏对象的tag设为“button”。

步骤04 为场景中的LeftHand或RightHand游戏对象（任一即可）添加Steam VR_LasterPointer组件，如下右图所示。

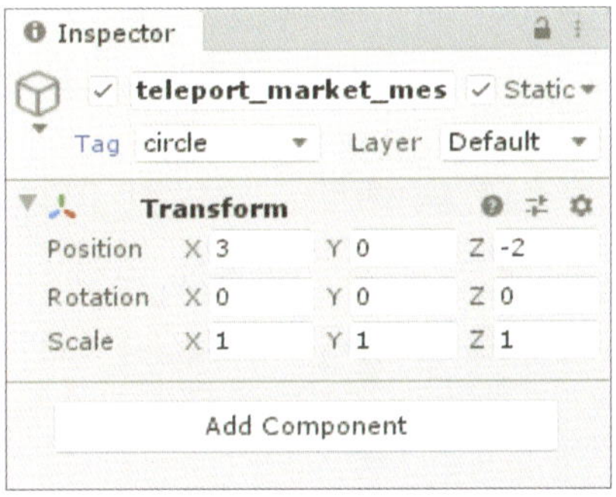

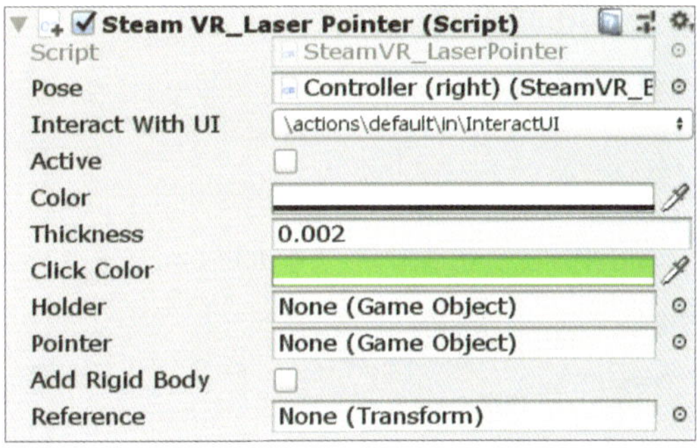

步骤05 为场景中的LeftHand或RightHand游戏对象（任一即可）添加Project Controller脚本并指定游戏对象：将UI Panel❶指定为场景中的Canvas游戏对象；将Female Body❷指定为Project窗口中Assets/Prefabs文件夹下名为NV.prefab的文件；将Toggle Parameter下的Size❸参数调整为“10”并将场景中的十个Toggle依次指定为Element 0~9，如下左图所示。

步骤06 到此步骤项目制作完毕，此时场景中的所有游戏对象如下右图所示。

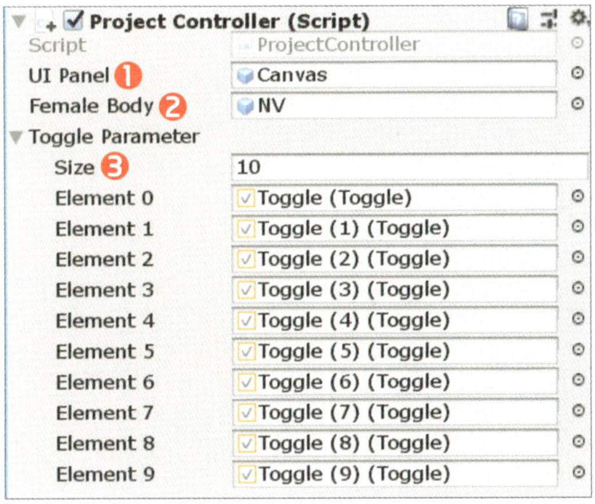

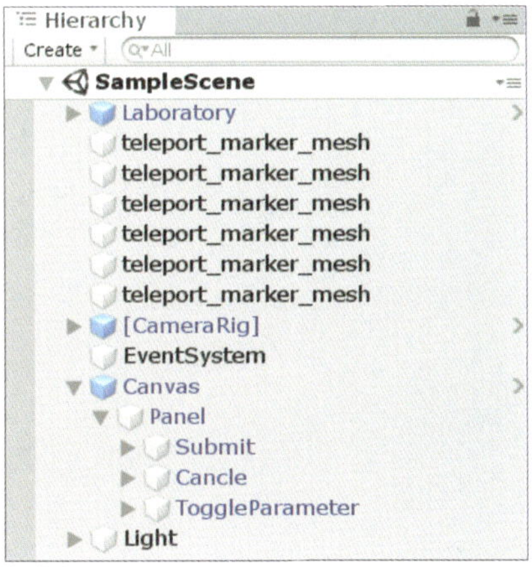

步骤 07 单击运行按钮，即可运行程序，下左图为刚进入程序时的画面，下右图为使用手柄的Trigger键单击魔法圈时调出UI的画面。

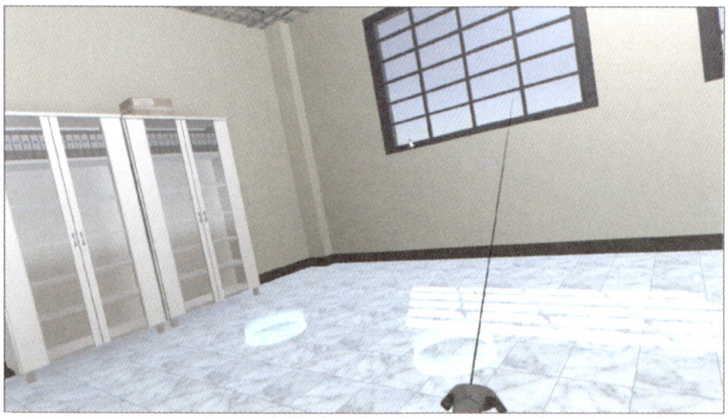

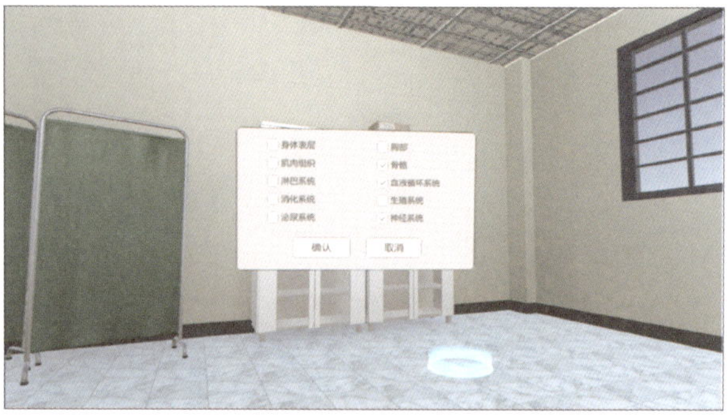

步骤 08 下左图为选择好显示部分并单击确定时的画面，下右图为近距离观察的画面。

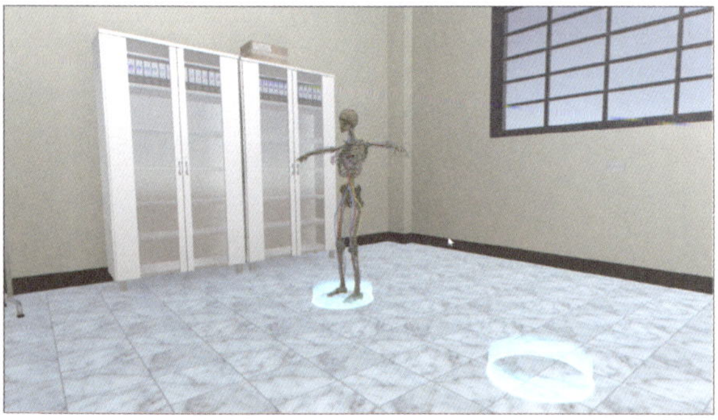

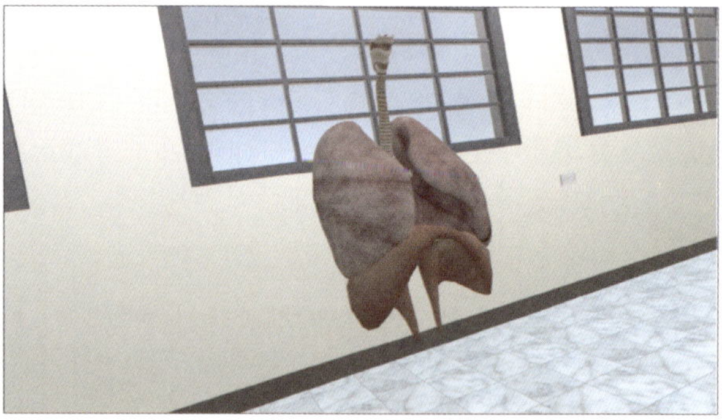

步骤 09 下左右两图为整体观察多个人体模型不同部位的画面。

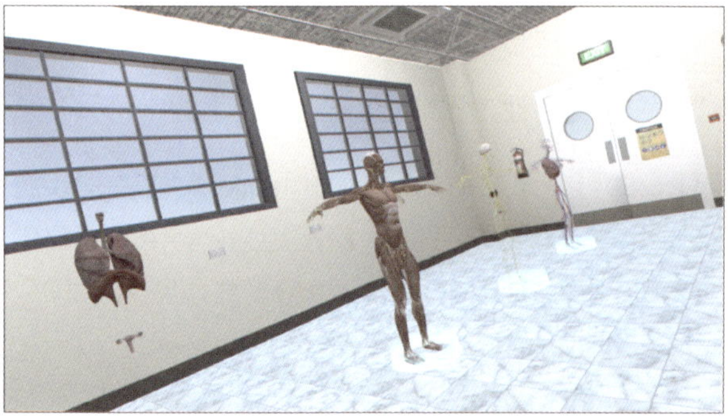

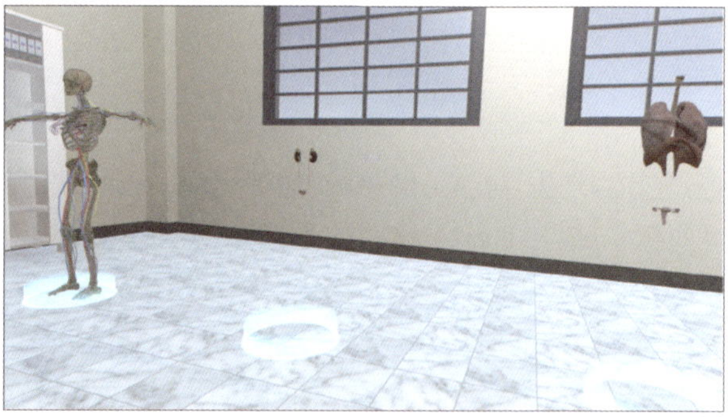

Chapter 14 虚拟现实项目（四）医院惊魂

本章概述

本章将制作第一人称射击类游戏-医院惊魂，这种类型的游戏是在虚拟现实行业十分常见，也成为了各大虚拟现实体验店不可或缺的一部分。其优点是：一方面头显中的恐怖场景带给用户带来足够的沉浸感；另一方面使用真实的手柄扳机进行射击也让用户有足够的参与感和和互动感。

核心知识点

❶ 资源的导入与处理
❷ 场景的搭建与怪物的生成
❸ 怪物的攻击逻辑及动画
❹ 使用手柄进行射击
❺ 开枪的动画及特效
❻ 怪物和玩家的血量监测

14.1 项目创建与资源导入

本节将创建本次的项目文件并对其进行基础参数设置，下面将介绍具体操作方法。

步骤 01 新建Unity项目，首先设置模板为3D❶，设置项目名称为Chapter14_HospitalPanic❷，然后单击“位置”右侧的…按钮，设置项目的保存位置❸。最后单击“创建”按钮❹，即可成功创建项目，如下图所示。

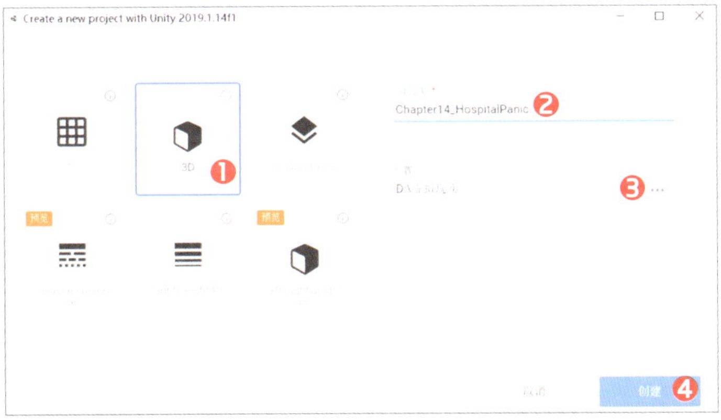

步骤 02 按下Ctrl+N组合键创建场景，然后清空场景中的所有游戏对象。在Project窗口右击鼠标，依次执行Import Package>Custom Package命令调出Import Package窗口，如下图所示。在打开的窗口中将本书附赠的光盘中名为“Chapter14_Resources.unitypackage”的文件导入项目。

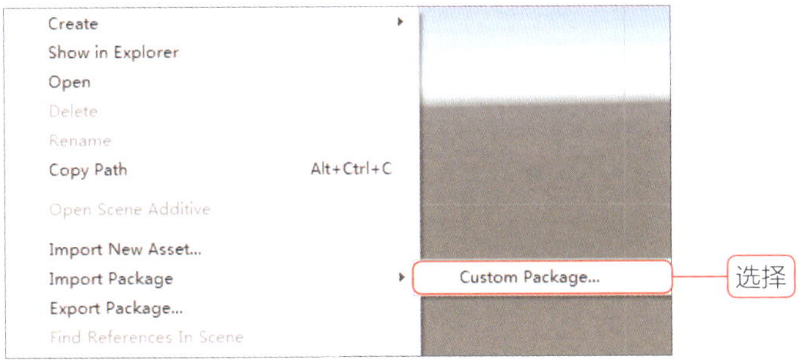

步骤 03 文件导入成功后，即可在Project窗口中看到四个文件夹，其中Gun❶文件夹中存放的是武器，Hospital❷文件夹中存放的是场景，Monster❸文件夹中存放的是怪物，Spark❹文件夹中存放的是特效。然后在Project窗口中新建多个文件夹，其中Animator❺文件夹中将存放动画和动画控制器，Prefab❻文件夹中将存放预制体，Scene❼文件夹将存放场景，Scripts❽文件夹将存放脚本，具体如下图所示。

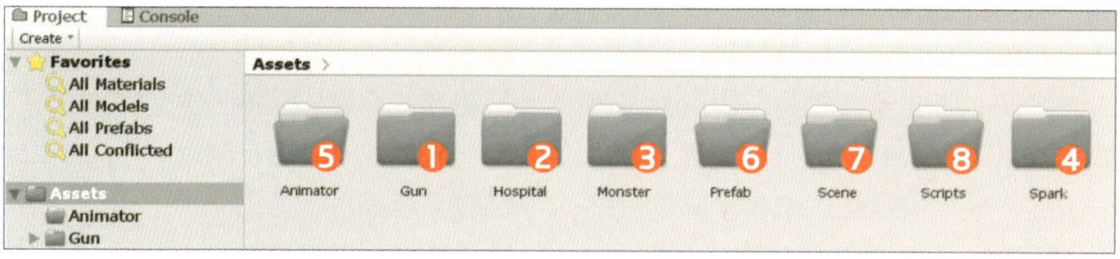

步骤 04 按下Ctrl+S组合键，将当前场景保存至Scene文件夹中。在Asset Store中搜索SteamVR Plugin资源包并将其导入项目，如下左图所示。

步骤 05 单击主界面菜单栏的Window菜单标签，在弹出的下拉菜单中选择SteamVR Input命令，调出SteamVR Input窗口，如下右图所示。

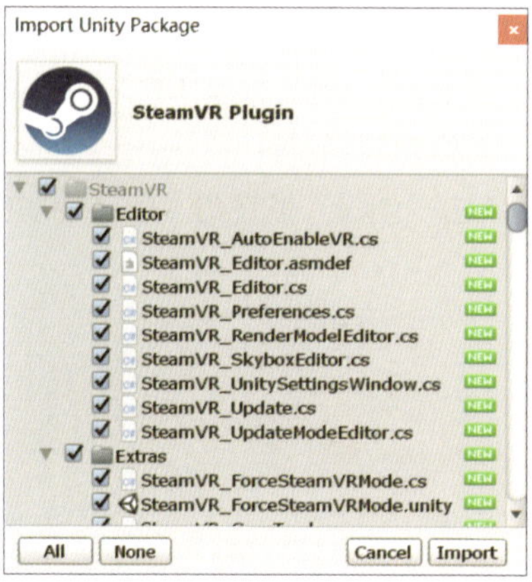

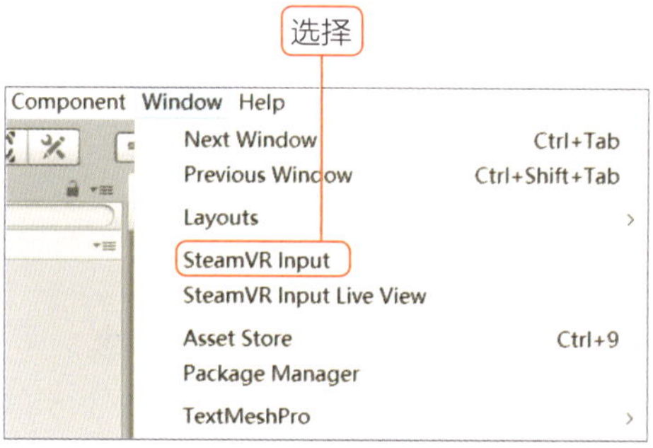

步骤 06 在弹出的Copy Examples窗口中选择Yes，如下左图所示。然后在SteamVR Input窗口中单击Save and generate按钮，即可自动生成SteamVR Input的文件夹，如下右图所示。

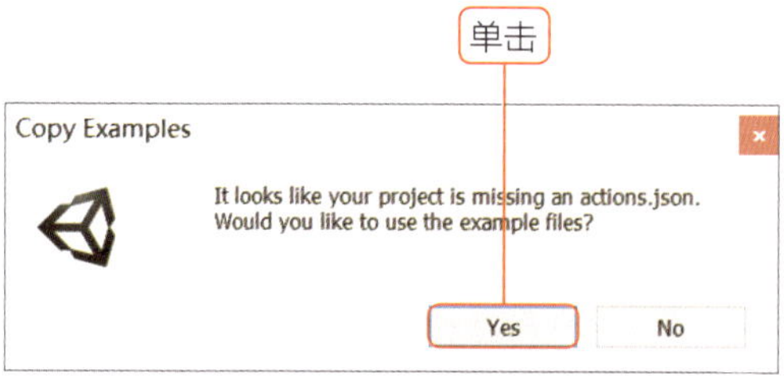

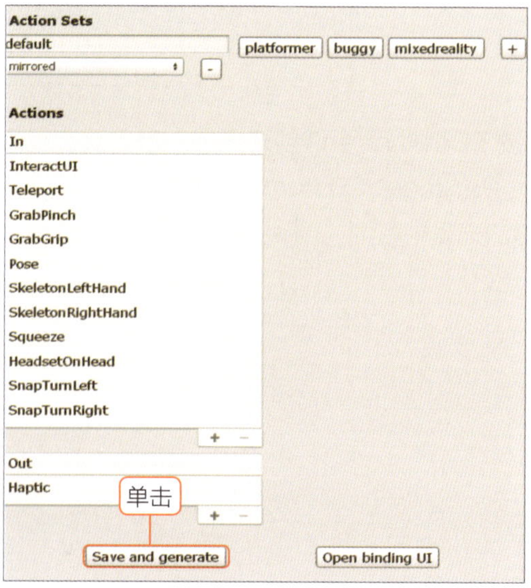

14.2 场景的搭建

本节将搭建的项目场景，主要包括医院的环境、手枪、虚拟现实摄像机和怪物生成器等，下面将介绍具体步骤。

14.2.1 场景的烘焙

在进行场景渲染时，用户可以关闭Unity中的实时渲染并使用混合渲染，这样在保留画质的同时极大减少了渲染的负担，下面介绍具体操作步骤。

步骤 01 在Project窗口中将Assets/Hospital文件夹下的Hospital.prefab文件和Assets/SteamVR/Prefabs文件夹下的[CameraRig].prefab文件拖曳至当前场景中，如下左图所示。

步骤 02 将CameraRig的位置归零，依照CameraRig的位置将Hospital调整至合适位置，如下右图所示。此时Hospital的位置信息为(7.79,1,-10.44)，供参考。

步骤 03 在Hierarchy窗口展开Hospital，找到其下方的Light折叠按钮，如下左图所示。依次单击其下方的四个Point light，并在Inspector窗口进行参数修改。

步骤 04 将四个Point Light的Mode❶更改为Mixed、Shadow Type❷更改为Soft Shadows，另外Range❸、Color❹，以及Intensity❺参数可根据自己的喜好进行调整，最终将灯光调整至偏暗即可，如下右图所示。

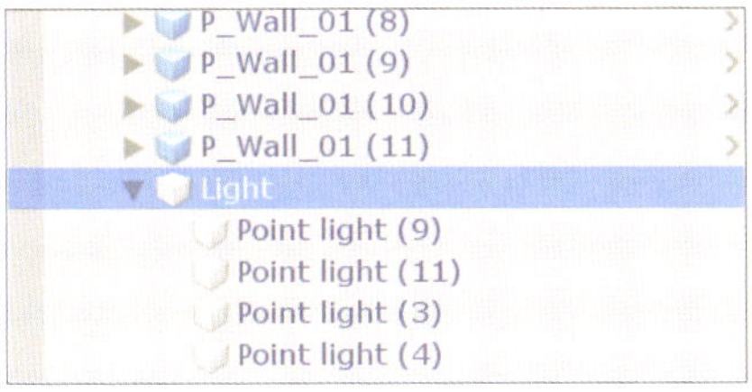

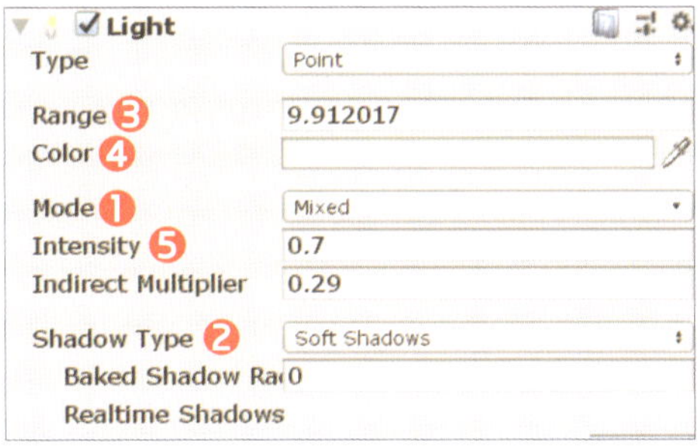

步骤 05 调整好灯光后依次选择主界面菜单的Window>Rendering>Lighting Setting命令，在弹出的Light窗口中进行参数修改以及烘焙场景。首先取消勾选Auto Generate❶和Realtime Global Illumination❷复选框的勾选，然后勾选Baked Global Illumination❸复选框。接下来单击Lightmapper右侧的下拉按钮，选择Enlighten选项❹，最后单击Generate Lighting❺按钮，如下左图所示。

步骤 06 稍作等待即可完成烘焙，烘焙好的场景如右下图所示。

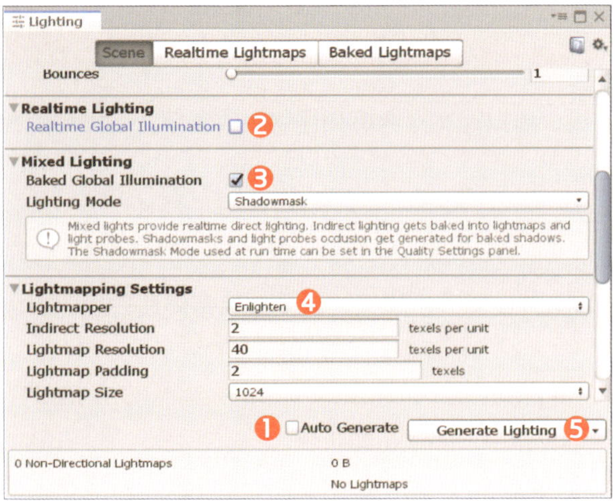

14.2.2 武器的更换

本节将介绍将虚拟现实手柄更换为手枪的操作方法，在更换之前首先制作手枪开枪的动画并将手枪设为预制体，具体操作步骤如下。

步骤 01 在Project窗口的Assets/Gun文件夹下找到gun.prefab文件，将其拖曳至当前场景中，如下左图所示。

步骤 02 然后更改它的Transform组件参数，设置Position为0❶，将Rotation❷参数调整为(-30,180,0)，然后设置Scale❸参数为0.03，如下右图所示。

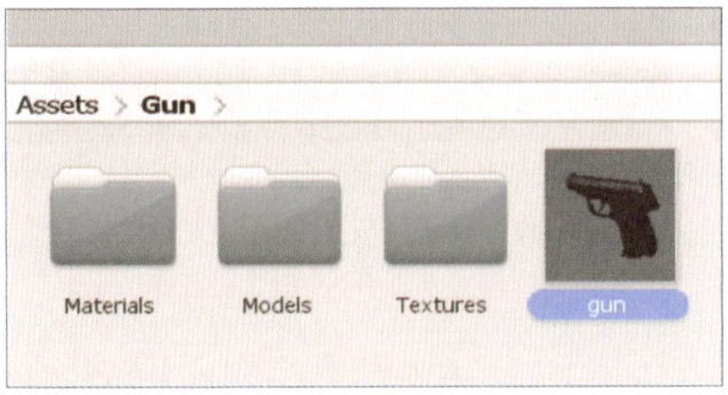

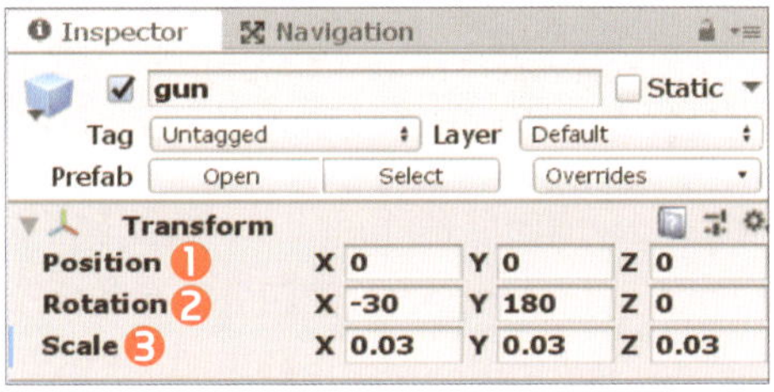

步骤 03 在Hierarchy窗口展开gun游戏对象，单击选中Slide游戏对象，如下左图所示。

步骤 04 在主界面菜单栏中依次执行Window>Animation>Animation命令，调出Animation窗口，单击Animation窗口中的Create按钮来创建新的动画，如下右图所示。

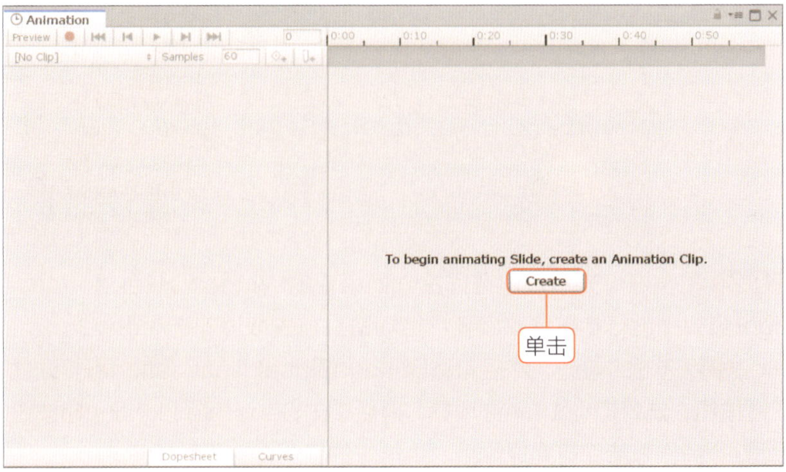

步骤 05 将创建的动画命名为shot.anim❶并保存在Assets/Animator文件夹下，此时在此文件夹下会默认创建一个Slide.Controller❷文件，如下左图所示。

步骤 06 在Hierarchy窗口单击选中Slide游戏对象，然后在Animation窗口中制作开枪的动画：首先单击Add Property按钮❶，在弹出的快捷菜单中展开Transform折叠选项❷，然后单击Position选项右侧的 ⊕ 按钮❸，如下右图所示。

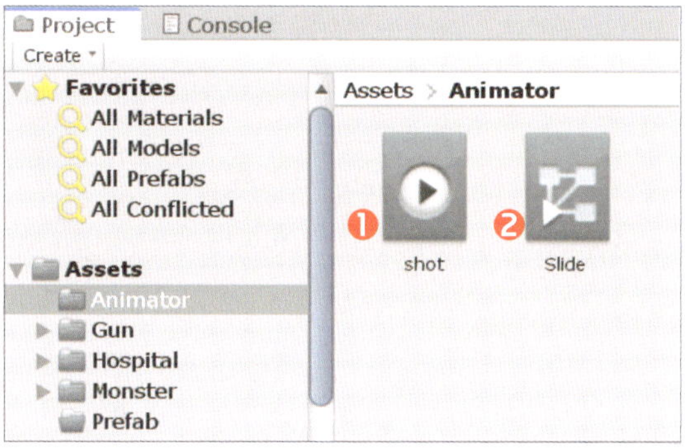

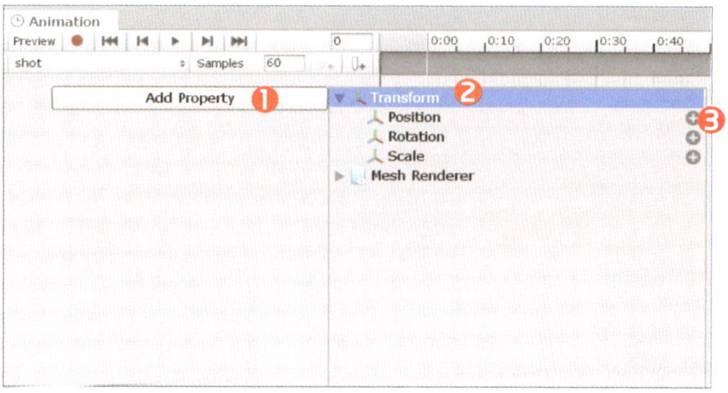

步骤 07 在Animation窗口左侧面板中展开Slide：Position折叠按钮❶，然后在此窗口右侧的面板中将当前帧的指示线拖曳至0.05s❷处，将Position.z值更改为0❸。重复以上步骤在0.15s❹处将Position.z更改为0.9，最后将结束帧拖曳至0.25s❺处。此时单击 ▸ ❻按钮，即可在Scene窗口进行预览，如下图所示。

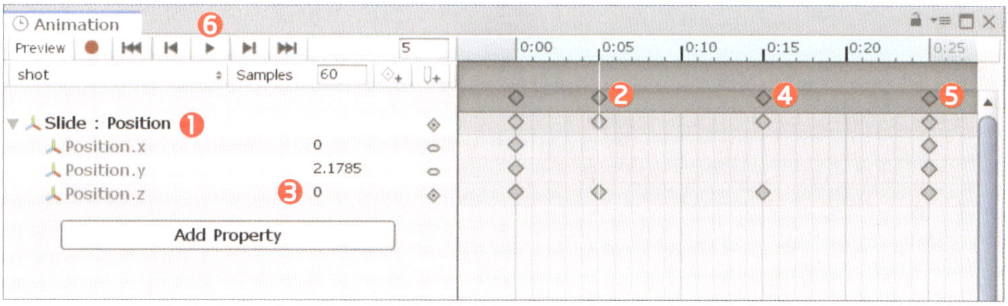

步骤 08 在Project窗口双击打开Assets/Animator文件夹下的Slide.controller，然后再Animator窗口进行修改：首先删除shot❶状态，然后在空白处右击鼠标，依次选择Create State>Empty❷命令来创建一个空的动画状态，如下左图所示。

步骤 09 创建完毕后在Inspector窗口更改其名称为EmptyState，如下右图所示。

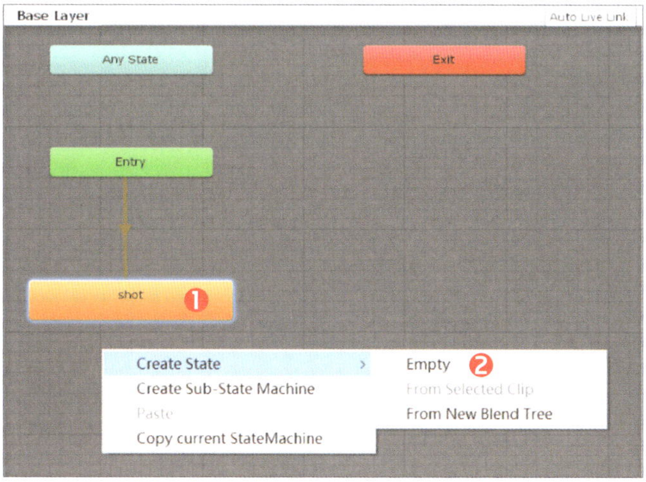

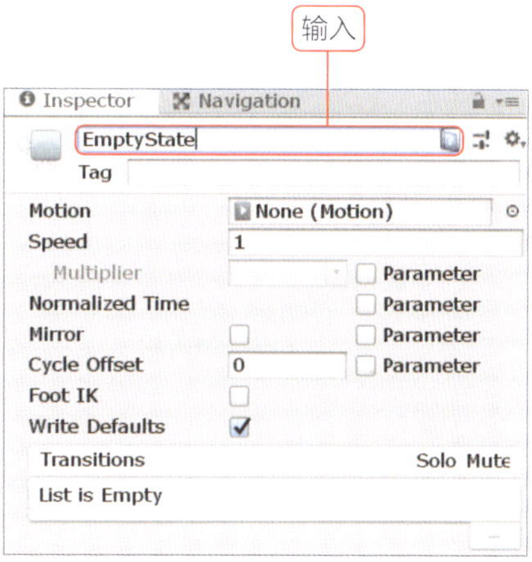

步骤 10 在Project窗口将Assets/Animator文件夹下的shot.anim文件拖曳至Animator窗口中，即可新建一个shot state❶，单击选中EmptyState❷状态后单击鼠标右键，在弹出的快捷菜单中选择Make Transition❸命令，如下左图所示。

步骤 11 可以看到光标变为一条指向性的线段，此时单击shot，这条线段就由EmptyState连接至shot，并且箭头指向shot，如下右图所示。

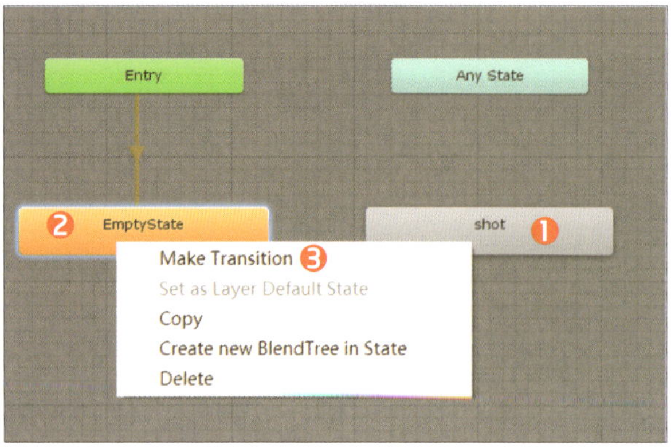

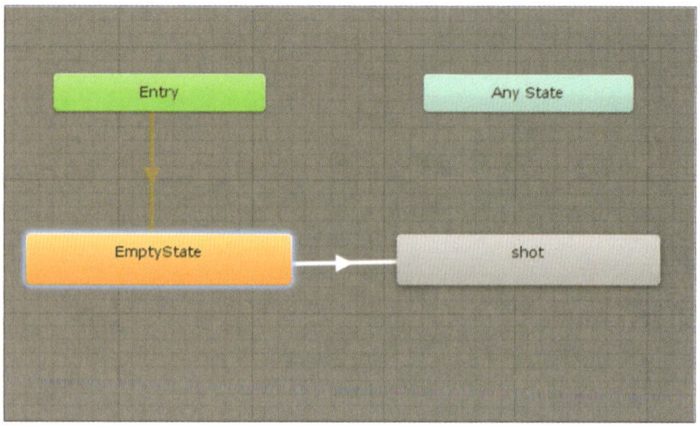

步骤 12 同样的方法再制作两条Transition，并分别由shot指向EmptyState和由shot指向Any State，如下左图所示。

步骤 13 单击选中由shot指向EmptyState的线段，然后在Inspector窗口中为其勾选Has Exit Time复选框，如下右图所示。另外两条线段应取消勾选此复选框。

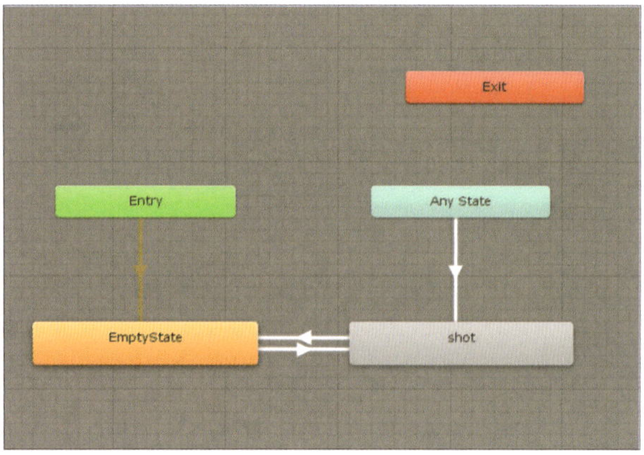

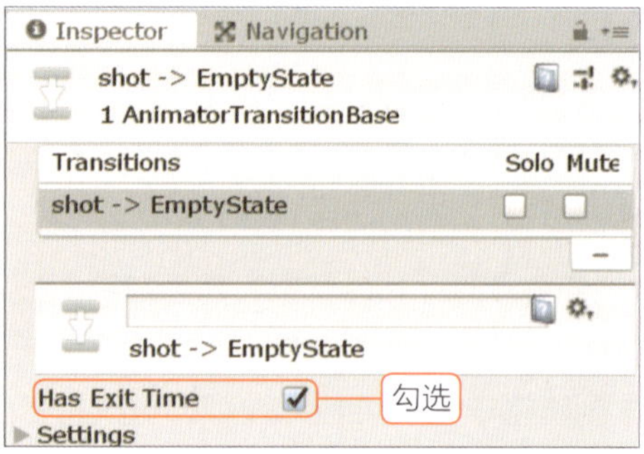

步骤 14 在Hierarchy窗口单击选中gun游戏对象，然后在Inspector窗口为其添加Animator组件，并将Controller参数指定为Slide.controller，如下左图所示。

步骤 15 将Hierarchy窗口中的gun游戏对象拖曳至Project窗口中的Assets/Prefab文件夹下，在弹出的提示对话框中单击Original Prefab按钮，如下右图所示。此时即可创建一个武器的预制体，创建成功后删除Hierarchy窗口中的gun游戏对象。

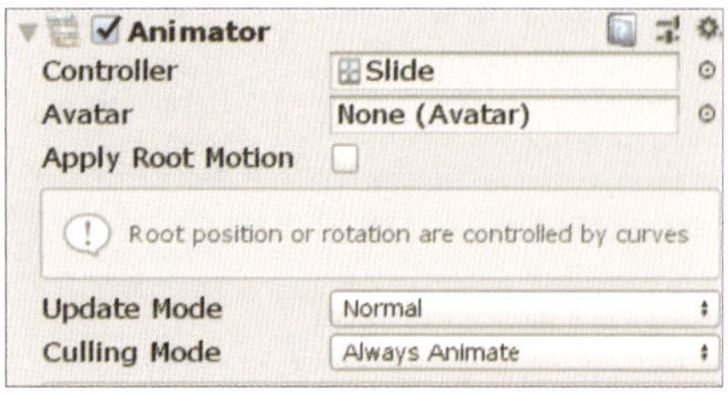

步骤 16 将gun.prefab❶依次创建至Controller (left)❷和Controller (right)❸的下方，然后将两个Model❹游戏对象隐藏，如下左图所示。

步骤 17 此时运行程序，即可在虚拟现实头显中观察到两支手柄变成了手枪，效果如下右图所示。

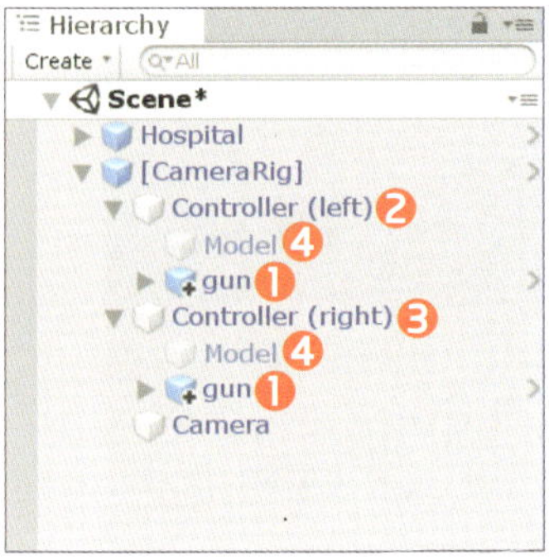

14.2.3 怪物生成器和提示板的制作

怪物生成器可以根据指定的时间和地点来生成怪物，而提示板可以提示子弹的数量和游戏是否挑战成功，下面将介绍具体步骤。

步骤 01 在Hierarchy窗口创建空游戏对象并命名为Producer，按下“Ctrl+D”组合键再复制三个此游戏对象，将复制的三个游戏对象拖曳至Producer下方，如下左图所示。

步骤 02 将Producer下的三个生成器移动至场景中任意的位置，表示怪物将从这三个位置产生，本次讲解选用的位置如下右图❶❷❸所示，仅供参考。

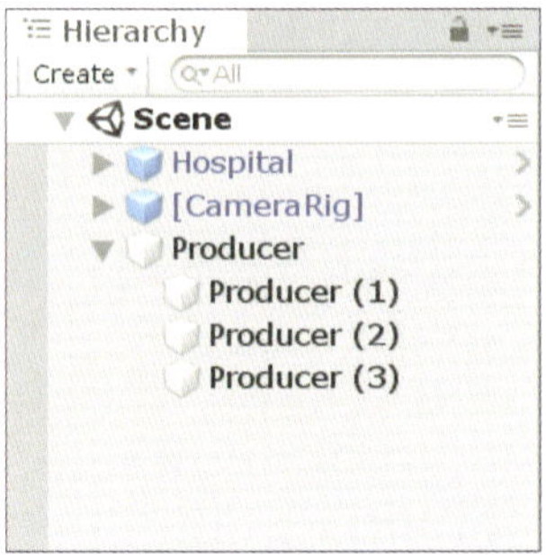

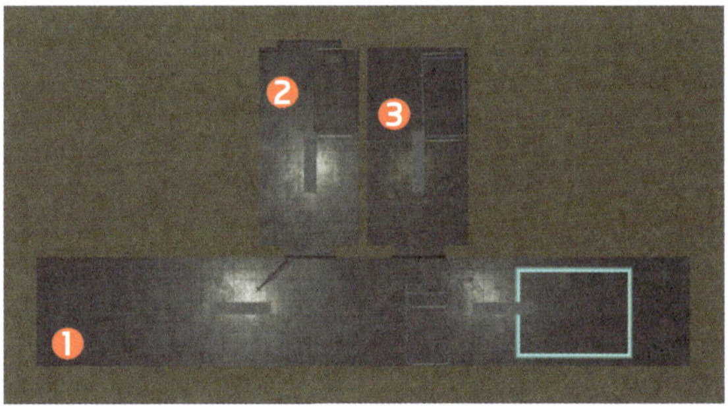

步骤 03 在Controller (left)下方创建3D Text并更名为“LeftBulletText”，如下左图所示，然后在Inspector窗口的Transform组件处将其缩放至0.02。

步骤 04 在Inspector窗口为LeftBulletText游戏对象修改Text Mesh组件的参数。首先在Text文本框中输入12❶，表示每支弹夹可容纳12颗子弹。然后选择Anchor❷为Middle center，将Color❸更改为红色，如下右图所示。

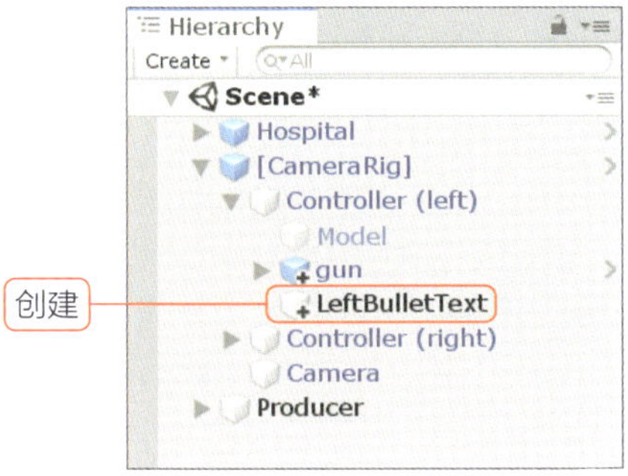

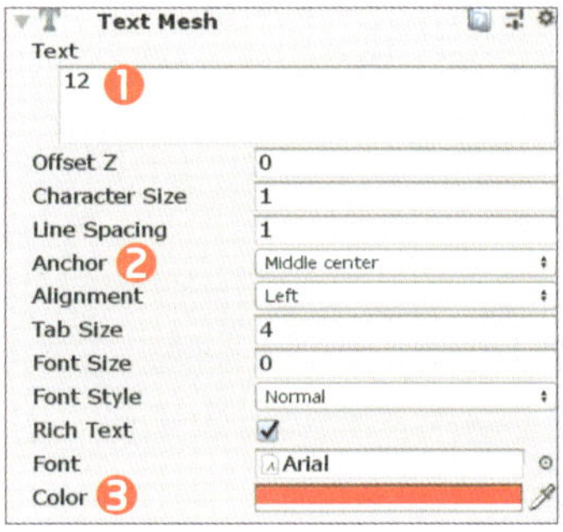

步骤 05 在Scene窗口调整LeftBulletText的角度和位置，使其保持在枪栓的尾部，这样每次开枪都可以看到子弹的减少，如下图所示。

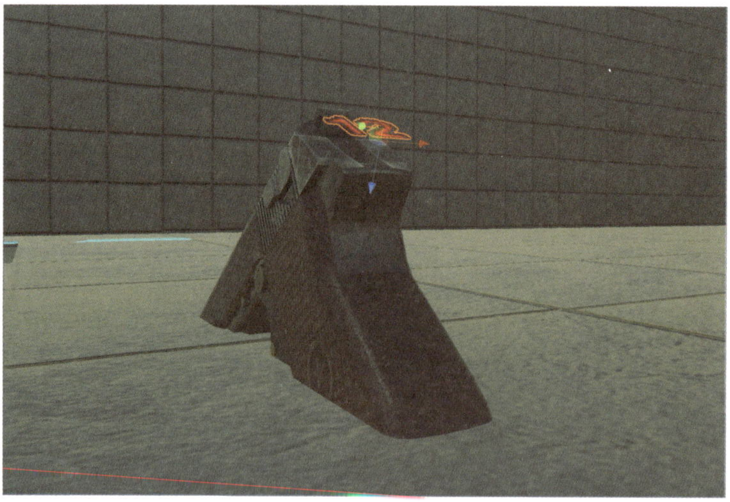

步骤 06 按下“Ctrl+D”组合键复制LeftBulletText游戏对象，将复制的游戏对象更名为RightBulletText①，然后将其拖曳至Controller (right)下方，其余参数全部保持不变。最后在Camera②下方新建3D Text并命名为Tips③，如下左图所示。

步骤 07 将Tips位置更改为(0,0,1)，设置缩放比例为(0.1,0.1,0.1)。然后在Text Mesh选项区域中选择Anchor①为Middle center，将Color②更改为红色，如下右图所示。

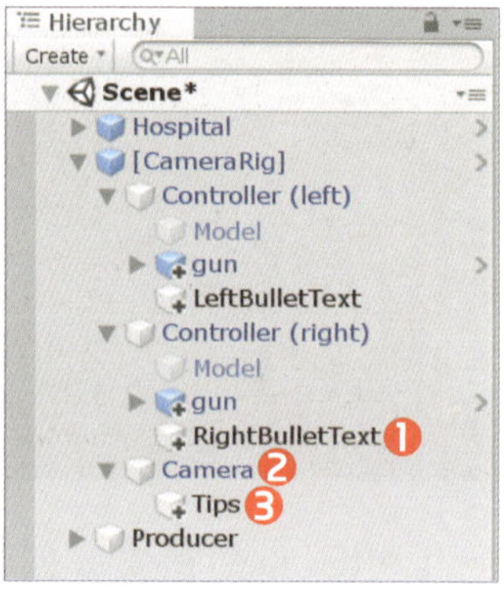

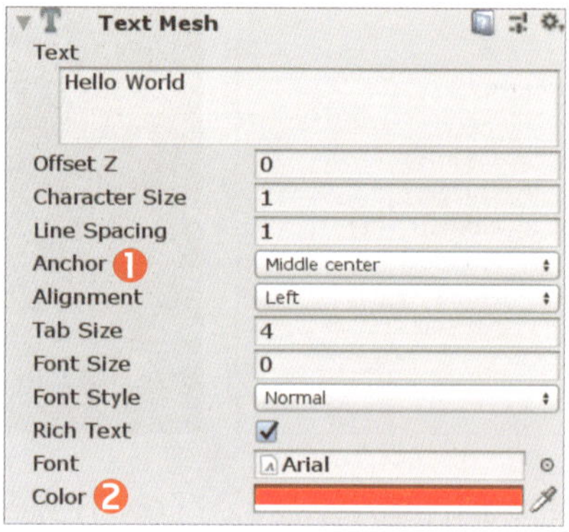

14.3 怪物行为逻辑的编写

本节讲解怪物部分的制作，主要内容包括怪物的基础设置、怪物的行走逻辑、怪物的攻击逻辑，以及怪物的生成逻辑。

14.3.1 基础设置

在逻辑代码编写之前，首先要进行一些基础设置，这些设置包括怪物模型的导入设置、静态类的设置，以及自动寻路组件的设置，下面将介绍具体操作步骤。

步骤 01 在Project窗口中单击选中Assets/Monster文件夹下的FatZombie.FBX文件，然后在Inspector窗口单击Animation切换至Animation导入设置选项卡，为其执行导入设置，如下左图所示。

步骤 02 在Animation导入设置选项卡的Clips下可以看到此模型包含的所有动画，如下右图所示。本次项目将会用到walk❶、fallToFace❷、hit1❸和attack1❹四个动画。

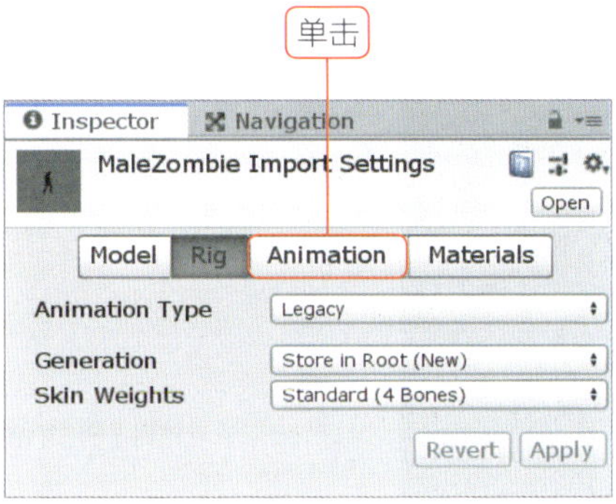

步骤 03 单击选中walk动画，然后在Inspector窗口的中下方部分为其设置参数：首先勾选Add Loop Frame复选框❶，然后将Wrap Mode参数更改为Loop❷，如下左图所示。重复此步骤将attack1动画的Add Loop Frame参数和Wrap Mode参数更改为和walk一致。

步骤 04 单击选中hit1动画，然后在Inspector窗口的中下方部分为其设置参数：首先取消勾选Add Loop Frame复选框❶，然后将Wrap Mode参数更改为Once❷，如下右图所示。重复此步骤将fallToFace动画的Add Loop Frame参数和Wrap Mode参数更改为和hit1一致，最后单击Apply按钮。

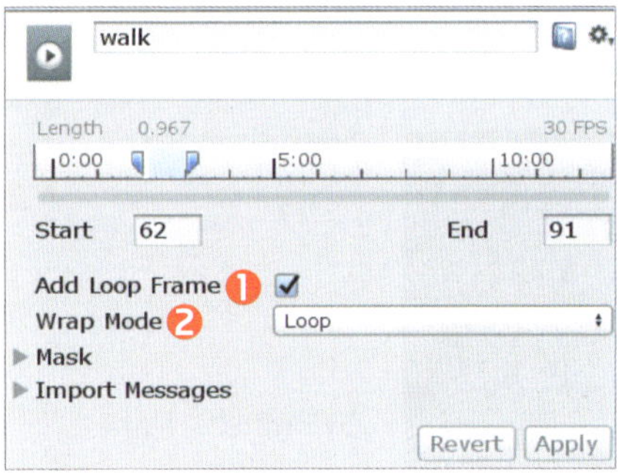

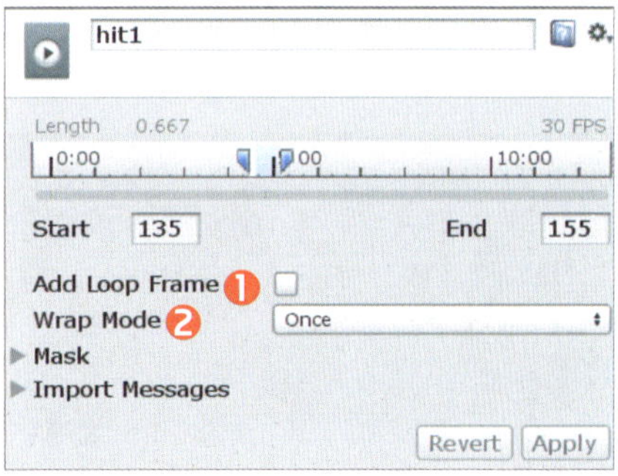

步骤 05 在Project窗口的Assets/Scripts文件夹下新建C#脚本并命名为StaticPara，双击脚本文件进行编辑，编辑完成后保存即可，代码如下：

```
public class StaticPara
{
    //玩家的血量
    public static int Hp=10;
    //生成怪物的数量
    public static int MonsterCount = 0;
    //击杀怪物的数量
    public static int KilledCount = 0;
}
```

步骤 06 同样的方法，将Assets/Monster文件夹下的FemaleZombie.FBX文件和MaleZombie.FBX文件进行相同设置。接着在主界面菜单栏依次执行Window>AI>Navigation命令，调出Navigation窗口，然后在Scene窗口选择一块地面（怪物可行走的区域），如下左图所示。

步骤 07 在Navigation窗口单击Object❶，切换至Object选项卡，然后将Navigation Area设置为Walkable❷，如下右图所示。

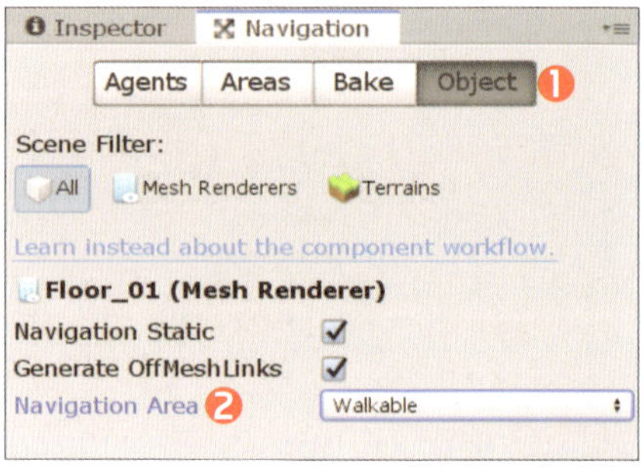

步骤 08 重复上述操作，将场景中所有怪物可行走的区域标记为Walkable，并将怪物不能行走区域的Navigation Area参数更改为Not Walkable。本示例将床和床头柜标记为Not Walkable，如下左图所示。

步骤 09 在Navigation窗口单击Bake❶，切换至Bake选项卡进行烘焙参数设置，首先将Agent Radius❷调整为0.2，将Agent Height❸调整为0.4，然后单击Bake按钮❹进行烘焙，如下右图所示。

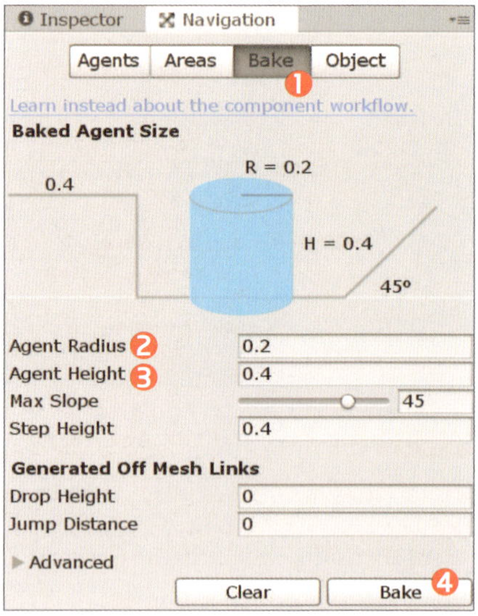

步骤 10 在Scene窗口右上角选择Gizmos选项，如下图所示。

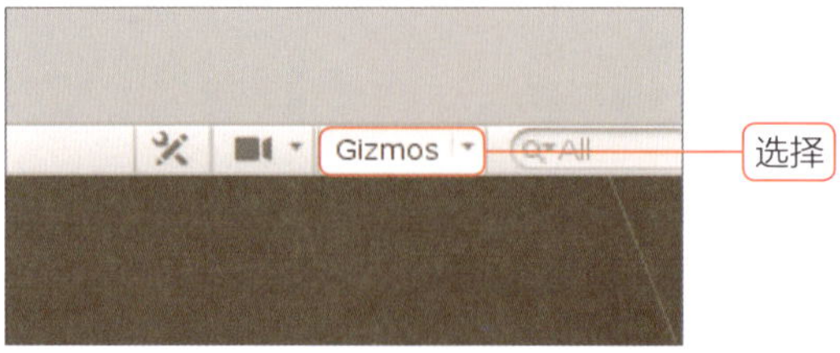

步骤 11 此时即可在Scene窗口查看怪物可进行自动寻路的区域（蓝色区域），如下图所示。

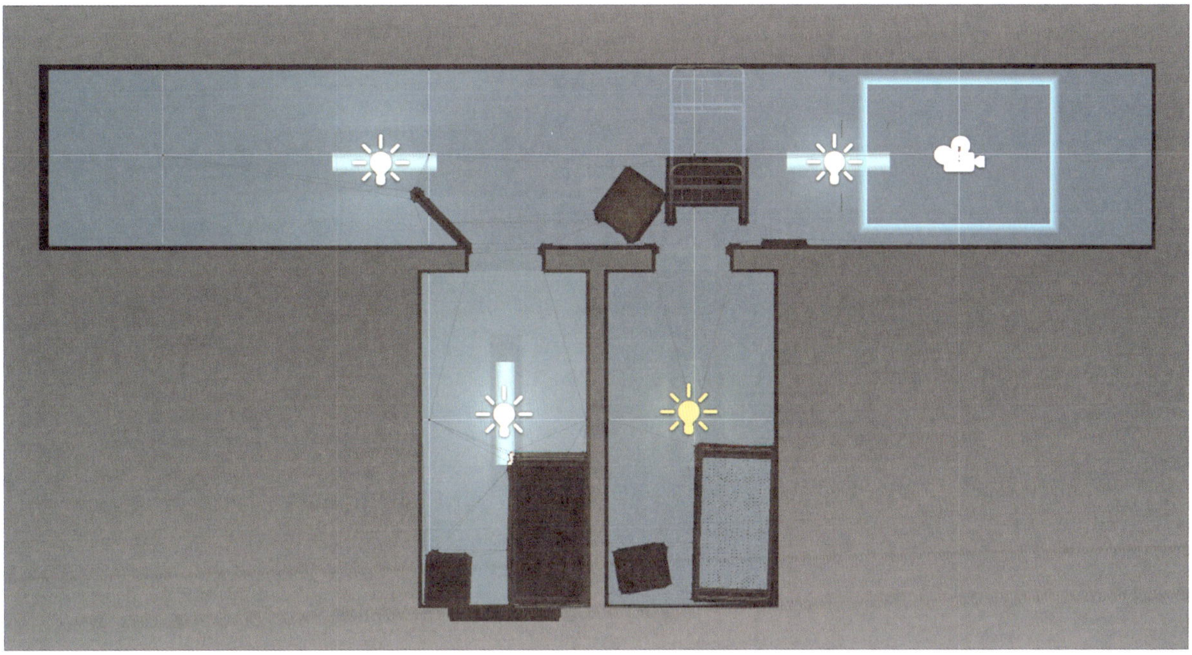

14.3.2 制作预制体

本节将制作怪物的预制体，此预制体可供怪物生成器动态生成怪物，具体操作如下：

步骤 01 在Project窗口的Assets/Scripts文件夹下新建C#脚本并命名为MonsterController，双击脚本文件进行编辑，代码如下：

```
using System.Collections;
using System.Collections.Generic;
using UnityEngine;
using UnityEngine.AI;

public class MonsterController :MonoBehaviour
{
  //自动寻路组件
NavMeshAgent nav;
    //动画播放组件
    Animation ani;
    //玩家的位置
    public Transform player;
    //怪物的血量
    public int hp = 3;
    //用于计时
    float i;
    // Start is called before the first frame update
    void Start()
    {
        nav = GetComponent<NavMeshAgent>();
        ani = GetComponent<Animation>();
ani.Play("walk");
nav.SetDestination(player.position);
    }
```

```
    // Update is called once per frame
    void Update()
    {
        if (hp <= 0)
        {
            return;
        }
        else
        {
            if (ani.IsPlaying("walk"))
            {
                //玩家移动时自动更新怪物寻路组件的终点位置
                if (Vector3.Distance(player.position, nav.destination) > 1)
                {
nav.SetDestination(player.position);
                }
         //进入攻击范围内开始攻击
                if (nav.remainingDistance< 1)
                {
ani.Play("attack1");
nav.isStopped = true;
                }
            }
            if (ani.IsPlaying("attack1"))
            {
                //计时,收到攻击时每1.5m减少一滴血
                if (i>= 1.5)
                {
StaticPara.Hp -= 1;
i = 0;
                }
i += Time.deltaTime;
 //玩家移动时自动更新怪物寻路组件的终点位置
                if (Vector3.Distance(player.position, nav.destination) > 1)
                {
nav.isStopped = false;
nav.SetDestination(player.position);
ani.Play("walk");
                }
            }
            if (!ani.isPlaying)
            {
ani.Play("walk");
            }
        }
    }
//怪物收到攻击时所调用的方法
    public void UnderAttack()
    {
 //每次被攻击血量减一
        hp--;
 //血量为零时死亡,三秒后销毁自身
        if (hp == 0)
```

```
        {
nav.isStopped = true;
ani.Play("fallToFace");
//立即销毁寻路组件和碰撞体组件 防止子弹打到尸体上
Destroy(GetComponent<CapsuleCollider>());
Destroy(GetComponent<NavMeshAgent>());
//三秒后销毁怪物尸体
Destroy(this.gameObject, 3);
//当怪物死亡后击杀量加一
            ++StaticPara.KilledCount;
        }
 //血量大于0时播放被攻击动画
        else if (hp > 0)
        {
ani.Play("hit1");
        }
        else
        {
            return;
        }
    }
}
```

步骤 02 在Project窗口中将Assets/Monster文件夹下的FatZombie.FBX文件创建至当前场景，然后为其添加Nav Mesh Agent组件，添加成功后可以在Scene窗口的模型上看到一圈被绿线画出的圆柱体，如下左图所示。

步骤 03 在Inspector窗口更改Nav Mesh Agent组件的Radius❶和Height❷参数，同时观察Scene窗口中圆柱形绿色线框的大小。直到绿色线框将模型刚好包围，则视为调整成功。最后调整Speed参数为0.6❸即可，如下右图所示。

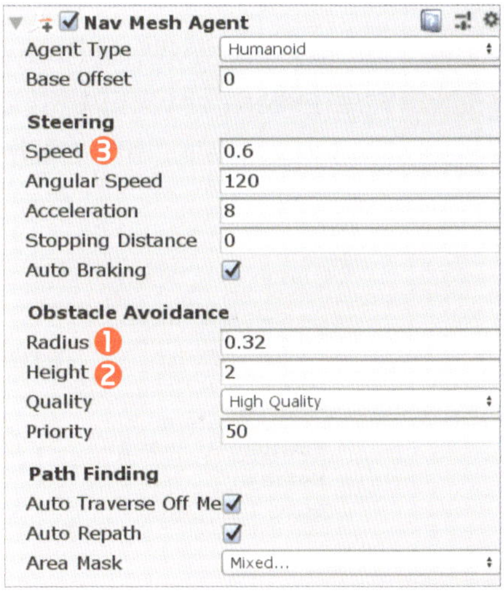

步骤 04 为FatZombie游戏对象添加Capsule Collider❶和Monster Controller❷组件，修改其Capsule Collider组件的Center❸、Radius❹和Height❺参数，如下左图所示。

步骤 05 可以看到，在Scene窗口中绿色线框的胶囊体将模型刚好包裹，如下右图所示。

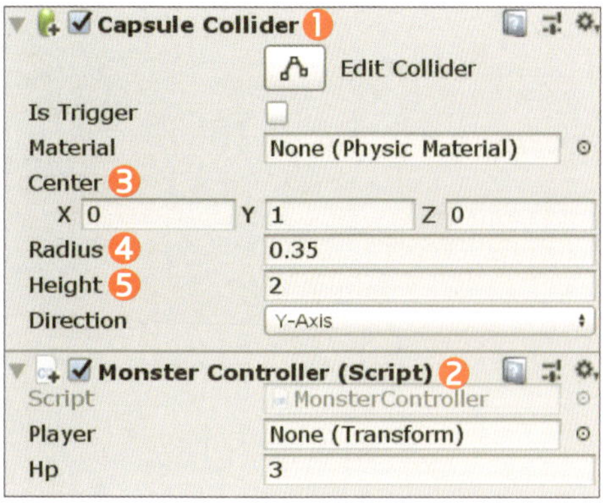

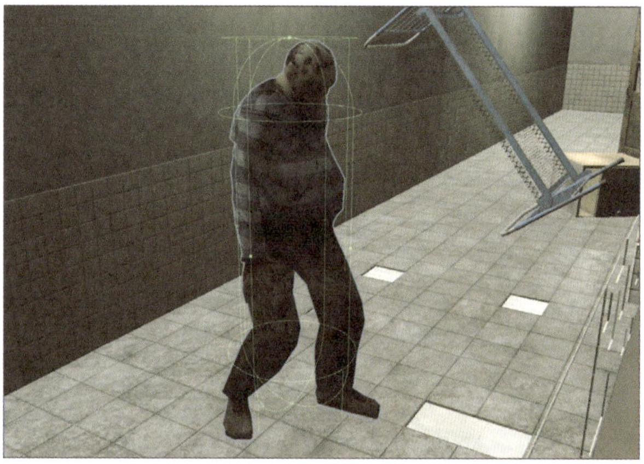

步骤 06 单击Inspector窗口中Layer右侧的下拉按钮❶，在弹出的下拉菜单中选择Add Layer选项❷，如下左图所示。

步骤 07 在弹出的Tag&Layers窗口中将User Layer 8的参数修改为monster，如下右图所示。

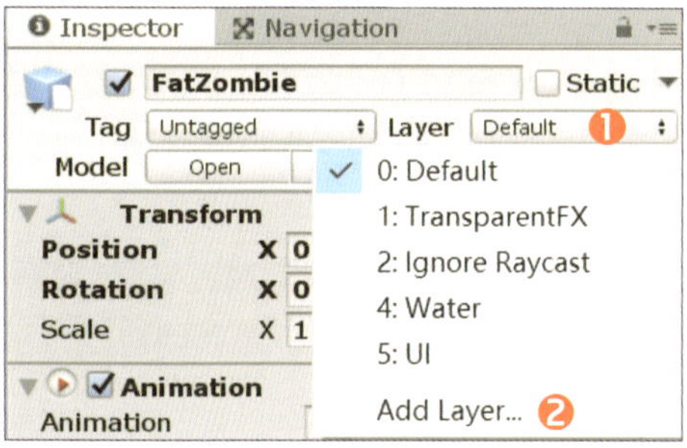

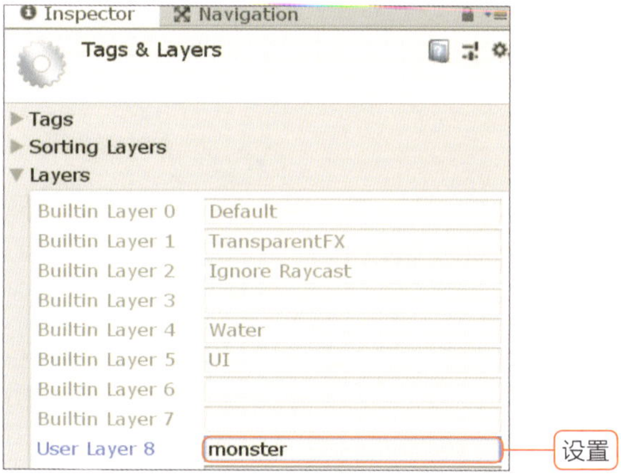

步骤 08 将FatZombie游戏对象的Layer更改为monster，如下左图所示。

步骤 09 然后在Hierarchy窗口中将FatZombie重命名为monster1，将monster1拖曳至Project窗口的Assets/Prefab文件夹下，如下右图所示。接着删除场景中的monster1游戏对象。

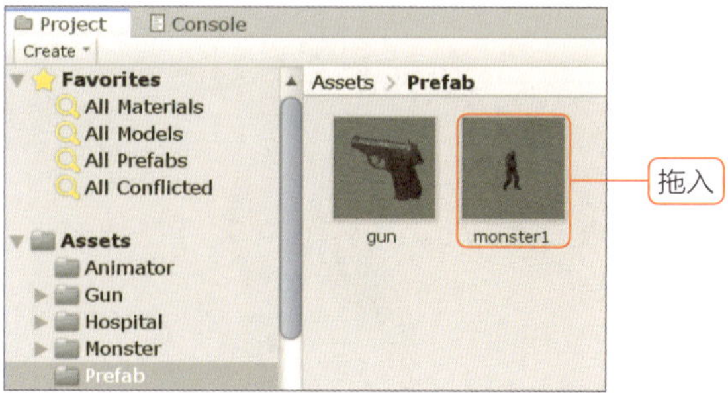

步骤 10 重复上述步骤，将Assets/Monster文件夹下的FemaleZombie.FBX和MaleZombie.FBX文件制作成同样的预制体，分别命名为monster2❶和monster3❷，并保存在Assets/Prefab文件夹下，如下左图所示。

步骤 11 为场景中的Camera添加Nav Mesh Agent组件，并将其Radius参数调整为0.3❶，再将Height参数调整为2❷，如下右图所示。

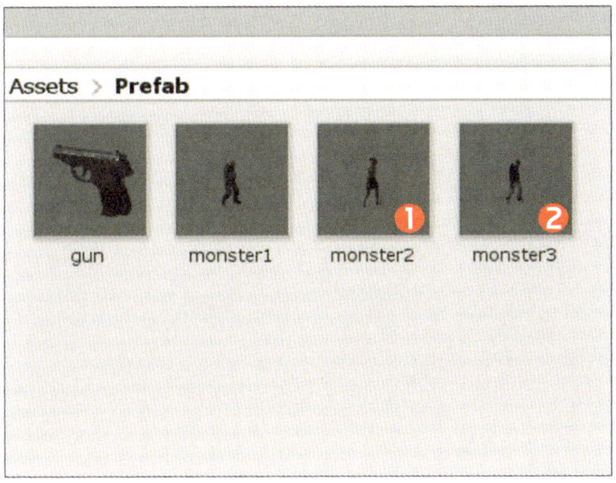

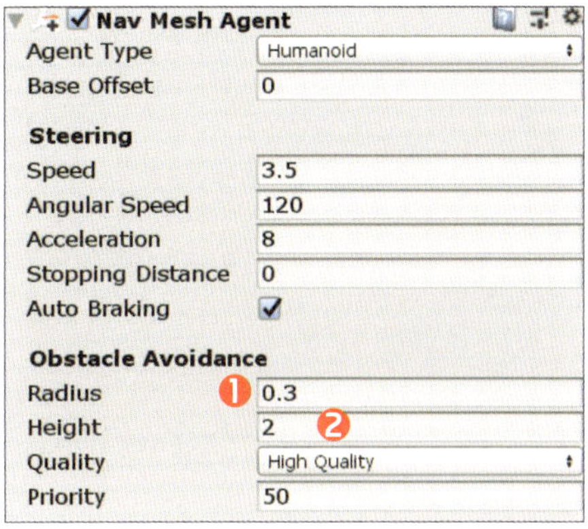

14.3.3 怪物生成

本节将使用怪物生成器在特定的时间和地点生成怪物，本项目设定的模式为：每两秒随机在三个地点中的一个地点生成一个怪物，接下来介绍具体操作方法。

步骤 01 在Project窗口的Assets/Scripts文件夹下新建C#脚本并命名为MonsterProduce，双击脚本文件进行编辑，代码如下：

```
using System.Collections;
using System.Collections.Generic;
using UnityEngine;

public class MonsterProduce :MonoBehaviour
{
    //三种怪物
    public GameObject m1, m2, m3;
//玩家位置
    public Transform player;
//存放怪物的数组,生成时从中随机挑选怪物
GameObject[] monsters;
//存放怪物生成地点的数组,生成时从中随机挑选怪物生成地点
Transform[] places;
// Start is called before the first frame update
    void Start()
    {
        monsters = new GameObject[3] { m1, m2, m3 };
        places = new Transform[3] { transform.GetChild(0), transform.GetChild(1), transform.
GetChild(2) };
StartCoroutine("Produce");
    }
IEnumeratorProduce()
    {
  //共生成30个敌人
        for (int i = 0; i< 30; i++)
        {
//每两秒随机生成一个敌人
            yield return new WaitForSeconds(2);
            int a = Random.Range(0, 3);
            int p = Random.Range(0, 3);
            if (a == 0)
```

```
                {
Instantiate(m1, places[p], false).GetComponent<MonsterController>().player = this.player; ;
                }
                else if (a == 1)
                {
Instantiate(m2, places[p], false).GetComponent<MonsterController>().player = this.player; ;
                }
                else if (a == 2)
                {
Instantiate(m3, places[p], false).GetComponent<MonsterController>().player = this.player; ;
                }
                ++StaticPara.MonsterCount;
            }
        }
}
```

步骤 02 在Hierarchy窗口单击选中Producer游戏对象，然后在Inspector窗口为其添加Monster Produce组件，如下左图所示。其中M1、M2和M3分别为Assets/Prefab文件夹下的monster1~3，Player指定为场景中的Camera。

步骤 03 到此步骤运行程序，即可在虚拟现实头显中看到随机生成的怪物向玩家走来，如下右图所示。

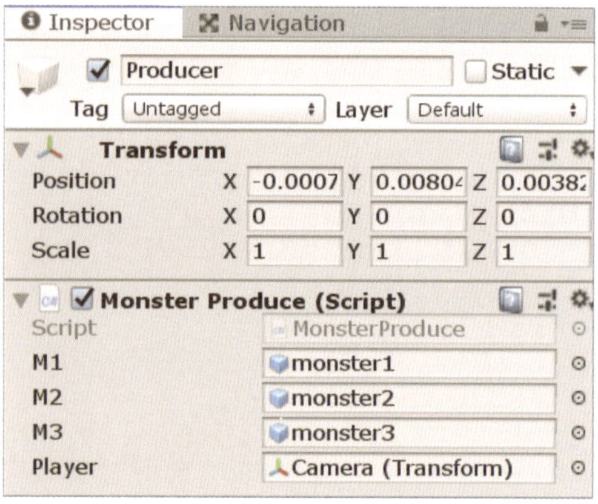

14.4 射击逻辑的编写

本节将讲解玩家利用手型进行射击的逻辑，学习介绍射击特效的制作、手柄按键监测、射线监测和监测游戏挑战是否成功的表现等，具体如下。

步骤 01 在Project窗口的Assets/Scripts文件夹下新建C#脚本并命名为SelfDestruct，双击脚本文件进行编辑，代码如下：

```
using UnityEngine;
using System.Collections;

public class SelfDestruct :MonoBehaviour {
    public float lifeTime;
    private float dieTime;
```

```
    void Start ()
    {
        dieTime = Time.time + lifeTime;
    }
    void Update()
    {
        if ( Time.time>= dieTime )
            Destroy ( gameObject );
        }
}
```

步骤 02 在Project窗口将Assets/Spark文件夹下的spark1.prefab文件创建至场景中，然后为其添加Self Destruct组件，并将其Life Time参数修改为1.5，如下左图所示。

步骤 03 在Inspector窗口单击Overrides❶扩展按钮，然后在打开的面板中单击Apply All❷按钮，如下右图所示。

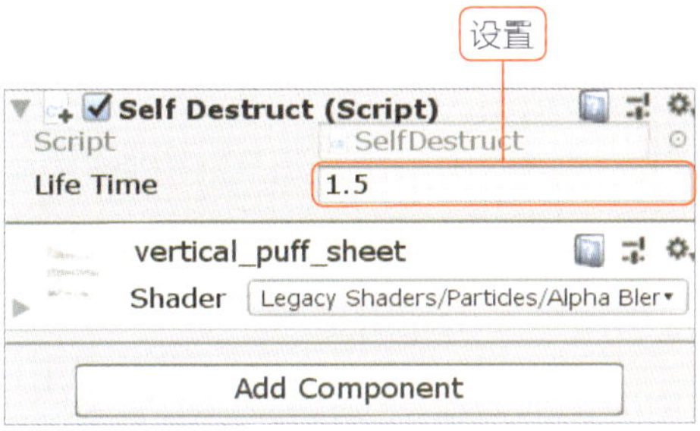

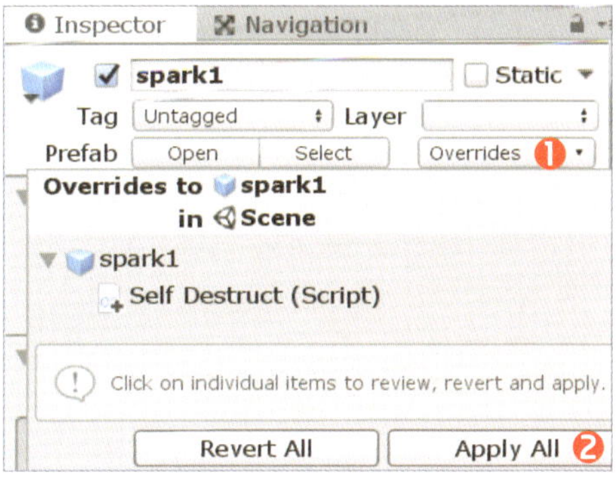

步骤 04 同样的方法，为Assets/Spark文件夹下的spark2.prefab文件添加Self Destruct组件。然后在Project窗口的Assets/Scripts文件夹下新建C#脚本并命名为ShotController，双击脚本文件进行编辑，代码如下：

```
using System.Collections;
using System.Collections.Generic;
using UnityEngine;
using Valve.VR;

public class ShotController :MonoBehaviour
{
    //枪栓
    public Transform leftGunPoint,RightGunPoint;
    //开枪时的特效
    public GameObjectspark,spark2;
    //手柄扳机键（开枪）
    public SteamVR_Action_BooleanTrigerAction;
    //手柄Grip键（换弹夹）
    public SteamVR_Action_Boolean Grip;
    //左右手枪的开枪动画
    public Animator leftSlideAnimator,RightSlideAnimator;
    //左右弹夹中子弹数量的提示板
    public TextMeshleftClip, rightClip;
```

```
        //左右弹夹的数量
        int leftGunCount =12, RightGunCount = 12;
        //挑战成功/失败的提示板
        public TextMesh tips;
        void Start()
        {
    tips.gameObject.SetActive(false);
        }
        void Update()
        {
            if (StaticPara.Hp<= 0)
            {
    tips.gameObject.SetActive(true);
    tips.text = "挑战失败";
            }
            else
            {
                if (StaticPara.KilledCount == 30)
                {
    tips.gameObject.SetActive(true);
    tips.text = "挑战成功";
                }
                if (TrigerAction.GetStateDown(SteamVR_Input_Sources.LeftHand) &&leftGunCount> 0)
                {
                    //播放开枪动画
    leftSlideAnimator.Play("shot");
                    --leftGunCount;
    leftClip.text = leftGunCount.ToString();
                    //绘制射线
    Debug.DrawRay(leftGunPoint.position, leftGunPoint.up * 100, Color.red, 0.02f);
                    Ray ray = new Ray(leftGunPoint.position, leftGunPoint.up);
    RaycastHit hit;
                    //检测是否击中敌人
    LayerMask layer = 1 <<LayerMask.NameToLayer("monster");
                    if (Physics.Raycast(ray, out hit, 10000, layer.value))
                    {
                        Quaternion angle = spark2.transform.rotation;
    GameObject _spark = GameObject.Instantiate(spark2, hit.point, angle);
                        //击中敌人时调用MonsterController中的被攻击方法
    hit.transform.GetComponent<MonsterController>().UnderAttack();
                    }
                    //击中墙壁等物体
                    else if (Physics.Raycast(ray, out hit, 10000))
                    {
                        Quaternion angle = spark.transform.rotation;
    GameObject _spark = GameObject.Instantiate(spark, hit.point, angle);
                    }
                }
                if (TrigerAction.GetStateDown(SteamVR_Input_Sources.RightHand) &&RightGunCount> 0)
                {
                    //播放开枪动画
    RightSlideAnimator.Play("shot");
```

```
                --RightGunCount;
rightClip.text = RightGunCount.ToString();
                //绘制射线
Debug.DrawRay(RightGunPoint.position, RightGunPoint.up * 100, Color.red, 0.02f);
                Ray ray = new Ray(RightGunPoint.position, RightGunPoint.up);
RaycastHit hit;
                //检测是否击中敌人
LayerMask layer = 1 <<LayerMask.NameToLayer("monster");
                if (Physics.Raycast(ray, out hit, 10000, layer.value))
                {
                    Quaternion angle = spark2.transform.rotation;
GameObject _spark = GameObject.Instantiate(spark2, hit.point, angle);
                    //击中敌人时调用MonsterController中的被攻击方法
hit.transform.GetComponent<MonsterController>().UnderAttack();

                }
                //击中墙壁等物体
                else if (Physics.Raycast(ray, out hit, 10000))
                {
                    Quaternion angle = spark.transform.rotation;
GameObject _spark = GameObject.Instantiate(spark, hit.point, angle);
                }
            }
            if (TrigerAction.GetStateDown(SteamVR_Input_Sources.LeftHand) &&leftGunCount<= 0)
            {
leftClip.text = "弹量不足";

            }
            if (TrigerAction.GetStateDown(SteamVR_Input_Sources.RightHand) &&RightGunCount<= 0)
            {
rightClip.text = "弹量不足";
            }
            if (Grip.GetStateDown(SteamVR_Input_Sources.LeftHand))
            {
                //更换弹夹
leftGunCount = 12;
leftClip.text = leftGunCount.ToString();
            }
            if (Grip.GetStateDown(SteamVR_Input_Sources.RightHand))
            {
                //更换弹夹
RightGunCount = 12;
rightClip.text = RightGunCount.ToString();
            }
        }
    }
}
```

步骤 05 将上述脚本拖曳至[CameraRig]游戏对象上，然后为其设置参数，如下图所示。

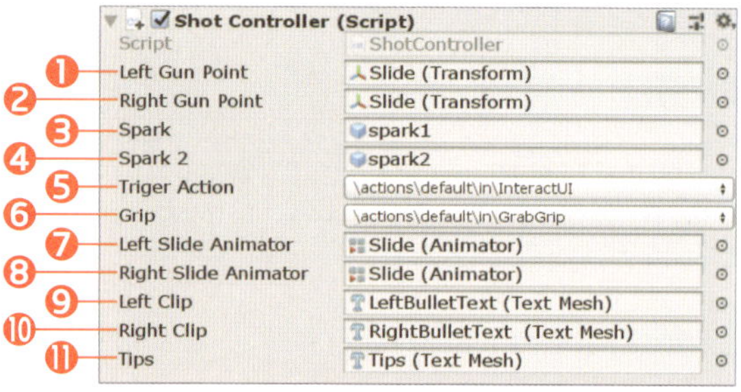

提示：各参数具体设置

- **Left Gun Point①和Left Slide Animator⑦**：指定为场景中Controller (left)游戏对象下的Slide；
- **Right Gun Point②和Right Slide Animator⑧**：指定为场景中Controller (Right)游戏对象下的Slide；
- **spark③**：指定为Assets/Spark文件夹下的spark1.prefab；
- **spark2④**：指定为Assets/Spark文件夹下的spark2.prefab；
- **Triger Action⑤**：选择\actions\default\in\InteractUI；
- **Grip⑥**：选择\actions\default\in\GrabGrip；
- **Left Clip⑨**：指定为场景中的LeftBulletText；
- **Right Clip⑩**：指定为场景中的RightBulletText；
- **Tips⑪**：指定为场景中的Tips。

14.5 运行与总结

至此，第一人称射击类游戏-医院惊魂项目制作完成，下面我们来看一下具体的效果。

单击运行按钮，即可运行程序，下左图为刚进入游戏时的画面，下右图为击中墙壁的特效。

当敌人向玩家走来时，画面效果如下左图所示。在进行射击并打中敌人时，画面效果如下右图所示。

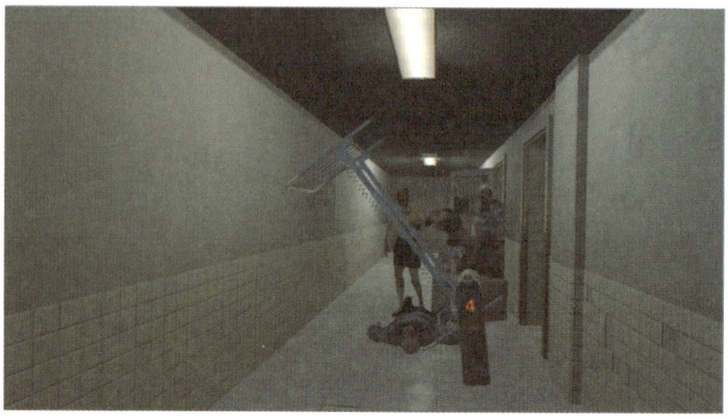

当弹量不足时，画面的提示效果如下左图所示。游戏胜利时的画面效果，如下右图所示。

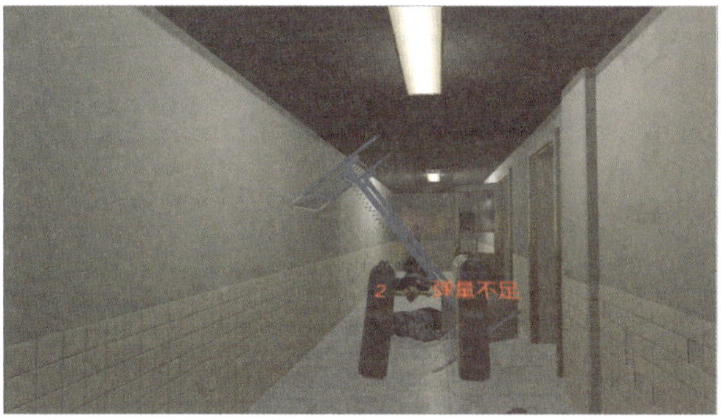

第一人称射击类游戏是最常见的虚拟现实游戏之一，并且难度相对较低，适合刚接触Unity的新手制作。通过本次项目可总结此类游戏的制作步骤：

步骤 01 前期的准备工作。包括手柄模型的替换，射击动画、特效的制作，以及场景的烘焙等。

步骤 02 怪物生成器的制作。即对怪物的数量、生成时间和生成地点等参数做一个系统的规划。

步骤 03 怪物逻辑脚本的编写。包括怪物的自动寻路、主动跟随、攻击、被攻击和血量监测等。

步骤 04 角色攻击脚本的编写。即发射子弹、碰撞检测，以及对游戏进度的监测。

此外，对于较为复杂的项目也可以增加控制脚本并将其撰写为“单例模式”，亦可以增加单独的UI控制脚本来编写UI显示逻辑。

课后练习答案

Chapter 03

1. 选择题

（1）B　（2）D　（3）A　（4）B　（5）A

2. 填空题

（1）2D、3D、3D with Extras、High-Definition RP、LightWeight RP

（2）F

（3）Free Aspect右侧的下拉按钮

（4）在Hierarchy窗口单击鼠标右键，然后在弹出的快捷菜单中选择Create Empty命令。

Chapter 04

1. 选择题

（1）A　（2）B　（3）B

2. 填空题

（1）透视、正交

（2）平行光、点光源、区域光、聚光灯

（3）GameObject.AddComponent();

（4）双击鼠标左键

Chapter 05

1. 选择题

（1）C　（2）C　（3）D　（4）C

（5）C　（6）A

2. 填空题

（1）Instance();

（2）OnGUI();

（3）GameObject.AddComponent();

（4）Rigidbody

（5）Input.GetAxis();

Chapter 06

1. 选择题

（1）A　（2）C　（3）B

2. 填空题

（1）Particle System

（2）Renderer

（3）表示粒子在生命周期内的颜色变化

Chapter 07

1. 选择题

（1）B　（2）C　（3）D

2. 填空题

（1）Screen Space_Overlay、Scree Space_Camera、World Space

（2）Button.onClick.AddListener();

（3）Rect Transform

Chapter 08

1. 选择题

（1）B　（2）A　（3）A

2. 填空题

（1）SteamVRPlugin、ViveInputUtility

（2）Canvas Raycast Target

（3）World Space

Chapter 09

1. 选择题

（1）C　（2）C　（3）D

2. 填空题

（1）Audio Source、Audio Listener

（2）循环播放、静音

（3）Spatial Blend

Chapter 10

1. 选择题

（1）B　（2）A　（3）D　（4）C　（5）B

2. 填空题

（1）AssetBundle, LoadFromFile();

（2）Development Build

（3）尽量减少模型的顶点数量和三角面数、尽量减少实时灯光的使用、使用LOD和mipmap等优化方式